# Zahlen und Größen 8

Herausgegeben von    Udo Wennekers

unter Mitarbeit
der Verlagsredaktion

Cornelsen

Herausgeber: Udo Wennekers

Erarbeitet von: Bernhard Bonus, Ines Knospe, Martina Verhoeven, Udo Wennekers

Unter Verwendung der Materialien von:
Helga Berkemeier, Ilona Gabriel, Henning Heske, Reinhold Koullen †, Doris Ostrow,
Hans-Helmut Paffen, Jutta Schäfer, Willi Schmitz, Herbert Strohmayer

Redaktion: Christina Schwalm, Heike Schulz
Illustration: Roland Beier
Technische Zeichnungen: Ulrich Sengebusch †, Christian Böhning
Layout und technische Umsetzung: Jürgen Brinckmann
Umschlaggestaltung: Hawemann und Mosch, Berlin

| **Begleitmaterialien zum Lehrwerk** | | | |
|---|---|---|---|
| **für Schülerinnen und Schüler** | | **für Lehrerinnen und Lehrer** | |
| Arbeitsheft 8 | 978-3-06-002892-4 | Lösungsheft 8 | 978-3-06-004140-4 |
| Arbeitsheft mit CD-ROM 8 | 978-3-06-002888-7 | Handreichungen | 978-3-06-004136-7 |

www.cornelsen.de

Unter der folgenden Adresse befinden sich multimediale
Zusatzangebote für die Arbeit mit dem Schülerbuch:
**www.cornelsen.de/zahlen-und-groessen**
Die Buchkennung ist **MZG002886**.

Die Webseiten Dritter, deren Internetadressen in diesem Lehrwerk angegeben sind,
wurden vor Drucklegung sorgfältig geprüft. Der Verlag übernimmt keine Gewähr für
die Aktualität und den Inhalt dieser Seiten oder solcher, die mit ihnen verlinkt sind.

1. Auflage, 4. Druck 2022

Alle Drucke dieser Auflage sind inhaltlich unverändert
und können im Unterricht nebeneinander verwendet werden.

© 2015 Cornelsen Schulverlag GmbH, Berlin
© 2019 Cornelsen Verlag GmbH, Berlin

Druck und Bindung: Livonia Print, Riga

ISBN 978-3-06-002886-3 (Schülerbuch)
ISBN 978-3-06-003246-4 (E-Book)

# Inhalt

▪ Inhalte, die dem Niveau eines Erweiterungskurses entsprechen

## Dreiecke und Vierecke

**11**

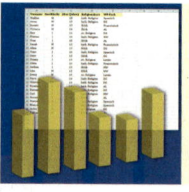

## Daten

**135**

## Prismen

**153**

## Anhang

**173**

# Terme

In diesem Kapitel erfährst du, wie man
Terme – das sind sinnvolle Rechenausdrücke aus
Zahlen und Variablen – umformt und vereinfacht.
Um Terme zusammenzufassen und zu strukturieren,
werden in der Mathematik Klammern verwendet.

Du lernst, wie man Terme mit Klammern berechnen
und umformen kann. Das kann dir dabei helfen,
Aufgaben wie z. B. $29 \cdot 31$ und $31^2$
schnell im Kopf zu berechnen.

# Noch fit?

**1** Ergänze die Regeln für das Vorzeichen beim Rechnen mit rationalen Zahlen.
a) Multipliziert man zwei rationale Zahlen mit gleichem Vorzeichen, so ist das Produkt ■.
b) Dividiert man zwei rationale Zahlen mit unterschiedlichem Vorzeichen, so ist der Quotient immer ■.
c) Anstatt eine negative Zahl zu subtrahieren, kann man auch ihre ■ addieren.

**2** Berechne.
a) $17 \cdot (-4)$     b) $-121 : 11$     c) $27 - 35$     d) $-25 - (-13)$
e) $-25 \cdot (-12)$     f) $-175 : (-25)$     g) $-45 - 37$     h) $125 - (-37) + 12$

**3** Schreibe mit Hilfe einer Variablen.
a) das Doppelte einer Zahl     b) das Zehnfache einer Zahl     c) ein Viertel einer Zahl
d) das 3,4-Fache einer Zahl     e) das 0,75-Fache einer Zahl     f) der zehnte Teil einer Zahl

**4** Nenne die Koeffizienten der Variablen.
**BEISPIEL** Term $-9a$; Koeffizient $-9$
a) $4a$    b) $-6x$    c) $\frac{3}{4}y$    d) $0,4b$    e) $\frac{t}{3}$    f) $-\frac{v}{8}$    g) $a$    h) $-x$    i) $-\frac{5}{7}k$

**5** Übertrage die Rechenbäume in dein Heft.

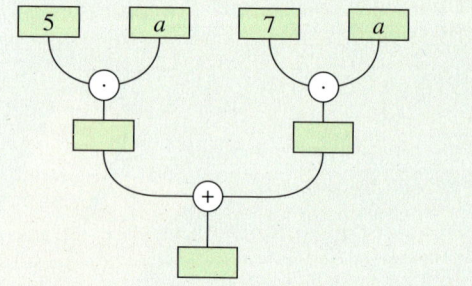 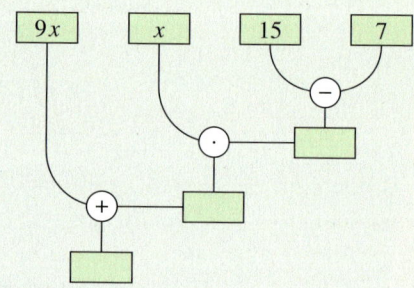

**BEACHTE**
Man erhält den Wert eines Terms, wenn man die Variablen durch Zahlen ersetzt. Das Zeichen für „mal" zwischen der Zahl und der Variable wird meistens weggelassen.

a) Ergänze die Lücken.
b) Gib einen passenden Term für jeden der Rechenbäume an.

**6** Bestimme den Wert der Terme.
a) $4x + 17$ für $x = 5$        b) $0,5x - 4y$ für $x = 8$ und $y = 3$
c) $7a \cdot (a + 3)$ für $a = 5$        d) $3x \cdot (x - 4)$ für $x = 6$
e) $(-2 + x) \cdot (y - 4)$ für $x = 8$ und $y = 6$        f) $11x - (10 - x) + 17$ für $x = 7$

**7** Fasse zusammen.
a) $2x + 9x$     b) $0,9b - 1,6b$     c) $9x - 9x$     d) $12z - 11z$     e) $9x + 3 - 4x$

## BUNT GEMISCHT

1. $19\%$ von $400\,€$ sind ■.
2. Eine Hose für $60\,€$ wurde auf $51\,€$ reduziert. Um wie viel % wurde der Preis reduziert?
3. Beim Kauf eines Mantels erhält Herr Carstens $15\%$ Rabatt und spart dadurch $45\,€$. Wie viel kostete der Mantel vorher?
4. Erkläre die Begriffe Mittelsenkrechte und Winkelhalbierende.

# ■ Terme umformen und vereinfachen

## Erforschen und Entdecken

**1** Betrachte die Figuren.

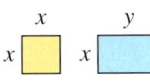 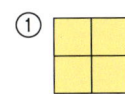 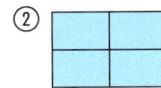 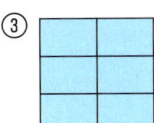 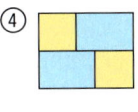

a) Gib jeweils einen möglichst einfachen Term für den Umfang der Figuren ① bis ④ an.

b) Die Terme geben die Flächeninhalte an. Ordne jeder Figur mindestens einen Term zu.

| | | | | | | | | |
|---|---|---|---|---|---|---|---|---|
| $x^2$ | $4x^2$ | $2xy$ | $2x \cdot 2y$ | $6xy$ | $2x \cdot x + 2x \cdot x$ | $2x \cdot y$ | $x^2 + xy + x^2 + xy$ | $2x^2 + 2x^2$ |
| $4xy$ | | $3x \cdot 2y$ | | $2x^2 + 2xy$ | $3xy + 3xy$ | $x \cdot y$ | $2x \cdot 2x$ | $x \cdot x$ |

c) Vergleicht in Kleingruppen eure Ergebnisse. Für einige Figuren gibt es mehrere Terme, die aber gleichwertig sind. Formuliert gemeinsam Rechenregeln, wie man die Terme vereinfachen kann. Notiert die Regeln auf einer Folie oder einem Plakat und präsentiert sie.

**2** Übertrage die Tabelle in dein Heft.

| $a$ | $b$ | $2a + 3b + 7a$ | $3a \cdot 4b$ | $9a + 5b - 2b$ | $6b \cdot 2a$ | $3a + 4b$ |
|---|---|---|---|---|---|---|
| 3 | 5 | 6 + 15 + 21 = 42 | | | | |
| 2 | –1 | | | | | |
| –3 | –3 | | | | | |

ERINNERE DICH
Bei der Multiplikation mit Variablen kann man das Malzeichen weglassen:
$2 \cdot a = 2a$
$a \cdot b = ab$

a) Berechne jeweils den Wert der Terme und trage ihn in die Tabelle ein.

b) Schau dir die verschiedenen Spalten an. Was stellst du fest? Begründe.

c) Finde einen anderen Term, der den gleichen Wert hat wie $3a + 4b$.

d) Finde weitere Terme, die den gleichen Wert haben wie die oben angegebenen Terme.

**3** Unten siehst du ein Netz eines Quaders mit den Maßen $a = 2\,cm$, $b = 3\,cm$ und $c = 1\,cm$.

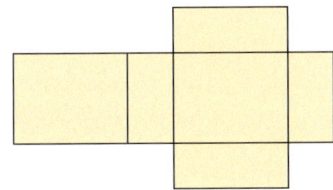

a) Gib den Oberflächeninhalt des Quaders in cm² an. Notiere deinen Rechenweg.

b) Gib einen Term für den Oberflächeninhalt eines Quaders mit den Seiten $a$, $b$ und $c$ an. Vergleicht eure Terme untereinander.

**4** Zeichne ein Netz eines Quaders mit einer quadratischen Grundfläche. Die Grundfläche soll die Seitenlänge $a = 2\,cm$ haben. Der Quader soll die Höhe $h = 3\,cm$ haben.

a) Berechne den Inhalt der Oberfläche.

b) Gib einen Term für den Oberflächeninhalt an, in dem nur die Seitenlänge $a$ und die Höhe $h$ vorkommen.

c) Ein Quader hat eine quadratische Grundfläche mit der Seitenlänge $a$. Seine Höhe ist doppelt so groß wie die Seitenlänge $a$. Gib einen Term an für den Oberflächeninhalt.

## Lesen und Verstehen

Der Umfang und der Flächeninhalt von Figuren oder die Kantenlänge, der Oberflächeninhalt und das Volumen von Körpern lassen sich mit Hilfe von verschiedenen Termen berechnen. Man wählt am besten möglichst einfache Terme.
Für das Umformen und Zusammenfassen von Termen gibt es Regeln.

> In einer Summe oder Differenz dürfen nur **gleiche Variablen** zusammengefasst werden.

**BEISPIEL 1**
Für den Umfang des Trapezes gilt:
$\quad 3x + y + 2x + y$
$= 3x + 2x + y + y$ (ordnen)
$= \quad 5x \quad + 2y$ (zusammenfassen)

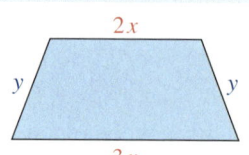

**BEACHTE**
Die Faktoren werden in alphabetischer Reihenfolge angegeben.
$3y \cdot 5a = 15ay$
$2b \cdot 7c \cdot a = 14abc$

> Wenn gleiche Faktoren multipliziert werden, kann man dieses Produkt als **Potenz** schreiben.

**BEISPIEL 2**
Für das Volumen des Würfels gilt:
$a \cdot a \cdot a = a^3$
Eine Seitenfläche hat den Flächeninhalt
$A = a \cdot a = a^2$
$a^2$ und $a^3$ sind Potenzen mit der Basis $a$
und den Exponenten 2 bzw. 3.

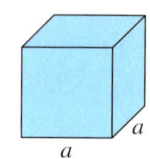

**BEACHTE**
$x + x = 2x$
$x \cdot x = x^2$

> Bei **Produkten mit mehreren Faktoren** kann man die Reihenfolge der Faktoren beliebig vertauschen und gleiche Faktoren zusammenfassen.

**BEISPIEL 3**
Der Flächeninhalt der Vorderfläche des Quaders ist
$2x \cdot 3x = 2 \cdot 3 \cdot x \cdot x = 6x^2$
Das Volumen des Quaders ist
$2x \cdot 3x \cdot y = 2 \cdot 3 \cdot x \cdot x \cdot y = 6x^2 y$

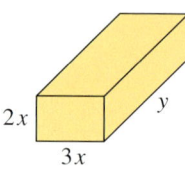

## Basisaufgaben

**ERINNERE DICH**
$x = 1x$,
also $3x + x = 4x$

**1** Gib einen Term an, mit dem die Länge der Strecke berechnet werden kann.

a)

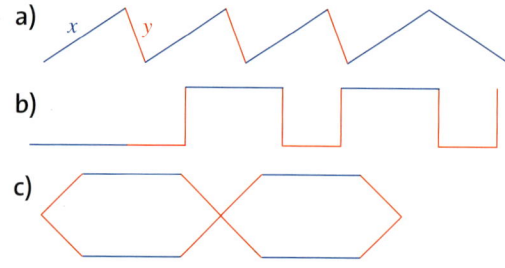

b)

c)

**BEISPIEL**
zu Aufgabe 2:
$a + c + b + a + b$
$= a + a + b + b + c$
$= 2a + 2b + c$

**2** Fasse die Terme zusammen. Ordne zuerst.
a) $a + b + b + c + a + b$
b) $x + y + z + z + y + y + x + x + z + y$
c) $ab + cd + cd + ab + ab$

**3** Fasse die Terme zusammen.
a) $3a + 5a$     b) $7b + 8b$
c) $5x + 7x + 6x$     d) $5a + 6b + 5a + 8b$
e) $18a + 13b + 6b + a$     f) $5x + 5y + 2x$
g) $21x + 4y + 13x + y$     h) $3c + 4d + c + d$

**4** Vereinfache die Terme.
a) $3a + 5b + 6a - 7b$     b) $5x + 3y - 8y + 5x$
c) $20a - 5b - 6a + 7b$     d) $13a + 6a - 3b - 9b$
e) $26c + 37d - 19c - 42d + 58c - 100c$

**5** Lena hat Terme zusammengefasst. Finde die Fehler. Begründe und korrigiere.
a) $3a + 7b = 10ab$     b) $xy - x = y$
c) $13ab - 3ab = 10$     d) $7a + a = 7a^2$
e) $x^2 + x^2 = x^4$     f) $5y - y = 5$

**6** Fasse die Terme zusammen.
a) $4a + 3b + 2a + 10a + 5b + 8b$
b) $4a + 7b + 8c + 3a + 4b + 6c$
c) $9u + 11w + 13v + 5v + 11w + 23u$
d) $6x + 34y + 3 + 37x + 51y + 32x + 15$
e) $751d + 643e + 12f + 456d + 864f + 114e$
f) $367a + 872b + 421a + 467b + 578c + c$
g) $1003x + 981y + 753x + 1782y + 321y$
h) $12a + 27b - 8b - 4 + 6a + 11b + 3a + 18$
i) $23x - 8x + 17y + 34x - 9x + 58y$

**7** Vereinfache die Terme.
a) $5c + 6d - 1,5c - 7d + 11c$
b) $1,7x + 2y - 2,1x + y + 0,4x$
c) $4a + 0,4b - 0,4a - 4b + a$
d) $14s - 9t - 8s - 2t - 6s$

**8** Setze in den Term
$5,5x + 7,2y - 3,5x - 3,2y$
folgende Werte für $x$ und $y$ ein und berechne.
Wie könnte man die Rechnungen verkürzen?
a) $x = 5;\ y = 3$  b) $x = 6;\ y = -2$

**9** Gib für die Berechnung des Umfangs jeweils einen Term an. Berechne dann.
$a = 4,2\,\text{cm}$  $b = 2,5\,\text{cm}$  $c = 4,8\,\text{cm}$

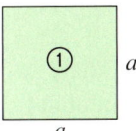
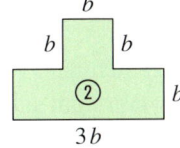
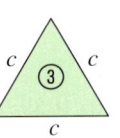

**10** Zeichne die Figuren in dein Heft. Bezeichne gleich lange Seiten mit der gleichen Variable und gib einen Term an, mit dem man den Umfang der Figur berechnen kann.

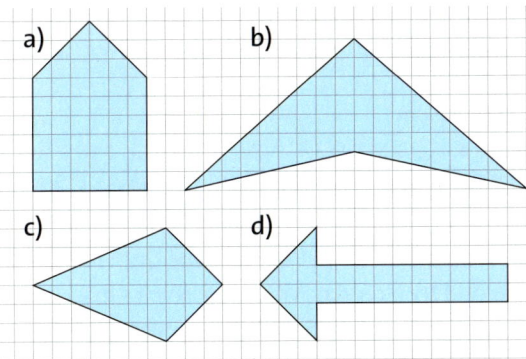

**11** Fasse zusammen.
a) $2a + \frac{1}{3}b + 3a + \frac{1}{3}b$  b) $\frac{1}{5}a + 2b + \frac{3}{5}a$
c) $\frac{1}{7}a + \frac{2}{5}b + \frac{5}{7}a + \frac{1}{5}b$  d) $\frac{1}{3}b + \frac{2}{9}c + \frac{5}{9}c + \frac{1}{3}b$
e) $\frac{2}{7}s + \frac{1}{2}t + \frac{3}{14}s + 2t$  f) $\frac{1}{4}a + \frac{2}{5}b + \frac{3}{8}a + \frac{1}{5}b$
g) $\frac{5}{8}u + \frac{1}{4}v + \frac{1}{2}v + \frac{1}{4}u$  h) $\frac{3}{4}x + \frac{1}{5}y + \frac{3}{5}y + \frac{1}{4}x$

**12** Schreibe als Produkt.
BEISPIEL $x^2 + x^2 + x^2 + x^2 = 4x^2$
a) $r^2 + r^2 + r^2 + r^2 + r^2 + r^2$
b) $a^5 + a^5 + a^5$
c) $y^4 + y^4 + y^4 + y^4$
d) $z^3 + z^3 + z^3 + z^3 + z^3 + z^3 + z^3 + z^3$

**13** Fasse die Terme zusammen.
a) $2x^2 + 3x^2$  b) $4x^2 + 2x^2$
c) $5y^2 - 4y^2$  d) $5x^3 + 6x^3$
e) $9y^2 + 15y^2$  f) $17y^5 - 14y^5$
g) $3x^2 + x^2$  h) $2x^3 + x^3 + x^3$
i) $y^2 + 2y^2 + y^2$  j) $x^2 + x^2 + 3y^2 + y^2$

**14** Schreibe das Produkt der Variablen vereinfacht als Potenz.
a) $b \cdot b$  b) $y \cdot y \cdot y$
c) $z \cdot z \cdot z \cdot z$  d) $p \cdot p \cdot p \cdot p$
e) $m \cdot m \cdot m \cdot m \cdot m \cdot m$
f) $h \cdot h \cdot h \cdot h \cdot h \cdot h \cdot h \cdot h$

**15** Berechne den Wert für $x = 2$ und $x = -2$.
a) $x^2$  b) $x^3$  c) $x^5$  d) $x^7$

**16** Vereinfache die Produkte.
BEISPIELE $2b \cdot 3b = 6b^2;\ 7m \cdot 8n = 56mn$
a) $4a \cdot 5a$  b) $12x \cdot 3y$
c) $0,5a \cdot 8b$  d) $14x \cdot \frac{1}{2}y$
e) $9a \cdot 12x$  f) $7p \cdot 17q$
g) $4a \cdot 2a$  h) $13x \cdot 7x$
i) $2x \cdot 3x \cdot 4x$  j) $14y \cdot 2y \cdot y$

**17** Beachte die Bilder in der Randspalte.
a) Ordne den Bildern passende Terme zu ihrem Flächeninhalt bzw. Volumen zu und vereinfache die Terme.
$2x \cdot 3y \cdot x;\ 4x \cdot 2x;\ 2y \cdot 3x;\ 3x \cdot 4x \cdot 2x$
b) Gib zu jedem Bild auch einen Term für den Umfang der Fläche oder die Kantenlänge des Körpers an. Vereinfache diese Terme.

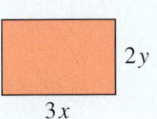
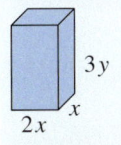
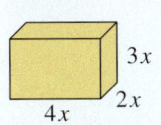
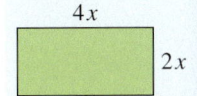

## Weiterführende Aufgaben

**18** Schreibe als Summe mit zwei Summanden oder als Differenz.
**BEISPIEL** $3,5\,c = 2\,c + 1,5\,c$
a) $2\,a$ b) $x$ c) $1,23\,b$ d) $-6\,y$ e) $-x$

**19** Übertrage die Rechnungen ins Heft. Ergänze den Term auf der linken Seite.
a) $13\,t - 9\,w - \blacksquare + 4\,w = -3\,t - 5\,w$
b) $-9\,x + \blacksquare + \blacksquare + 5\,a = 20,3\,a - 5\,x$
c) $70\,a - 10\,b - \blacksquare + \blacksquare = -50\,a - 5\,b$
d) $2\,a - 8\,a\,b + \blacksquare - \blacksquare = -10\,a - 5\,a\,b$

**20** ➡ Welche der angegebenen Terme musst du addieren, um den Term $\frac{9}{10}x + \frac{14}{15}y$ zu erhalten? Schreibe die Addition auf.

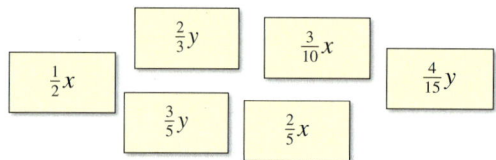

$\frac{1}{2}x$  $\frac{2}{3}y$  $\frac{3}{10}x$  $\frac{4}{15}y$  $\frac{3}{5}y$  $\frac{2}{5}x$

**BEACHTE**
Die Lösungen zu Aufgabe 25 ergeben in der richtigen Reihenfolge den Namen eines Landes. Auf welchem Kontinent liegt dieses Land?
$-8\,a$ (l); $2\,a$ (A); $5$ (N); $5\,b$ (l); $5\,x$ (A); $8\,a^2b$ (B); $9\,a$ (M)

**21** ➡ In einer Parkanlage befindet sich ein großes Schachspiel. Das Spielfeld und die Umrandung bestehen aus quadratischen Betonplatten mit der Seitenlänge $a = 40$ cm.

a) Gib einen Term an, mit dem du den Flächeninhalt des Spielfelds (ohne Umrandung) berechnen kannst.
b) Gib einen Term an, mit dem du den Flächeninhalt des Felds (mit Umrandung) berechnen kannst.
c) Gib jeweils einen Term an, mit dem du den Inhalt der Fläche berechnen kannst, die mit weißen bzw. braunen Platten belegt ist.
d) Gib die Fläche des Spielfelds, die Fläche mit weißen Platten und die Fläche mit braunen Platten in m² an.

**22** Vereinfache. Achte auf die Vorzeichen.
a) $-2\,a \cdot (-4\,a)$ b) $-3\,m \cdot 7\,m$
c) $7\,x \cdot (-2\,x) \cdot x$ d) $-4\,b \cdot (-2\,b) \cdot (-3\,b)$
e) $0,5\,y \cdot (-0,2\,y)$ f) $-2\,a \cdot (-2\,a) \cdot (-2\,a)$

**23** Vereinfache die Produkte.
a) $3\,a \cdot 17\,b \cdot 5\,a$ b) $12\,x \cdot 3\,y \cdot 5\,y$
c) $0,1\,m \cdot 3\,x^2 \cdot 6\,m$ d) $4\,y^2 \cdot 3\,x^2 \cdot 2\,a$
e) $14\,y \cdot 5\,x \cdot 0,5\,y$ f) $a \cdot 7\,b \cdot 2\,a \cdot 25\,b$

**24** Carina hat noch Probleme beim Vereinfachen der Terme. Erkläre und korrigiere ihre Fehler.

$$7x \cdot 3x = 21x$$
$$12a^2 \cdot 4a = 48a^2$$
$$2a \cdot 4b \cdot 3a = 24a^2b^2$$
$$12a + 12b = 12ab$$
$$9a \cdot 8b = 17ab$$
$$a \cdot a \cdot a = 3a$$
$$x + x + x + x = x^4$$

**25** Ergänze die Platzhalter.
a) $3\,x \cdot \blacksquare = 15\,x$ b) $7\,x \cdot \blacksquare = 35\,x^2$
c) $\blacksquare \cdot 15\,x = 135\,a\,x$ d) $13\,a\,b \cdot \blacksquare = 65\,a\,b^2$
e) $9\,b\,y \cdot \blacksquare = 72\,a^2b^2y$
f) $\blacksquare \cdot (-7\,x\,y) = 56\,a\,x\,y$
g) $3\,a\,b \cdot \blacksquare \cdot 7\,b\,c = 42\,a^2b^2c$

**26** Wie verändert sich der Flächeninhalt eines Rechtecks, wenn man seine Seitenlängen $a$ und $b$ verändert? Übertrage die Tabelle ins Heft und fülle sie aus. Formuliere Sätze.

| | $a$ wird verdoppelt | $a$ wird verdreifacht | $a$ wird vervierfacht |
|---|---|---|---|
| $b$ wird verdoppelt | $2\,a \cdot 2\,b$ $= 4\,a\,b$ | | |
| $b$ wird verdreifacht | | | |
| $b$ wird vervierfacht | | | |
| $b$ wird halbiert | $2\,a \cdot \frac{1}{2}\,b$ | | |

**27** Untersuche wie in Aufgabe 26: Wie ändert sich das Volumen eines Quaders mit quadratischer Grundfläche, wenn man die Kantenlängen verändert?

# Terme mit Klammern

## Erforschen und Entdecken

**1** Berechne die Aufgaben und vergleiche die Ergebnisse.

| | | | |
|---|---|---|---|
| $3 + (17 + 12)$ | $25 + (18 - 7)$ | $100 - (27 + 43)$ | $80 - (-15 + 25)$ |
| $3 + 17 + 12$ | $25 + 18 - 7$ | $100 - 27 + 43$ | $80 - 15 - 25$ |
| $3 + 17 - 12$ | $25 + 18 + 7$ | $100 - 27 - 43$ | $80 + 15 - 25$ |

a) Wann kann man eine Klammer weglassen, ohne dass sich das Ergebnis ändert?
b) Erkläre, wie man vorgehen muss, wenn vor der Klammer ein Minuszeichen steht.
c) Finde zu der Aufgabe $8 - (4 + 1)$ eine Aufgabe mit den Zahlen 8; 4 und 1, die das gleiche Ergebnis, aber keine Klammern hat.

**2** Henrik soll folgende Aufgabe lösen:
Frau Fuchs hat für einen Zoobesuch 50 € bei sich. Sie zahlt $x$ € Eintritt für ihre Tochter und $y$ € Eintritt für sich selbst. Henrik hat die folgenden Terme für das Restgeld bestimmt: $50 - x - y$ und $50 - (x + y)$
a) Erkläre die Terme.
b) Sind die Terme gleichwertig?
c) Wenn Terme gleichwertig sind, kann man sie ineinander umformen. Wie könnte das bei diesen beiden Termen funktionieren?

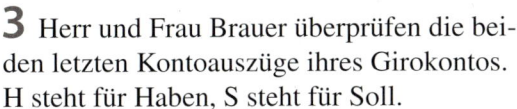
$50 - (x + y)$

**3** Herr und Frau Brauer überprüfen die beiden letzten Kontoauszüge ihres Girokontos. H steht für Haben, S steht für Soll.
a) Erkläre, wie der neue Kontostand auf Auszug 47 berechnet wurde.
b) Zeige, dass es zwei Rechenwege für die Berechnung des neuen Kontostands auf Auszug 47 gibt.

| Auszug 47 | | | Währung EUR |
|---|---|---|---|
| 30.05. | Lohn | | 1350,00 H |
| 31.05. | Kontogebühr | | 2,50 S |

| letzter Auszug | Auszugs-datum | alter Kontostand | neuer Kontostand |
|---|---|---|---|
| 26.05. | 01.06. | 108,00 H | 1455,50 H |

> **BEACHTE**
> Die Geldinstitute verwenden unterschiedliche Symbole für Guthaben (H, Haben oder +) und Ausgaben bzw. überzogenes Guthaben (S, Soll oder –).

**4** Auf Auszug 48 fehlt der neue Kontostand.
a) Frau Brauer möchte den neuen Kontostand folgendermaßen berechnen:
$1455,50 - 380 - 40 - 45 + 184$
Erkläre ihren Rechenweg und gib das Ergebnis an.
b) Herr Brauer rechnet anders:
$1455,50 - (380 + 40 + 45 - 184)$
Was wird in der Klammer berechnet? Gib auch hier das Ergebnis an.
c) Vergleiche die beiden Ergebnisse.

| Auszug 48 | | | Währung EUR |
|---|---|---|---|
| 03.06. | Miete | | 380,00 S |
| 03.06. | Versicherung | | 40,00 S |
| 05.06. | Telefon + Internet | | 45,00 S |
| 10.06. | Kindergeld | | 184,00 H |

| letzter Auszug | Auszugs-datum | alter Kontostand | neuer Kontostand |
|---|---|---|---|
| 01.06. | 11.06. | 1455,50 H | |

**5** Berechne den neuen Kontostand auf Kontoauszug 49 auf zwei verschiedenen Rechenwegen.
Gib Rechenwege ohne Klammern und Rechenwege mit Klammern an.

| Auszug 49 | | | Währung EUR |
|---|---|---|---|
| 15.06. | Lohnsteuerrückzahlung | | 565,00 H |
| 15.06. | Kfz-Versicherung | | 185,00 S |
| 18.06. | Abhebung | | 150,00 S |

| letzter Auszug | Auszugs-datum | alter Kontostand | neuer Kontostand |
|---|---|---|---|
| 11.06. | 20.06. | 1174,50 H | |

## Lesen und Verstehen

In einer Kiste sind 12 Orangen. Am Montag werden drei Orangen gegessen, am Dienstag zwei Orangen. Jetzt sind noch $12 - (3 + 2) = 12 - 3 - 2 = 7$ Orangen da.

Klammern, vor denen ein Pluszeichen oder ein Minuszeichen steht, können aufgelöst werden.

Eine **Klammer**, vor der ein **Pluszeichen** steht, kann man weglassen.
Die Vorzeichen und Rechenzeichen im Term ändern sich nicht.

Eine **Klammer**, vor der ein **Minuszeichen** steht, kann man auflösen. Die Zahlen in der Klammer bekommen das entgegengesetzte Vorzeichen: aus + wird −, aus − wird +.
Kurz: Ein Minuszeichen vor der Klammer heißt: „Ändere alle Vorzeichen in der Klammer."

**BEISPIELE**

$8 + (4 + 3)$
$= 8 + 4 + 3$
$= 15$

$a + (-b + c - d)$
$= a - b + c - d$

$8 - (4 + 3)$
$= 8 - 4 - 3$
$= 1$

$a - (-b + c - d)$
$= a + b - c + d$

$8 - (4 - 3)$
$= 8 - 4 + 3$
$= 7$

$a - (b - c)$
$= a - b + c$

## Basisaufgaben

**1** Schreibe ohne Klammer.
a) $a + (x + y)$
b) $p + (r + s)$
c) $x + (a + 12)$
d) $v + (7 - m)$
e) $4x + (-y + 4)$
f) $-m + (-3n - 3)$

**2** Schreibe ohne Klammer.
a) $a - (b + c)$
b) $d - (e + f)$
c) $x - (y + 3)$
d) $12 - (k - n)$
e) $5x - (-a + 4)$
f) $-n - (-5n - 9)$

**3** Schreibe die Terme ohne Klammern.
a) $5 - (a + b)$
b) $6 - (x + a)$
c) $x + (14 - y)$
d) $8 - (r - s)$
e) $y + (z + 5)$
f) $y + (-x + 7)$
g) $y + (-8 - x)$
h) $y - (-m - z)$

**4** Schreibe ohne Klammer.
Fasse zusammen.
a) $a + (a + a)$
b) $a + (-a + a)$
c) $a + (a - a)$
d) $a + (-a - a)$
e) $a - (a + a)$
f) $a - (-a + a)$
g) $a - (a - a)$
h) $a - (-a - a)$

**5** Überprüfe durch Einsetzen von $a = 10$, $b = 2$, $c = 3$, ob die Umformungen richtig sind. Korrigiere die falschen Rechnungen.
a) $a + (b + c) = a + b + c$
b) $a - (b - c) = a - b + c$
c) $a + (b - c) = a + b + c$
d) $a - (b + c) = a - b - c$
e) $a - (-b + c) = a - b - c$

**6** ➡ Kevin hat die beiden Bestandteile des Terms einfach vertauscht. Ändert das etwas?

$$15x - 9y$$ $$9y - 15x$$

**7** ➡ Wie muss eine Klammer gesetzt werden, damit der Term $3 - 5 - 4 + 8$ einen möglichst großen (kleinen) Wert erhält?

**8** Ergänze mit den passenden Vorzeichen.
a) $9a^2 + (\blacksquare - \blacksquare) = 9a^2 - 3ab + b^2$
b) $12x^2 - (\blacksquare - \blacksquare) = 5xy - 3y^2 + 12x^2$

**9** Fasse die Terme soweit es geht zusammen.
a) $5 - (b + 7 + b)$     b) $x + (x + 9 + 10)$
c) $y - (y + 9 - y)$     d) $a + (a - 2 + 9)$
e) $a + (a - b + c)$     f) $3x + (2 - x)$

**10** Schreibe ohne Klammern und fasse dann zusammen.

BEISPIEL        $(8a + 4b) + (-3a - 2b)$
Klammern auflösen $= 8a + 4b - 3a - 2b$
ordnen           $= 8a - 3a + 4b - 2b$
zusammenfassen   $= 5a + 2b$
a) $(8a + 4b) + (3a + 2b)$
b) $(8a + 4b) + (3a - 2b)$
c) $(8a + 4b) - (-3a + 2b)$
d) $(8a + 4b) - (3a - 2b)$

**11** Löse die Klammern auf und fasse dann zusammen.
a) $2a + (3b + 12a)$
b) $10e + (-6f - 4e)$
c) $8m + (3m - 9) + 9m$
d) $9a + (14 - 3a) + (2a - 5)$
e) $(15a + b) + (-4a + 3b)$
f) $2a^3 + (3a^3 - a^2b)$
g) $(6{,}3a - 7{,}2b) + (-2{,}7a)$
h) $(7a^2 + 7a - 3) + (-4a^2 - 2a + 7)$

**12** Fasse zusammen.
a) $c - (6d + 3c - 8c + 13) + 20$
b) $18ab - (17a - 4ab + 6b + 25)$
c) $10{,}1x - (2{,}6y - 5{,}4x + 3{,}4z)$
d) $9y - (2y + 17) - (14 - 3y)$

**13** Löse die Klammer auf, fasse zusammen.
BEISPIEL        $9a - (3b - 4a)$
Klammern auflösen $= 9a - 3b + 4a$
ordnen           $= 9a + 4a - 3b$
zusammenfassen   $= 13a - 3b$
a) $5x - (8x + 3y)$     b) $-11 - (10 - a)$
c) $8a - (-7b + 2b)$    d) $-(3x - 3y)$
e) $-(-4a + 7b)$
f) $5a + b - (3a - b + c)$
g) $(3x^2 + 7x) - (-x^2 + x)$
h) $-(18c - 7d) - (13c - 11d)$
i) $0{,}6y - (3{,}2y + 0{,}7)$
j) $(-5x - 3y + 2) - (-3x + 2y - 1)$
k) $-(2x + 3y - 5z) + (5x - 7y) - (-8x + 3z)$
l) $-(4{,}3a^2 - 5{,}9ab) - (-2{,}1a^2 - 5{,}7ab)$

**14** Schreibe die Aufgabe mit Hilfe von Klammern auf. Berechne dann auf unterschiedliche Weise. Beschreibe dein Vorgehen.
a) Zu 319 soll die Summe der Zahlen 258 und 78 addiert werden.
b) Von 475 ist die Summe der Zahlen 45 und 365 zu subtrahieren.

**15** Fülle die Tabelle im Heft aus. Rechne im Kopf, wenn möglich.

|    | $a$ | $b$ | $c$ | $a - (b + c)$ | $a - b + c$ | $a - b - c$ |
|----|-----|-----|-----|---------------|-------------|-------------|
| a) | 8   | 2   | 3   |               |             |             |
| b) | $-7$ | 5  | $-1$ |              |             |             |
| c) | $-5$ | $-4$ | 7 |              |             |             |
| d) | $-3$ | $-2$ | 0 |              |             |             |

**16** ➡ Setze $<$, $>$ oder $=$, ohne zu berechnen. Begründe.
a) $12 - (3 + 4)$ ☐ $12 - 3 + 4$
b) $8 - 5 - 2$ ☐ $8 - (5 - 2)$
c) $-5 + (x - 2)$ ☐ $-5 + x - 2$

**17** Ergänze die Platzhalter.
a) $5x + (7y - \blacksquare) = 5x + 7y - 3z$
b) $(7u - \blacksquare) - (\blacksquare + v) = 5u - 3v$
c) $2a + (\blacksquare - \blacksquare) = a + 3b$
d) $6m + (\blacksquare - 5n) - (\blacksquare - \blacksquare) = 4n - p$

**18** Setze Klammern, sodass die Aussage wahr wird.
a) $12 - 4 - 9 = 17$     b) $8 - 3 + 5 = 0$
c) $17 - 4 - 5 + 3 = 5$     d) $24 - 7 - 3 - 4 = 24$

**19** Setze im linken Term Klammern, sodass nach Umformung der rechte Term entsteht.
a) $2a - 2a + b + 2b = b$
b) $-a + b = -a - b$
c) $x - x + y - y = -2y$
d) $2a + b - 3a - 5b = -a - 4b$

## Weiterführende Aufgaben

**20** Ergänze im Heft den Term, der in der Klammer stehen muss.
a) $a + 12 - b = a + (\dots)$
b) $x - 7 + z = x + (\dots)$
c) $8c - 2d - 5 = 8c + (\dots)$
d) $5m - 4n - 3 = 5m - (\dots)$
e) $8r - 9s + 10t = 8r - (\dots)$
f) $3k + 5b - 6m = 3k - (\dots)$
g) $10x + 2y + 5z = 10x - (\dots)$

**21** Wenn innerhalb eines Klammerausdrucks etwas geklammert werden soll, verwendet man für die äußeren Klammern eckige Klammern. Man rechnet von innen nach außen oder löst die Klammern ebenso auf.

**BEISPIEL**
$$10a - [6b - (4a + 7)]$$
innere Klammer $= 10a - [6b - 4a - 7]$
äußere Klammer $= 10a - 6b + 4a + 7$
ordnen $= 10a + 4a - 6b + 7$
zuammenfassen $= \quad 14a \quad - 6b + 7$

a) $3c + [5d - (6c + 12)]$
b) $9a + [2x - (6x + 5a)]$
c) $-7a - [5b + 6c - (2a + 5b)]$
d) $6y - 16x - [9y - 12x - (3y + 8x)]$
e) $12x - 9y + [-15x - (10y - 6x) + y]$
f) $6x - 3y - [x - (11y - 9x) - (9x - 8y)]$
g) $17x - 9y - [-14y - (2y - 11x) + 7y]$

**22** ▭▶ Die Summe aus drei aufeinanderfolgenden natürlichen Zahlen beträgt 102. Welche drei Zahlen sind das?
Thimo rechnet so:
$\quad (n - 1) + n + (n + 1) = 102$
Marie rechnet so:
$\quad n + (n + 1) + (n + 2) = 102$
Dana rechnet so:
$\quad n - (n - 1) + (n - 2) = 102$
Wer hat recht? Begründe.

**23** Schreibe mit Klammern und vereinfache.
a) Addiere zu $7a$ die Summe $5a + 7$.
b) Zur Differenz $1 - 5x$ ist $8x$ zu addieren.
c) Addiere die Differenzen $2m^2 - 3mn$ und $m^2 - mn$.
d) Subtrahiere von $8x$ die Summe $5x + 7$.
e) Von $3 - 5a$ ist $-7a$ zu subtrahieren.
f) Subtrahiere $5z - 7u$ von $-11z$.

**24** ▭▶ Von einer Eisenstange mit der Länge $a$ werden die angegebenen Stücke abgeschnitten. Gib jeweils zwei verschiedene Terme für die Restlänge der Stange an.

a) ein Stück mit der Länge $b$ und zwei Stücke mit der Länge $c$
b) drei Stücke mit der Länge $b$ und vier Stücke mit der Länge $c$

**25** Arbeite mit den Differenzen:

$$\boxed{6m - 5n} \qquad \boxed{-3m - 11n}$$

a) Addiere die Differenzen.
b) Subtrahiere die Differenzen voneinander.
c) Begründe, warum es für b) zwei verschiedene Lösungen gibt.

**26** Schreibe als Differenz zweier Terme mit Klammern.
a) $3a - 4b - 6$      b) $5xy + 3xz + 7yz$
c) $-4u^2 + 11v - 7w$      d) $-a - 4b + 12c$

**27** Die Seiten eines Dreiecks haben folgende Längen in cm:
$x + y$, $z - x$ und $10 - 2y$
a) Gib einen Term für den Umfang des Dreiecks an.
b) Gib passende Zahlen für $x$, $y$ und $z$ an, sodass sich daraus ein Dreieck konstruieren lässt.

**28** Stelle die Zahl 2014 (die Zahl 2000) als einen Rechenausdruck mit den Ziffern 1 bis 9 dar.
Nutze beliebig viele Rechenzeichen und Klammern.
Jede Ziffer soll genau einmal vorkommen.

# Klammern auflösen und setzen

## Erforschen und Entdecken

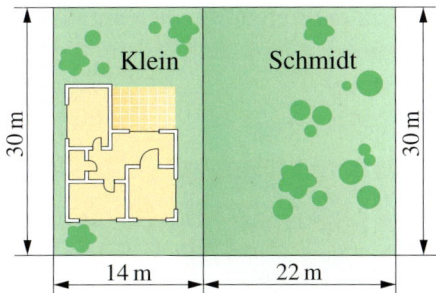
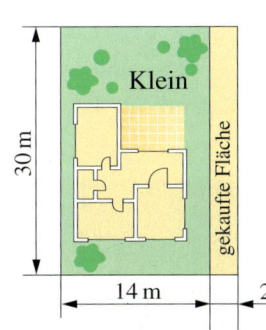
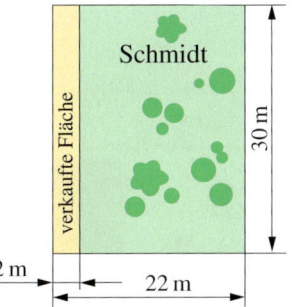

**1** Die Grundstücke der Familien Klein und Schmidt grenzen aneinander.
Da Familie Klein eine Garage anbauen will, möchte sie einen 2 m breiten Streifen vom Nachbargrundstück dazukaufen.

a) Berechne die Flächeninhalte der Grundstücke vor dem Verkauf.
b) Berechne die beiden neuen Flächeninhalte nach dem Verkauf auf je zwei Weisen.
c) Die Seitenlängen der Grundstücke sollen durch die Variablen $a$, $b$ und $c$ angegeben sein (siehe Randspalte). Gib zwei verschiedene Terme für den Flächeninhalt des gesamten Grundstücks an.
d) Gib je zwei verschiedene Terme an, mit denen man die Flächeninhalte nach dem Verkauf des Grundstückes berechnen kann. Überprüfe durch Einsetzen, ob du zum gleichen Ergebnis kommst wie in b).

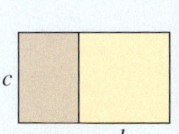
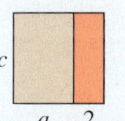
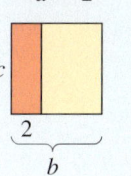

**2** Arbeitet zu zweit oder in kleinen Gruppen.

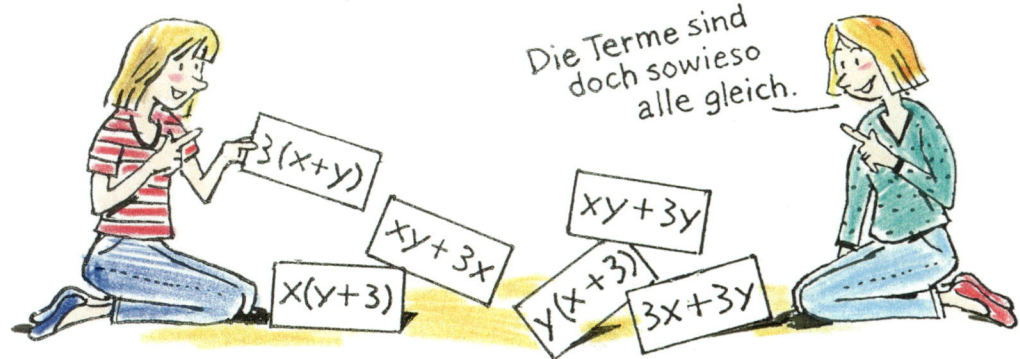

Die Terme sind doch sowieso alle gleich.

$3(x+y)$   $xy + 3x$   $x(y+3)$   $xy + 3y$   $y(x+3)$   $3x + 3y$

a) Überprüft durch Einsetzen von verschiedenen Werten, ob wirklich alle Terme gleich sind.
b) Findet jeweils einen Term ohne Klammern, der zu dem gegebenen Term gleichwertig ist.
$4(a + b)$     $6(x + y)$     $8(k - m)$     $a(r + 2)$
c) Findet jeweils einen Term mit Klammern, der zu dem gegebenen Term gleichwertig ist.
$7x + 7y$     $3s + 3t$     $xy - xz$     $ab - 3a$
d) Wann sind Terme mit Klammern und ohne Klammern gleich? Formuliert Regeln. Überprüft sie.

## Lesen und Verstehen

Daniel und Maria sollen Terme für die Kantenlänge eines Quaders angeben.

Daniel addiert zunächst alle Kantenlängen: $a + b + c$. Da die Summe der drei Kanten $a$, $b$, $c$ viermal vorkommt, multipliziert er anschließend mit 4, also $4(a + b + c)$.

Maria multipliziert jede Kantenlänge mit 4 und addiert dann die Produkte:
$4a + 4b + 4c$

$$4(a + b + c) = 4a + 4b + 4c$$

Erinnere dich an das Distributivgesetz. Es gilt auch bei Termen mit Variablen:

Eine Summe wird mit einem Faktor multipliziert, indem man jeden Summanden in der Klammer mit dem Faktor multipliziert.

$a \cdot (b + c) = a\,(b + c) = a \cdot b + a \cdot c$

**BEISPIELE Ausmultiplizieren**
$3(5 + 2) = 3 \cdot 5 + 3 \cdot 2$
$4(8 - 6 + 2) = 4 \cdot 8 - 4 \cdot 6 + 4 \cdot 2$

$a(b - c) = ab - ac$

Wenn alle Summanden einen gemeinsamen Faktor enthalten, kann man diesen Faktor **ausklammern**.

**BEISPIELE Ausklammern**
$3x + 3y = 3(x + y)$
$6 + 2x - 4y =$
$2 \cdot 3 + 2 \cdot x - 2 \cdot 2y = 2(3 + x - 2y)$

## Basisaufgaben

**1** Schreibe ohne Malpunkt.
**BEISPIEL** $8 \cdot (x + 5) = 8(x + 5)$
a) $3 \cdot (a + b)$   b) $a \cdot (2 + 3b)$   c) $2y \cdot (x - z)$
d) $1 \cdot (a - 9)$   e) $5ab \cdot (1 - 3z)$

**2** Ordne die Terme mit Klammern und die ausmultiplizierten Terme einander zu.

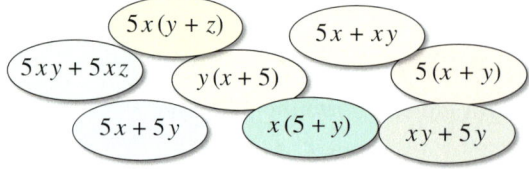

**3** Löse die Klammern auf.
a) $2(a + b)$         b) $4(m - n)$
c) $3(x + y)$         d) $a(b - c)$
e) $4(11 + c)$        f) $15(3 - 2a)$
g) $25(3 - y)$        h) $8(x + 3y)$
i) $a(12 - 3b)$       j) $12(m + 10)$

**4** Löse die Klammern auf.
a) $(4 + b)\,2$        b) $(c - 5)\,4$
c) $(2x + 6y)\,5$     d) $(3c - 7)\,4$
e) $(9a - 3b)\,5$     f) $(11x + 30)\,y$
g) $(9a - 5b)\,7$     h) $(4x + 7y)\,a$

**5** Überlege und setze = oder ≠ richtig ein.
a) $x(4+x)$ ▢ $(4+x)x$
b) $x(4+x)$ ▢ $x(x+4)$
c) $x(4-x)$ ▢ $x(x-4)$
d) $x(-4-x)$ ▢ $x(-x-4)$
e) $x(-4+x)$ ▢ $x(x-4)$

**6** Multipliziere aus.
a) $3(a+b+c)$
b) $7(2a+3b+2c)$
c) $6(x+y+2)$
d) $13(c-d-7)$
e) $8(2k-3l+4m)$
f) $15(-2+3x-5y)$
g) $c(3a+b+c)$
h) $m(3a+4m+b)$
i) $2a(a+3b+4)$
j) $3x(7-5x-xy)$

**7** Multipliziere aus und fasse zusammen.
a) $3x(3x+4)$
b) $2y(2y+5)$
c) $(4x+1)4x$
d) $(x+1)x$
e) $(x+1)17$
f) $2a(5+a)$
g) $5(5-x)$
h) $(5-x)12$

**8** ▭ Ali meint: „Für $-(a+b)$ kann man auch $(-1)(a+b)$ schreiben".
Überprüfe, indem du die Klammern auflöst.

**9** Löse die Klammer auf.
a) $-(x+y)$
b) $-(3a+4b)$
c) $-4(-5x+6)$
d) $-6(-3a-4b)$
e) $-(x+y+z)$
f) $-(x+y-z)$

**10** Multipliziere aus.
a) $-1(x+2)$
b) $-9(x^2+1)$
c) $-3z(-z+9)$
d) $-a(a-b)$
e) $-2(-5y-6z)$
f) $-2xy(-4a+7b)$
g) $-3z(x+9)$
h) $(9a+7c)(-2c)$

**11** Bilde mindestens acht Produkte und löse die Klammern auf. Verwende jeweils einen Faktor aus der linken und einen Faktor aus der rechten Kiste.

**12** Multipliziere die Terme aus.
a) $\frac{1}{3}x(x+9)$
b) $(\frac{2}{3}a-\frac{2}{5}b)\frac{1}{2}$
c) $\frac{2}{5}(-5-a)$
d) $\frac{1}{4}(8-4x)$
e) $\frac{3}{4}x(y-4x)$
f) $\frac{2}{7}(2x-14)$
g) $\frac{3}{8}a(a+b+8)$
h) $\frac{5}{6}x(1+12x-y)$

**13** Fasse die Terme so weit wie möglich zusammen.
a) $15a-3(4+5a)$
b) $3x+6(-2x-2y)$
c) $25ab-4a(3a-6b)$
d) $16rs+2r(-4s-3t)$
e) $(5a-6b)(-3)+4a-10b$
f) $(4-7a+5b)6a-7ab$

**14** ▭ Schreibe als Term mit Klammern.
a) Bilde das Vierfache der Summe aus $a$ und $b$.
b) Bilde das Fünffache der Summe aus $2x$ und 3.
c) Bilde das Achtfache der Differenz von $x$ und $y$.
d) Bilde das Doppelte der Summe aus $a$, $b$ und $c$.
e) Bilde die Hälfte der Summe aus 10 und $x$.

**15** Ergänze die fehlenden Terme so, dass die Gleichung stimmt.
a) $4(x+\text{▢})=4x+20$
b) $7(\text{▢}-3)=7x-21$
c) $\text{▢}(y+8)=xy+8x$
d) $x(\text{▢}+\text{▢})=3x+xy$
e) $2x+3xy=\text{▢}(2+3y)$
f) $5a+7ab=\text{▢}(5+7b)$

**16** Klammere den Faktor 2 aus.
a) $8x+10$
b) $14y+10x$
c) $2s-24t$
d) $64ab+2c$
e) $32x^2-6$
f) $-6xy-16x^2$

**17** Klammere den angegebenen Faktor aus.
a) Faktor 8: $\quad 40a+88b \quad -32x-8y$
b) Faktor $a$: $\quad 17ab-22a \quad 13ab+2a$
c) Faktor $xy$: $\quad 7xy+xyz \quad 6xy-13x^2y$
d) Faktor $-b$: $\quad -bc-4b \quad -55b^2+3b$
e) Faktor $-1$: $\quad -7b-9c \quad 16x+19y$

## Weiterführende Aufgaben

**18** Klammere jeweils einen gemeinsamen Faktor aus.

a) $19a - 19b$  
b) $17r - 17ab$  
c) $xz - yz$  
d) $3ab - 7ac$  
e) $9a - 9$  
f) $12xyz - 35az$  
g) $2a + 2b + 2c$  
h) $4a^2 - 9a^2$  
i) $7c - 15cd - 5ac$  
j) $7x^2 - 15x$  
k) $4ab + a$  
l) $3x + 6$

**19** ➡ Sarah soll einen möglichst großen Faktor ausklammern. Dazu verwendet sie einen Zwischenschritt. Erkläre ihre Vorgehensweise.

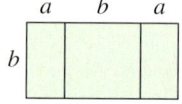

$$1)\ 24xy - 40a \qquad 2)\ 35x^2y^3 - 63xy^2$$
$$= 3 \cdot 8 \cdot x \cdot y - 5 \cdot 8 \cdot a \qquad = 5 \cdot 7 \cdot x \cdot y \cdot y \cdot y - 7 \cdot 9 \cdot x \cdot y \cdot y$$
$$= 8(3xy - 5a) \qquad = 7xy^2(5xy - 9)$$

**20** Klammere immer den größtmöglichen Faktor aus.

a) $ax - 4az + 5ay$  
b) $21abx - 6by + 15bz$  
c) $24ab - 12bc + 48ab$  
d) $5bx - by - 15bz$  
e) $25ab + 125ac + 75ax$  
f) $16qrs - 12rst + 8stu$  
g) $38xy + 76yz + 19y$

**21** ➡ Erläutere, welche Fehler Sebastian gemacht hat, und korrigiere sie.

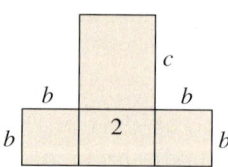

a) $5ab + 5ac = 5(ab + c)$  
b) $12xy - 8xz = 2x(10y - 4z)$  
c) $4a - 8b + 4 = 4(a - 2b)$  
d) $x^3y - xz = x^2(xy - z)$  
e) $a^3b - a^2b^4 = a^2b(a - b^2)$  
f) $-12mn - 20km = -4m(3n - 5k)$

**22** Memory mit Termen  
Bereitet zunächst mindestens 20 Karten vor. Jeweils zwei Karten gehören zusammen: auf eine Karte schreibt ihr einen Term mit Klammer und auf eine andere Karte den aufgelösten Term ohne Klammer. Spielt Memory mit den Karten.

**23** ➡ Stimmt das? Lars sollte den Term als Produkt schreiben:
$$9x + 27xy + 6xz = x(9 + 27y + 6z)$$

**24** Für den Flächeninhalt des blauen Rands lassen sich Terme angeben.

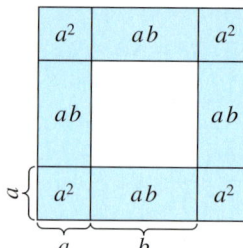 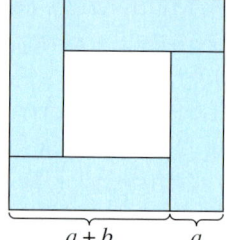

a) Finde einen Term für die linke Figur.  
b) Gib für die rechte Figur einen Term an.  
c) Zeige durch Umformung, dass man das gleiche Ergebnis erhält.

**25** Finde für den Flächeninhalt der Figuren jeweils einen Term mit Klammern und einen Term ohne Klammern.

**26** Klammere gemeinsame Faktoren aus.

a) $2x^2 + 4x$  
b) $14x^2y - 7xy^2$  
c) $x - x^3$  
d) $48a^2b + 96a^3$  
e) $x + x^2 + x^3$  
f) $2x^2 + 4x + 6xy$  
g) $6x^2 + 6x$  
h) $-8x^2 - 8x$  
i) $-7x - 14$  
j) $-5x^2 - 5x - 5$

**27** Klammere gemeinsame Faktoren aus und kürze die Brüche.

a) $\dfrac{3x + 6}{9x + 12}$  
b) $\dfrac{4 + 6a}{10b + 4}$  
c) $\dfrac{15x + 9}{18 + 3x}$  
d) $\dfrac{3x + 5xy}{xy + 7x}$  
e) $\dfrac{14a - 21ab}{49 - 35a}$  
f) $\dfrac{9xy + 18by}{9x - 18b}$

# Produkte von Summen

## Erforschen und Entdecken

**1** Das Architekturbüro Lenz und Partner stellt bei der Baubehörde einen Bauantrag für einen neuen Supermarkt. Der Bauantrag enthält auch die Größe der einzelnen Räume.

a) Berechne den Flächeninhalt der einzelnen Räume.

b) Berechne den Flächeninhalt der gesamten genutzten Fläche.

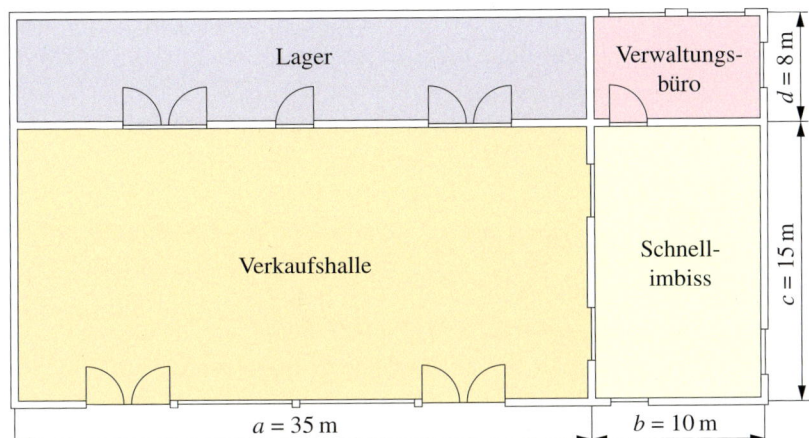

c) Zeige, dass es verschiedene Möglichkeiten gibt, die Gesamtfläche zu berechnen.

d) Das Architekturbüro Lenz und Partner erstellt häufig Baupläne für Gebäude mit ähnlichen Abmessungen. Daher berechnet der Architekt Herr Lenz den Flächeninhalt mit einem Term, den er in sein Tabellenkalkulationsprogramm eingegeben hat. Gib mindestens einen möglichen Term für die Zelle **F3** an.

|   | A | B | C | D | E | F |
|---|---|---|---|---|---|---|
| 1 | **Supermarkt** | **Verkaufshalle** | **Imbiss** | **Imbiss** | **Büro** | **Supermarkt** |
| 2 |  | **Länge a** | **Breite b** | **Länge c** | **Breite d** | **Gesamtfläche** |
| 3 | wie im Bild | 35 | 10 | 15 | 8 |  |
| 4 | Alternative 1 | 38 | 12 | 16 | 10 |  |
| 5 | Alternative 2 | 42 | 10 | 17 | 12 |  |
| 6 | ... |  |  |  |  |  |
| 7 |  |  |  |  |  |  |
| 8 |  |  |  |  |  |  |
| 9 |  |  |  |  |  |  |
| 10 |  |  |  |  |  |  |
| 11 |  |  |  |  |  |  |
| 12 |  |  |  |  |  |  |
| 13 |  |  |  |  |  |  |

**2** Arbeitet zu zweit oder in kleinen Gruppen.

a) Findet heraus, welche Aufgabe mit zwei Klammern in der Darstellung gelöst wurde, und erläutert den Rechenweg.

|   | 30 | 8 |   |
|---|---|---|---|
| 20 | 600 | 160 | 760 |
| 7 | 210 | 56 | 266 |
|   |   |   | 1026 |

b) Überlegt euch selbst weitere Rechenaufgaben, tauscht sie untereinander aus und löst sie auf die gleiche Weise mit einer Tabelle.

c) Übertragt die Tabellen in eure Hefte und füllt zunächst die blauen Felder aus. Berechnet anschließend die Summe der Terme in den grauen Feldern. Fasst die Terme soweit wie möglich zusammen. Vergleicht eure Lösungen.

① $(a + 5)(a + 4)$

|   | $a$ | $4$ |   |
|---|---|---|---|
| $a$ | $a^2$ | $4a$ | $a^2 + 4a$ |
| $5$ |  |  |  |

② $(x + 5)(y + 6)$

|   | $y$ | $6$ |
|---|---|---|
| $x$ |  |  |
| $5$ |  |  |

③ $(3 + 2a)(a + 5)$

|   | $a$ | $5$ |
|---|---|---|
| $3$ |  |  |
| $2a$ |  |  |

d) Formuliert eine Regel für die Multiplikation von zwei Summen.

## Lesen und Verstehen

Ein rechteckiges Blumenbeet mit den Seitenlängen $a$ und $c$ wird beim Bepflanzen im neuen Frühjahr vergrößert: eine Seite wird um 3 m und die andere um 2 m verlängert. Welchen Inhalt hat das neue rechteckige Beet?

$c$  $d = 3\,\text{m}$

$a$

$b = 2\,\text{m}$

Nadine und Nina sollen den neuen Flächeninhalt bestimmen. Die Breite des Beets ist $(a + b)$. Die Länge ist $(c + d)$.

Sie gehen unterschiedlich vor:

Nadine zerlegt das Rechteck in zwei Teilflächen und berechnet ihren Flächeninhalt. Dann wendet sie das Distributivgesetz an, um den Term zu vereinfachen.

Nina zerlegt das Rechteck in vier Teilflächen und berechnet deren Flächeninhalt.

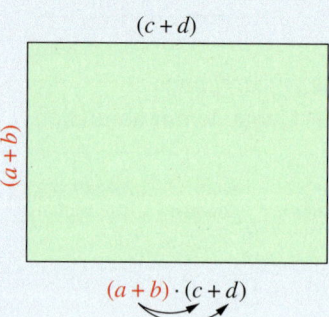

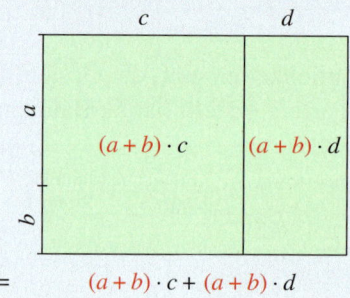

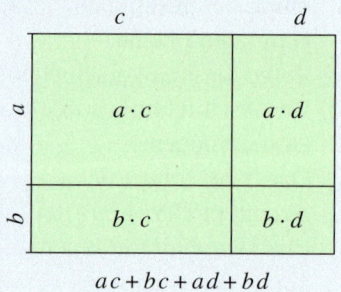

$(a + b) \cdot (c + d)$  =  $(a + b) \cdot c + (a + b) \cdot d$  =  $ac + bc + ad + bd$

**b** Beim Multiplizieren von zwei Summen wird jeder Summand der ersten Summe mit jedem Summanden der zweiten Summe multipliziert. Die entstandenen Produkte werden anschließend addiert.

**BEISPIEL**
bei $a = 6\,\text{m}$, $c = 7\,\text{m}$
$(b = 2\,\text{m}, d = 3\,\text{m})$

$(a + b) \cdot (c + d) = ac + ad + bc + bd$
$(6 + 3) \cdot (7 + 2) = 6 \cdot 7 + 6 \cdot 2 + 3 \cdot 7 + 3 \cdot 2$
$\qquad\qquad\quad = 42 + 12 + 21 + 6 = 81$

Das neue Beet hat eine Größe von 81 m².

## Basisaufgaben

**1** Ordne den Produkten die passenden Summen zu.

① $(a + 2) \cdot (b + 6)$
② $(a + 4) \cdot (b + 3)$
③ $(a + 1) \cdot (6 + b)$
④ $(a + 5) \cdot (9 + b)$
⑤ $(a + 9) \cdot (b + 3)$

a) $ab + 3a + 4b + 12$
b) $ab + 3a + 9b + 27$
c) $ab + 6a + 2b + 12$
d) $6a + ab + 6 + b$
e) $9a + ab + 45 + 5b$

**2** Ergänze die Lücken.

a) $(x + 2) \cdot (y + 4) = xy + 4x + 2y + \boxed{\phantom{x}}$
b) $(a + 5) \cdot (b + 6) = ab + 6a + \boxed{\phantom{x}} + \boxed{\phantom{x}}$
c) $(x + 7) \cdot (y + z) = xy + xz + 7y + \boxed{\phantom{x}}$
d) $(c + 11) \cdot (3 + d) = 3c + \boxed{\phantom{x}} + \boxed{\phantom{x}} + \boxed{\phantom{x}}$
e) $(3 + a) \cdot (8 + b) = 24 + \boxed{\phantom{x}} + \boxed{\phantom{x}} + \boxed{\phantom{x}}$
f) $(4 + x) \cdot (y + 2) = 4y + 8 + \boxed{\phantom{x}} + \boxed{\phantom{x}}$

**3** Stelle einen Term für den Flächeninhalt des Rechtecks auf. Forme den Term um.

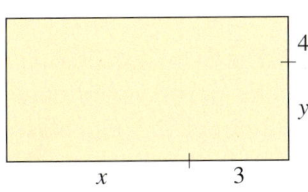

**4** Löse die Klammern auf.

BEISPIEL $(2+b)\,(a+9) = 2a + 18 + ab + 9b$

a) $(a+b) \cdot (a+c)$
b) $(2+a) \cdot (a+2)$
c) $(3+x) \cdot (x+z)$
d) $(r+25) \cdot (r+6)$
e) $(a+4) \cdot (a+10)$
f) $(8+x) \cdot (8+x)$
g) $(3+x) \cdot (x+7)$
h) $(6+c) \cdot (9+c)$
i) $(10+r) \cdot (r+s)$
j) $(8+u) \cdot (u+2)$

**5** Löse die Klammern auf und fasse, wenn möglich, zusammen.

a) $(a+4) \cdot (b+8)$
b) $(a+5) \cdot (b+7)$
c) $(x+1) \cdot (y+3)$
d) $(a+3) \cdot (4+b)$
e) $(a+2) \cdot (12+b)$
f) $(x+6) \cdot (9+y)$
g) $(x+6) \cdot (y+7)$
h) $(3+d) \cdot (e+8)$
i) $(11+a) \cdot (b+5)$
j) $(7+x) \cdot (3+y)$

**6** Ergänze die Lücken.

a) $(x+5) \cdot (x+12) = x^2 + 12x + \blacksquare + \blacksquare$
b) $(2x+7) \cdot (3x+2) = 6x^2 + 4x + \blacksquare + \blacksquare$
c) $(3a+4) \cdot (4a+5) = \blacksquare + 15a + \blacksquare + 20$
d) $(5x+3y) \cdot (3x+9) = 15x^2 + \blacksquare + 9xy + \blacksquare$
e) $(4a+3b) \cdot (2a+5b) = 8a^2 + \blacksquare + 6ab + \blacksquare$
f) $(7x+4y) \cdot (8x+11) = \blacksquare + 77x + \blacksquare + \blacksquare$

**7** Ergänze die Lücken.

a) $(4c+6) \cdot (2c+7) = \blacksquare + 40c + \blacksquare$
b) $(5a+3) \cdot (2a+9) = \blacksquare + \blacksquare a + 27$
c) $(3m-5) \cdot (2m+7) = \blacksquare + 11m - \blacksquare$
d) $(2s-4r) \cdot (2s+3r) = 4s^2 - \blacksquare - \blacksquare$
e) $(5a+2b) \cdot (3a-4b) = 15a^2 - \blacksquare - \blacksquare$
f) $(2x+7y) \cdot (3x+6y) = \blacksquare + 12xy + \blacksquare + \blacksquare$

**8** Multipliziere und fasse zusammen, wenn möglich.

a) $(a-5) \cdot (b+7)$
b) $(y-8) \cdot (z+9)$
c) $(x-3) \cdot (y+6)$
d) $(s+4) \cdot (t-1)$
e) $(a+9) \cdot (b-2)$
f) $(x-5) \cdot (y-8)$
g) $(z-8) \cdot (z-9)$
h) $(a-9) \cdot (a+9)$
i) $(3a+b) \cdot (a-3b)$
j) $(x+4) \cdot (x-4)$

**9** Multipliziere und fasse zusammen.

a) $(2x+y) \cdot (2a+5)$
b) $(4a-2) \cdot (4a+4)$
c) $(5x-5) \cdot (7y+8)$
d) $(11t+8) \cdot (5-4t)$

**10** Multipliziere jeweils einen Term aus dem linken Kästchen mit einem Term aus dem rechten Kästchen.

$(a+b)$
$(b-14a)$
$(4a+6b)$
$(a+4b)$

$(16a+5)$
$(10b+6a)$
$(14b-30)$
$(11a+25b)$

**11** Multipliziere und fasse zusammen.

a) $(2a-b) \cdot (7a-8b)$
b) $(6a-2) \cdot (5+3a)$
c) $(s+3t) \cdot (9s-t)$
d) $(-3d-5) \cdot (4d+10)$
e) $(6x-15y) \cdot (3x+9y)$
f) $(-7b+8) \cdot (16-12b)$
g) $(9x-13y) \cdot (4y-5x)$
h) $(10a-25b) \cdot (3b+2a)$
i) $(5x-2y) \cdot (x-3y)$

**12** Ergänze die leeren Felder. Nutze die Terme unten.

a) $(x+\blacksquare) \cdot (\blacksquare+2) = xy + \blacksquare + 4y + 8$
b) $(\blacksquare-3)(5+\blacksquare) = 5a + ab - \blacksquare - 3b$
c) $(x+\blacksquare)(7-\blacksquare) = \blacksquare - xy + 7 - y$
d) $(5a-\blacksquare)(3c-\blacksquare) = \blacksquare - 5ad - 3bc + bd$
e) $(8x-5y)(\blacksquare+\blacksquare) = 48x^2 - \blacksquare xy - 10y^2$
f) $(a-\blacksquare)(\blacksquare-9c) = 2a^2 - \blacksquare ac + 36c^2$

| | | | | |
|---|---|---|---|---|
| $a$ | $2a$ | $b$ | $b$ | $4c$ |
| $d$ | $2x$ | $6x$ | $7x$ | |
| $y$ | $y$ | $2y$ | $15ac$ | |
| $1$ | $4$ | $14$ | | |
| $15$ | $17$ | | | |

**13** Setze in die Leerstellen die Zeichen „+" und „–" richtig ein.

a) $(x+7)(11+x) = x^2 \ \blacksquare \ 18x \ \blacksquare \ 77$
b) $(a+14)(a-9) = a^2 \ \blacksquare \ 5a \ \blacksquare \ 126$
c) $(3r+9s)(5r-6s) = 15r^2 \ \blacksquare \ 27rs \ \blacksquare \ 54s^2$
d) $(-a+8b)(3b-6a) = 6a^2 \ \blacksquare \ 51ab \ \blacksquare \ 24b^2$
e) $(-5c-3d)(-c+5d) = 5c^2 \ \blacksquare \ 22cd \ \blacksquare \ 15d^2$

## Weiterführende Aufgaben

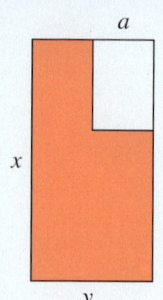

**14** Skizziere die farbige Fläche links in deinem Heft. Ihr Flächeninhalt lässt sich auf verschiedene Arten berechnen.
a) Welcher der folgenden Terme ist nicht geeignet? Begründe, indem du die entsprechenden Teilflächen im Heft markierst.
① $x \cdot y - a \cdot b$
② $x \cdot (y - a) + a \cdot (x - b)$
③ $x \cdot y + a \cdot b$
④ $(x - b) \cdot (y - a) + a \cdot (x - b) + b \cdot (y - a)$
b) Zeige durch Termumformungen, dass die Terme ① und ④ identisch sind.

**15** Kevin hat Terme für die Flächeninhalte der Figuren ① bis ④ in der Randspalte aufgestellt.
$A = a \cdot b + a \cdot c = a \cdot (b + c)$
$A = e \cdot f + e \cdot g + e \cdot h = e \cdot (f + g + h)$
$A = a \cdot s + a \cdot t + b \cdot s + b \cdot t$
$\quad = (a + b) \cdot (s + t)$
a) Zu welcher Figur passt welcher Flächeninhaltsterm? Begründe.
b) Finde einen Term für den Flächeninhalt der fehlenden Figur.

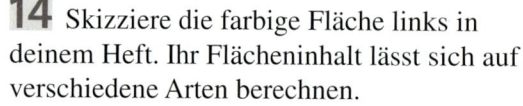
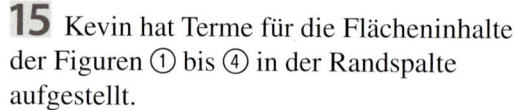

**16** Löse die Klammern auf und fasse zusammen.
a) $(x + 2) \cdot (x - 4) - x^2 + 2x + 6$
b) $(x - 4) \cdot (5 + x) - x^2 - (2x - 1)$
c) $(2x + 1) \cdot (x - 2) + x (x - 3) - (x - 1) x$
d) $-(3a + 2) - 2a (a - 1) + 6 (a - 1) \cdot (4a + 2)$

**17** Multipliziere und fasse zusammen.
a) $(x + 1) \cdot (x + 2) + (x + 3) \cdot (x + 4)$
b) $(2x - 3) \cdot (3x - 1) - (6x + 2) \cdot (x - 5)$

**18** Forme die Summen in Produkte um.
**BEISPIEL** $2x + 2y - ax - ay$
$\quad = 2 (x + y) - a (x + y)$
$\quad = (2 - a) \cdot (x + y)$
a) $ac + ad + bc + bd$
b) $ac - ad - bc + bd$
c) $wx + wy + 8x + 8y$
d) $12a - 12b + as - bs$
e) $xc - yc + 2x - 2y$
f) $x^2 - 7x - 5x + 135$
g) $9a^2 + 9a + 2a + 2$

**19** Ein Schwimmbecken mit der Länge $a$ und der Breite $b$ wird durch eine Umrandung aus Betonplatten eingefasst. Die Breite der Umrandung beträgt $x$.

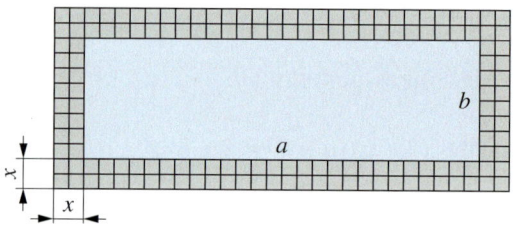

a) Überlege, wie man den Flächeninhalt der Umrandung berechnen könnte.
b) Zeige an der Zeichnung, dass jeder der Terme $(a + 2x) \cdot (b + 2x) - ab$ und $2ax + 2x (b + 2x)$ den Flächeninhalt der Umrandung angibt.
c) Bestätige durch Ausmultiplizieren, dass die beiden Terme den gleichen Wert haben.
d) Berechne den Flächeninhalt für $a = 15\,\text{m}$, $b = 8\,\text{m}$ und $x = 1,2\,\text{m}$.

**20** Ergänze die Multiplikationstabellen. Welches Produkt wird berechnet? Wie lautet das Ergebnis?

a)

| | $2x$ | $4$ |
|---|---|---|
| $3x$ | $2xy$ | |

b)

| | $3b$ | |
|---|---|---|
| $5a$ | | $20a$ |
| | | $8b$ |

c) Berechne mit einer Multiplikationstabelle:
$(3 + 7c) \cdot (\ \Box\ + 2c) = 15a + \ldots$

**21** Mit einer Multiplikationstabelle lassen sich auch Summen mit mehr als zwei Summanden berechnen.
a) Ergänze die Tabelle. Welches Produkt wird hier berechnet?

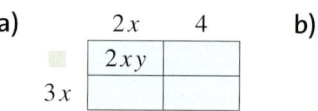

b) $(x + 2y) \cdot (2x + 3y + z)$
c) $(a + 5b) \cdot (3a - 2b - 3c)$
d) $(c + d + 3e) \cdot (5c + 7d)$
e) $(3s + 4t) \cdot (2s + 0,5t + 7)$
f) $(7x + 3y + 2a) \cdot (3a - 5y)$
g) $(6a - 3b - 4) \cdot (3b + 2a)$

# Binomische Formeln

## Erforschen und Entdecken

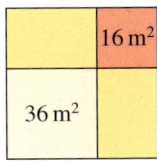

Figur 1

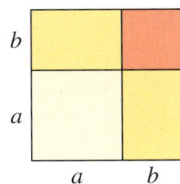

Figur 2

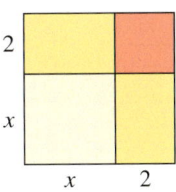

Figur 3

**1** Die Quadrate sind in vier Teilflächen zerlegt.
a) Berechne den Flächeninhalt von Figur 1.
   Die Flächeninhalte der beiden Teilquadrate sind schon eingetragen.
b) Gib verschiedene Terme für den Flächeninhalt von Figur 2 an.
c) Übertrage Figur 3 in dein Heft ($x$ ist beliebig). Trage die jeweiligen Terme für den
   Flächeninhalt der Teilflächen ein. Gib dann den Flächeninhalt des großen Quadrats
   auf verschiedene Weisen an.

**2** In der Klasse 8 b wird dieses Quadrat an die Tafel gezeichnet.
Frau Bauer fragt: „Wie kann man den Flächeninhalt des orangen
Quadrats berechnen?"
a) Lea stellt sich vor, dass $a = 5\,\text{cm}$ und $b = 2\,\text{cm}$ wäre.
   Wie würde sie dann vorgehen, um den Flächeninhalt des
   orangen Quadrats zu berechnen?
b) Niko meint: „Den Flächeninhalt kann man mit $(a - b) \cdot (a - b)$
   berechnen." Hat er Recht?
c) Milena rechnet den Flächeninhalt des orangen Quadrats aus.
   $(a - b)^2 = (a - b) \cdot (a - b) = a^2 - ab - ab + b^2 = a^2 - 2ab + b^2$
   Sie meint, dass man ihre Rechnung auch in der Zeichnung
   erkennen kann. Wo befinden sich in der Zeichnung die Terme
   $a^2$, $ab$ und $b^2$? Warum wird $b^2$ addiert?

**3** Ein Rechentrick: Manche Quadratzahlen und Produkte kann man leicht im Kopf
berechnen, wenn man geschickt vorgeht.
Forme zuerst so um, dass man zwei Summen multipliziert.
Fasse zusammen und entdecke eine Möglichkeit, um die Aufgaben im Kopf zu berechnen.

| | | |
|---|---|---|
| $21^2$ | $29^2$ | $29 \cdot 31$ |
| $= (20 + 1)^2$ | $= (\ldots$ | $= (30 - 1) \cdot (30 + 1)$ |
| $= (20 + 1) \cdot (20 + 1) = \ldots$ | $\ldots$ | $\ldots$ |
| Berechne entsprechend:<br>$31^2$ und $62^2$ | Berechne entsprechend:<br>$39^2$ und $68^2$ | Berechne entsprechend:<br>$41 \cdot 39$ und $2,1 \cdot 1,9$ |

Beschreibe, wie du vorgegangen bist.
Für welche Faktoren funktioniert dieses Verfahren besonders gut, für welche nicht?

## Lesen und Verstehen

Matthis und Laureen sollen die Quadratzahl von 41 berechnen.
Matthis rechnet schriftlich:

|   |   | 4 | 1 | · |   | 4 | 1 |
|---|---|---|---|---|---|---|---|
|   |   |   |   | 1 | 6 | 4 |   |
|   | + |   |   |   |   | 4 | 1 |
|   |   |   |   | 1 | 6 | 8 | 1 |

Laureen rechnet im Kopf:
$$41^2 = 40^2 + 2 \cdot 40 \cdot 1 + 1^2$$
$$= 1600 + 80 + 1$$
$$= 1681$$

**BEACHTE**
Das Wort „Binom" kommt vom lateinischen Wort binominis, das bedeutet zwei-namig.
Ein Binom ist in der Mathematik eine Summe aus zwei Summanden.

**b** Die drei Sonderfälle der Multiplikation von Summen, bei denen sich die Ergebnisse leicht zusammenfassen lassen, heißen **binomische Formeln**. Sie sind eine Abkürzung der ausführlicheren Berechnung.
**1. binomische Formel:** $(a + b)^2 = a^2 + 2ab + b^2$
**2. binomische Formel:** $(a - b)^2 = a^2 - 2ab + b^2$
**3. binomische Formel:** $(a + b) \cdot (a - b) = a^2 - b^2$

Die binomischen Formeln gelten auch hier:

**BEISPIELE**
$$(2x + 3y)^2 = (2x)^2 + 2 \cdot 2x \cdot 3y + (3y)^2 = 4x^2 + 12xy + 9y^2$$
$$(4a - 5b)^2 = (4a)^2 - 2 \cdot 4a \cdot 5b + (5b)^2 = 16a^2 - 40ab + 25b^2$$
$$(4k + 7m) \cdot (4k - 7m) = (4k)^2 - (7m)^2 = 16k^2 - 49m^2$$

## Basisaufgaben

**BEACHTE**
Es erspart in Berechnungen viel Zeit, die binomischen Formeln auswendig anwenden zu können.

**1** Wende die erste binomische Formel an.
a) $(x + y)^2$    b) $(e + f)^2$    c) $(a + z)^2$
d) $(i + k)^2$    e) $(p + q)^2$    f) $(k + m)^2$
g) $(4 + y)^2$    h) $(2 + f)^2$    i) $(a + 5)^2$
j) $(d + 3)^2$    k) $(x + 12)^2$    l) $(s + 15)^2$

**2** Wende die zweite binomische Formel an.
a) $(b - c)^2$    b) $(d - e)^2$    c) $(a - x)^2$
d) $(n - o)^2$    e) $(l - s)^2$    f) $(m - n)^2$
g) $(x - 12)^2$    h) $(11 - y)^2$    i) $(y - 3)^2$
j) $(1 - c)^2$    k) $(s - 5)^2$    l) $(10 - x)^2$

**3** Forme das Produkt mit der dritten binomischen Formel um.
a) $(x + y)(x - y)$    b) $(v + w)(v - w)$
c) $(m + n)(m - n)$    d) $(r + s)(r - s)$
e) $(a + 9)(a - 9)$    f) $(6 + b)(6 - b)$
g) $(u + 7)(u - 7)$    h) $(y + 11)(y - 11)$

**4** Die binomischen Formeln lassen sich noch schneller anwenden, wenn man die Quadratzahlen auswendig kennt.
Notiere die Quadratzahlen der Zahlen von 1 bis 20 und lerne sie auswendig.
$1^2 = 1, 2^2 = 4, 3^2 = 9, \ldots$

**5** Wurde die erste binomische Formel richtig angewandt? Verbessere, wenn nötig.
a) $(6 + x)^2 = 36 + 6x + x^2$
b) $(a + 8)^2 = a^2 + 16a + 64$
c) $(3 + b)^2 = 3 + 6b + b^2$

**6** Wurde die zweite binomische Formel richtig angewandt? Verbessere, wenn nötig.
a) $(1 - a)^2 = 1 - 2a + a^2$
b) $(2a - b)^2 = 4a^2 - 4ab + 4b^2$
c) $(10 - 4x)^2 = 100 - 80x - 16x^2$

**7** Übertrage ins Heft. Überlege zuerst, um welche binomische Formel es sich handelt. Ergänze dann + oder −.

a) $(x + 8)^2 = x^2 \;\blacksquare\; 16x \;\blacksquare\; 64$

b) $(c \;\blacksquare\; 2d)^2 = c^2 - 4cd + 4d^2$

c) $(2 \;\blacksquare\; a)(2 \;\blacksquare\; a) = 4 - a^2$

d) $(y \;\blacksquare\; 3z)^2 = y^2 - 6yz \;\blacksquare\; 9z^2$

e) $(w \;\blacksquare\; 4x)(w \;\blacksquare\; 4x) = w^2 - 16x^2$

f) $(2 - x)^2 = 4 \;\blacksquare\; 4x \;\blacksquare\; x^2$

**8** Ergänze die fehlenden Terme.

a) $(c + d)^2 = \blacksquare + 2cd + d^2$

b) $(x - 5)(x + 5) = \blacksquare - 25$

c) $(4 - m)^2 = 16 - 8m + \blacksquare$

d) $(k - 7)(k + \blacksquare) = \blacksquare^2 - 49$

e) $(a - 2b)^2 = \blacksquare - 4ab + \blacksquare b^2$

f) $(x + 2)^2 = x^2 + \blacksquare + 4$

g) $(y - 4)^2 = y^2 - \blacksquare + 16$

h) $(6 + x)^2 = \blacksquare + 12x + x^2$

**9** Ordne jedem Term aus dem oberen Feld einen passenden Term aus dem unteren Feld zu.

| | | |
|---|---|---|
| $(3 + x)^2$ | $(y - 3)^2$ | $(x - 3y)^2$ |
| $(3x + y)^2$ | $(3 - y)^2$ | $(x + 3y)^2$ |

| | |
|---|---|
| $y^2 - 6y + 9$ | $9 - 6y + y^2$ |
| $x^2 + 6xy + 9y^2$ | $x^2 - 6xy + 9y^2$ |
| $9 + 6x + x^2$ | $9x^2 + 6xy + y^2$ |

**10** Löse die Klammern auf.

a) $(u + 7)^2$  b) $(w + 9)^2$  c) $(8 + t)^2$

d) $(13 + s)^2$  e) $(m + 14)^2$  f) $(u + 18)^2$

g) $(5 - t)^2$  h) $(t - u)^2$  i) $(b - 4)^2$

j) $(8 - p)^2$  k) $(c - 7)^2$  l) $(9 - q)^2$

m) $(17 - r)^2$  n) $(e + 10)^2$  o) $(15 + k)^2$

p) $(d - 20)^2$  q) $(x + 8)^2$  r) $(11 - p)^2$

**11** Wende die dritte binomische Formel an.

a) $(x + 2)(x - 2)$  b) $(a + 3)(a - 3)$

c) $(y + z)(y - z)$  d) $(8 + a)(8 - a)$

**12** ➡ Hannes hat sich als dritte binomische Formel notiert: $(a - b)(a + b) = a^2 - b^2$.
Lena meint, dass die Formel
$(a + b)(a - b) = a^2 - b^2$ lauten muss.
Was meinst du dazu?

**13** ➡ Kann man auf den Term $(a + 7)(7 - a)$ die dritte binomische Formel anwenden? Begründe.

**14** Löse die Klammern auf.

a) $(y + 3)^2$  b) $(x - 4)^2$

c) $(a - 5)(a + 5)$  d) $(3 - c)^2$

e) $(x + 5)^2$  f) $(x + 9)(x - 9)$

g) $(4 - y)^2$  h) $(a - 1)(a + 1)$

**15** ➡ Wo stecken die Fehler? Korrigiere sie.

a) $(x - a)^2 = x^2 - 2ax - a^2$

b) $(2x - 4)^2 = 4x^2 - 8x + 16$

c) $(3a + 5b)^2 = 3a^2 + 30ab + 25b^2$

d) $(2x + y)(2x - y) = 4x^2 + y^2$

e) $(11 - 4x)^2 = 121 - 44x + 16x^2$

f) $(5g + 3h)^2 = 25g^2 + 30gh + 9h$

**16** Wende die binomischen Formeln an.

a) $(2x + 3)^2$  b) $(3x - 2)^2$

c) $(4x - 3)^2$  d) $(3x - 1)(3x + 1)$

e) $(5 + 2x)(5 - 2x)$  f) $(6x - 9)(6x + 9)$

g) $(7x - 2)^2$  h) $(5x + 4)^2$

i) $(2x + 2y)(2x - 2y)$  j) $(x + 8y)(x - 8y)$

k) $(5x + 7y)^2$  l) $(6e - 7f)^2$

**17** Vervollständige im Heft.

a) $(a - 0,5b)^2 = a^2 - \blacksquare + 0,25b^2$

b) $(0,7r - 15)^2 = \blacksquare - 21r + \blacksquare$

c) $(5 - 1,8x)^2 = \blacksquare - 18x + \blacksquare$

d) $(1,4p + s)^2 = 1,96p^2 + \blacksquare + s^2$

e) $(2,3a - 0,6)^2 = \blacksquare - \blacksquare + 0,36$

f) $(0,9y + 2,5)^2 = 0,81y^2 + \blacksquare + \blacksquare$

**18** Setze die Reihen der Produkte jeweils um drei Zeilen fort und berechne dann.

a) $(x + 1)^2 =$
$(x + 2)^2 =$
$(x + 3)^2 =$
⋮

b) $(6 - x)^2 =$
$(5 - x)^2 =$
$(4 - x)^2 =$
⋮

c) $(2x + 1)^2 =$
$(3x + 1)^2 =$
$(4x + 1)^2 =$
⋮

d) $(x + 1)^2 =$
$(2x + 2)^2 =$
$(3x + 3)^2 =$
⋮

e) $(1 - 2x)^2 =$
$(2 - 3x)^2 =$
$(3 - 4x)^2 =$
⋮

f) $(x + 6) \cdot (x - 6) =$
$(x + 5) \cdot (x - 5) =$
$(x + 4) \cdot (x - 4) =$
⋮

## Weiterführende Aufgaben

**19** ➡ Arbeitet zu zweit. Findet eine Erklärung, warum man die binomischen Formeln als Abkürzung der Multiplikation von Summen verstehen kann.
Präsentiert eure Erklärung und notiert sie gegebenenfalls in einem Lerntagebuch.

⟲ 026-1
Hinter diesem Webcode findest du eine Linkliste mit interaktiven Testmöglichkeiten zu den binomischen Formeln.

**20** ➡ Mit Hilfe der dritten binomischen Formel kann man bestimmte Multiplikationsaufgaben schnell lösen.

**BEISPIEL**
$58 \cdot 62 = (60 + 2)(60 - 2) = 3600 - 4 = 3596$
a) Erkläre den Rechenweg.
b) Berechne auf die gleiche Weise die Produkte im Kopf.
  ① $46 \cdot 54$    ② $72 \cdot 68$    ③ $85 \cdot 75$
  ④ $98 \cdot 102$    ⑤ $45 \cdot 55$    ⑥ $204 \cdot 196$

**21** Wende die erste und zweite binomische Formel zur Berechnung der Quadratzahlen an.

**BEISPIELE**
$36^2 = (30 + 6)^2 = 30^2 + 2 \cdot 30 \cdot 6 + 6^2$
$\phantom{36^2} = 900 + 360 + 36 = 1296$
$36^2 = (40 - 4)^2 = 40^2 - 2 \cdot 40 \cdot 4 + 4^2$
$\phantom{36^2} = 1600 - 320 + 16 = 1296$
a) $31^2$    b) $28^2$    c) $34^2$    d) $63^2$
e) $47^2$    f) $98^2$    g) $205^2$    h) $394^2$
Vergleicht eure Rechenwege.

**22** ➡ Quadrat einer Dezimalzahl

> Wenn ich das Quadrat einer Kommazahl wie 3,5 berechnen soll, rechne ich einfach $3{,}5^2 = 3 \cdot 4 + 0{,}25 = 12{,}25$.

a) Erkläre, wie Tim rechnet.
b) Berechne mit dieser Methode die folgenden Quadrate.
  ① $1{,}5^2$    ② $2{,}5^2$    ③ $4{,}5^2$    ④ $5{,}5^2$
  ⑤ $6{,}5^2$    ⑥ $7{,}5^2$    ⑦ $8{,}5^2$    ⑧ $9{,}5^2$
c) Tim kann auch beweisen, dass sein System funktioniert.
Erläutere seinen Beweis.
$(n + 0{,}5)^2 = n^2 + 2 \cdot 0{,}5 \cdot n + 0{,}25$
$\phantom{(n + 0{,}5)^2} = n^2 + n + 0{,}25$
$\phantom{(n + 0{,}5)^2} = n(n + 1) + 0{,}25$

**23** Frau Meier hat ein quadratisches Grundstück. Da dort ein Supermarkt gebaut werden soll, bietet man ihr ein rechteckiges Grundstück an, das auf der einen Seite 5 m länger, aber auf der anderen Seite 5 m kürzer als ihr bisheriges Grundstück ist. Frau Meier nimmt das Angebot an.
Überprüfe, ob der Tausch fair war.
Tipp: Stelle einen Term auf.

**24** Wende die binomischen Formeln an.
a) $(x + 0{,}3)^2$    b) $(x + 0{,}6)^2$
c) $(x - 1{,}8)^2$    d) $(x - 2{,}1)^2$
e) $(x + 3{,}5)^2$    f) $(x - 0{,}2)(x + 0{,}2)$
g) $(0{,}1 - x)(0{,}1 + x)$    h) $(x + 5{,}4)(x - 5{,}4)$
i) $(8{,}5 - x)^2$    j) $(2{,}4 + x)^2$

**25** Löse die Klammern auf.
a) $(2a + 0{,}6)^2$    b) $(2y - 0{,}3)(2y + 0{,}3)$
c) $(0{,}5a + 1{,}7)^2$    d) $(3b - \tfrac{1}{3})^2$
e) $(0{,}8s + \tfrac{1}{2})^2$    f) $(0{,}2b - \tfrac{1}{4})(0{,}2b + \tfrac{1}{4})$
g) $\left(\tfrac{3}{8}g - \tfrac{4}{5}\right)^2$    h) $(\tfrac{4}{9} + 4x)(\tfrac{4}{9} - 4x)$

**26** ➡ Denke dir eine Zahl $x$ und berechne $x^2$. Multipliziere nun den Nachfolger und den Vorgänger von $x$. Vergleiche die Ergebnisse.
a) Wiederhole die Rechnungen für weitere drei Zahlen. Was fällt dir auf?
b) Gib einen Term an, mit dem man das Produkt von Vorgänger und Nachfolger einer Zahl $n$ berechnen kann. Vereinfache den Term.
c) Welcher Zusammenhang besteht zwischen dem vereinfachten Term aus b) und deinen Beobachtungen in a)?

**27** Löse die Klammern auf.
a) $(a^2 + 1)^2$    b) $(z^2 - 2)^2$
c) $(x^2 - y^2)^2$    d) $(6f^2 + 9b)^2$
e) $[(3n)^2 - 3]^2$    f) $[(2x)^2 - 9]^2$

**28** Fasse so weit wie möglich zusammen.
a) $3(8 + x) + (3 - x)(3 + x)$
b) $7x + 2x(7 + x) + (4 - x)^2 + 5x$
c) $3x + 4y + (x + y)^2 + 6(x + 4)$
d) $(5 - x)(5 + x) + 7y + (x + 2y)^2$

**29** Ordne die Umformungen richtig zu. Setze dazu passend ein.

① $c^2 + 24\,c\,d + 144\,d^2$   a) $(c + \blacksquare\,d)^2$
② $c^2 + 2\,c\,d + d^2$   b) $(\blacksquare + 6\,\blacksquare)^2$
③ $c^2 + 14\,c\,d + 49\,d^2$   c) $(\blacksquare + 12\,\blacksquare)^2$
④ $c^2 + 12\,c\,d + 36\,d^2$   d) $(\blacksquare + d)^2$
⑤ $c^2 + 30\,c + 225$   e) $(c + 7\,\blacksquare)^2$
⑥ $c^2 + 28\,c\,d + 196\,d^2$   f) $(\blacksquare + 15)^2$

**30** Finde die Fehler. Korrigiere die Aufgabe so, dass es sich um eine binomische Formel handelt.

a) $64 + 40x + 25x^2 = (8 + 5x)^2$
b) $y^2 - 13\,y\,z + 169\,z^2 = (y - 13z)^2$
c) $2{,}25\,a^2 + 9\,a\,b + 9\,b^2 = (1{,}5\,a - 3\,b)^2$
d) $1{,}21\,x^2 - 1{,}1\,x\,y - 0{,}25\,y^2 = (1{,}1\,x - 0{,}5\,y)^2$

**31** ➡ Niklas hat die binomischen Formeln benutzt. Wie lautete jeweils die Aufgabe? Erkläre, wie man die Aufgabe findet.

ⓐ $r^2 + 2rs + s^2$
ⓑ $144 + 24x + x^2$
ⓒ $x^2 - 16x + 64$
ⓓ $25 - 40b + 16b^2$
ⓔ $s^2 - r^2$
ⓕ $169 - m^2$

**32** Schreibe die Terme mit Hilfe der binomischen Formeln als Potenz.

BEISPIEL $x^2 - 26x + 169 = (x - 13)^2$

a) $x^2 - 2\,x\,y + y^2$   b) $a^2 + 6\,a + 9$
c) $y^2 + 8\,y + 16$   d) $x^2 - 10\,x\,y + 25\,y^2$
e) $r^2 - 8\,r\,s + 16\,s^2$   f) $a^2 - 14\,a + 49$
g) $a^2 + 4\,a\,b + 4\,b^2$   h) $9\,x^2 + 6\,x\,y + y^2$
i) $c^2 + 10\,c\,d + 25\,d^2$   j) $81\,a^2 - 18\,a\,b + b^2$
k) $4\,t^2 - 4\,t\,u + u^2$   l) $o^2 + 16\,o\,p + 64\,p^2$

**33** ➡ Können die folgenden Terme durch Anwendung einer binomischen Formel entstanden sein? Begründe deine Antwort.

a) $a^2 + b^2$   b) $49 - x^2$
c) $x^3 - 25$   d) $a^2 - 20\,a\,b - 100$
e) $-x^2 + 2\,x\,y + y^2$   f) $25\,x^2 - 10\,x\,y + y$
g) $m^2 + m\,n + n^2$   h) $-64 + a^2$

**34** Schreibe die Terme mit Hilfe der binomischen Formeln als Produkt.

BEISPIEL $49\,a^2 - b^2 = (7\,a + b)(7\,a - b)$

a) $x^2 - y^2$   b) $a^2 - 81\,b^2$
c) $x^2 - 144$   d) $e^2 - 10\,e\,f + 25\,f^2$
e) $64\,m^2 - 1$   f) $a^2 - 14\,a + 49$

**35** Faktorisiere den Term mit Hilfe einer binomischen Formel.

BEISPIEL $x^2 + 12x + 36 = (x + 6)^2$

a) $x^2 + 20x + 100$   b) $m^2 - 18\,m + 81$
c) $s^2 - 196\,t^2$   d) $4\,x^2 + 8\,x\,y + 4\,y^2$
e) $\frac{1}{4} - b^2$   f) $49 - 56\,y + 16\,y^2$

**36** ➡ Lies dir den Lerntagebucheintrag von Sabrina durch.

*Ich finde das Faktorisieren ganz einfach. Ich gucke mir nur den ersten und letzten Summanden an und überlege mir, von was das die Quadrate sind.*

$\underbrace{121}_{\text{Quadrat von 11}} + 110y + \underbrace{25y^2}_{\text{Quadrat von 5y}} = (11 + 5y)^2$

Reicht es wirklich aus, wenn man sich nur den ersten und letzten Summanden ansieht?

**37** Schreibe mit Hilfe einer binomischen Formel als Produkt bzw. Potenz. Vorsicht, zwei Aufgaben lassen sich nicht faktorisieren.

a) $x^2 + 14x + 49$   b) $4\,a^2 + 12\,a\,b + 9\,b^2$
c) $16\,x^2 + 50\,x\,y + 25\,y^2$   d) $16\,a^2 - 49\,b^2$
e) $121\,p^2 - 144\,q$   f) $36\,t^2 + 36\,b\,t + 9\,b^2$
g) $25\,c^2 + 70\,c\,d + 49\,d^2$   h) $9\,k^2 - 12\,k\,l + 4\,l^2$
i) $81\,a^2 - 126\,a\,x + 49\,x^2$   j) $64\,x^2 - 144\,y^2$

**38** ➡ Es ist $a^2 - b^2 = (a - b) \cdot (a + b)$. Warum ist dann $a^2 + b^2$ nicht gleich $(a + b) \cdot (a + b)$? Begründe.

**39** Faktorisiere.

a) $\frac{4}{9}x^2 - \frac{1}{81}y^2$   b) $\frac{25}{49}a^2 - \frac{16}{25}b^2$
c) $\frac{1}{4}x^2 + \frac{1}{3}x\,y + \frac{1}{9}y^2$   d) $\frac{4}{25}a^2 - \frac{3}{5}a\,b + \frac{9}{16}b^2$
e) $\frac{4}{9}m^2 + \frac{1}{6}m + \frac{1}{64}$   f) $\frac{1}{25}x^2 + \frac{3}{10}x\,y + \frac{9}{16}y^2$

BEACHTE
Einen Term zu faktorisieren bedeutet, ihn als ein Produkt zu schreiben.

# Das Pascal'sche Dreieck

– Ich mache mir Sorgen, sagte Roberts Mutter. Ich weiß wirklich nicht, was mit dem Jungen los ist. […] Und dann murmelt er die ganze Zeit Zahlen, Zahlen, Zahlen. Das ist doch nicht normal. […] Früher hat er sich nie für Zahlen interessiert. […]

Gleich nach dem Abendessen ging Robert ins Bett. Vorsichtshalber steckte er einen dicken Filzstift in seine Pyjama-Tasche.

– Seit wann gehst du denn früh ins Bett?, wunderte sich seine Mutter. Früher wolltest du immer so lange wie möglich aufbleiben.

Aber Robert wusste genau, was er wollte, und er wusste auch, warum er seiner Mutter nichts davon erzählte. Die hätte ihm ja doch nicht geglaubt, wenn er ihr erklärt hätte, dass Hasen, Bäume und sogar Muscheln rechnen können und dass er einen Zahlenteufel zum Freund hatte.

Kaum war er eingeschlafen, war der Alte auch schon zur Stelle.

– Heute zeige ich dir was ganz Tolles, sagte er. […] Er führte Robert zu einem weißen, würfelförmigen Haus. Auch innen war alles weiß gestrichen, sogar die Treppe und die Türen. Sie kamen in ein großes, kahles, schneeweißes Zimmer.

– Hier kann man sich ja nicht einmal hinsetzen, beschwerte sich Robert. Und was sind das für Pflastersteine? Er ging auf den hohen Haufen zu, der in der Ecke lag, und sah sich die Steine genauer an.

– […] Wenn du Lust hast, bauen wir eine Pyramide. Er nahm die ersten paar Würfel zur Hand und legte sie in einer Reihe auf den weißen Boden.

– Nur zu, Robert.

Sie bauten weiter, bis die Reihe so aussah:

– Stopp!, rief der Zahlenteufel. Wie viele Würfel haben wir jetzt?

Robert zählte.

– Siebzehn. Das ist aber eine krumme Zahl, sagte er. […]

– Der nächste Stein kommt immer auf die Ritze zwischen den beiden unteren, genauso, wie es die Maurer machen.

– Ok, sagte Robert. Aber eine Pyramide wird das nie. Pyramiden sind unten drei- oder viereckig, das Ding hier ist flach. Das wird keine Pyramide, das wird ein Dreieck.

– Gut, sagte der Zahlenteufel. Dann bauen wir eben ein Dreieck.

Und sie machten so lange weiter, bis es fertig war.

– Fertig!, rief Robert.

– Fertig? Jetzt geht es erst richtig los.

Der Zahlenteufel kletterte an der einen Seite des Dreiecks hoch und schrieb auf den obersten Würfel eine Eins.

– Wie immer, murmelte Robert. Du mit deiner Eins!

– Sicher, antwortete der Alte. Mit der Eins geht alles los. Das weißt du doch.

– Aber wie geht es weiter?

[…]

Dieses dreieckige Schema wird heute **Pascal'sches Dreieck** genannt, obwohl Blaise Pascal (1623–1662) nicht der Entdecker des Dreiecks war. Es war schon seit Anfang des 11. Jahrhunderts arabischen und seit spätestens 1303 chinesischen Mathematikern bekannt.

**1** Das Pascal'sche Dreieck ist mit der Zeile 3 noch nicht beendet.
**a)** Erkläre, wie man mit Hilfe der Zahlen der vorangehenden Zeile die Zahlen der nachfolgenden Zeile berechnen kann.
**b)** Übertrage das Pascal'sche Dreieck in dein Heft und ergänze die nächsten 5 Zeilen.
**c)** Welche Zahlen stehen an den schrägen Rändern links und rechts (erste Diagonale)?
**d)** Welche Zahlenfolge liegt auf der zweiten Diagonalen?

↻ 029-1
Unter diesem Webcode findet ihr ein Pascal'sches Dreieck mit 17 Zeilen.

**2** Das Pascal'sche Dreieck enthält viele überraschende Zusammenhänge, die man entdecken kann, wenn man bestimmte Zahlen farbig markiert.
Teilt euch in Gruppen auf und erstellt zunächst ein Pascal'sches Dreieck mit 17 Zeilen. Bearbeitet einen oder mehrere Aufträge. Präsentiert danach eure Ergebnisse.

Markiert alle Zahlen, die **durch 2 teilbar** sind. Was stellt ihr fest?

Berechnet in jeder Zeile des Dreiecks die **Summe der Zahlen**. Die entstehende Folge von Summen ist nach einem bestimmten Muster aufgebaut. Beschreibt das Muster.

Markiert alle Zahlen, die **durch 3 teilbar** sind. Welches Muster entsteht?

Färbt die Zahlen der dritten Diagonale ein. Diese Zahlen nennt man **Dreieckszahlen**. Welchen Zusammenhang gibt es mit der Abbildung? Setzt die Folge fort. Nach welchem Muster ist die Zahlenfolge aufgebaut?

Färbt die durch 4 teilbaren Zahlen orange ein. Welches Muster entsteht?

Färbt die durch 5 teilbaren Zahlen rot ein. Welches Muster entsteht?

Färbt die durch 7 teilbaren Zahlen blau ein. Welches Muster entsteht?

**3** Blaise Pascal beschäftigte sich auch mit Potenzen von Binomen. Er schrieb zum Beispiel Terme wie $(a + b)^2$, $(a + b)^3$, $(a + b)^4$, … als Summen.
So ist $(a + b)^2 = (a + b)(a + b) = 1 \cdot a^2 + 2 \cdot a \cdot b + 1 \cdot b^2$.
Die Zahlen vor den Variablen bezeichnet man auch als **Koeffizienten**.
① Berechne $(a + b)^3 = (a + b)(a + b)(a + b)$. Färbe die Koeffizienten ein.
② Berechne $(a + b)^4 = (a + b)(a + b)(a + b)(a + b)$. Färbe auch hier die Koeffizienten.
③ Im Pascal'schen Dreieck kannst du die Koeffizienten der Summanden finden. An welchen Stellen findest du sie?
④ Wo findest du die Koeffizienten, wenn man die Potenz $(a + b)^5$ in einer Summe darstellt?
⑤ Die vollständigen Summanden erhältst du schnell mit Hilfe eines kleinen Schemas. Erkläre das Schema.
⑥ Berechne nun mit Hilfe des Schemas und des Pascal'schen Dreiecks $(a + b)^6$ und $(a + b)^7$.

| 1 | 5 | 10 | 10 | 5 | 1 |
|---|---|----|----|---|---|
| $a^5$ | $a^4$ | $a^3$ | $a^2$ | $a$ | |
| | $b$ | $b^2$ | $b^3$ | $b^4$ | $b^5$ |
| $a^5 + 5a^4b + 10a^3b^2 + 10a^2b^3 + 5ab^4 + b^5$ | | | | | |

# Vermischte Übungen

**1** Fasse die Terme zusammen.
a) $1{,}7x - 3{,}5a + 3{,}4x + 5a$
b) $-12ab + 36a - 29ab - 54a + 15ab$
c) $111 - 27c^2 + 15c - 16c^2 - 14 - 20c$
d) $26x - 49xy + 44y - 53xy - 32x$
e) $\dfrac{1}{2}a - \dfrac{1}{3}b + \dfrac{3}{4}a - \dfrac{1}{9}b$

**2** Vereinfache die Produkte.
a) $5a \cdot 7a \cdot 2a$
b) $12b \cdot 3a \cdot 5b$
c) $-2x \cdot (-7y) \cdot 4x$
d) $25c \cdot (-5d) \cdot 5c$
e) $-3a \cdot 2ab \cdot b^2$
f) $8x \cdot (-7xy) \cdot 3y$

**3** Vereinfache.
a) $x + (x + x)$
b) $x + (x - x)$
c) $x - (x + x)$
d) $x - (x - x)$
e) $x + (-x + x)$
f) $x + (-x - x)$
g) $x - (-x - x)$
h) $-x - (x - x)$

**4** Ordne die Terme von klein nach groß, ohne sie zu berechnen.
a) $6 - (5 - 3)$; $6 + 5 + 3$; $6 - (5 + 3)$; $6 + (5 - 3)$
b) $13 + 7 - 5$; $13 - (7 + 5)$; $13 - (7 - 5)$; $13 + (7 + 5)$

**5** Löse die Klammern auf und fasse die Terme zusammen, wenn es möglich ist.
a) $2x + (5y - 4x + 3y)$
b) $(3x - 4a) - (12a + 17x)$
c) $45 + (x - 6) + 5x - (3x + 6) - 24x$
d) $29r - (16s - 5r) + 17r + (12s - 45r)$
e) $3a^2 - (5a - 6a^2) + (13a - a^2)$

**6** Löse die inneren Klammern zuerst auf.
a) $10x - (5y + 6x) + 5y - 3x$
b) $-(1{,}4 - y) - (3{,}6 + y)$
c) $a - [a - (a + 4)]$
d) $4y + [5 - (y - 7) + 8y] - 12$
e) $(x + 7) - [x - (8 - 5x) - 5]$
f) $12c - [(18 - 5c) - (61 + 13c)] - 11$

**7** Multipliziere aus.
a) $5(x + 2)$
b) $8(3 - x)$
c) $a(1 + a)$
d) $a(6 - 3a)$
e) $2x(a - 1)$
f) $14b(b + a)$
g) $7b(2 - 4y)$
h) $y(11x + 30)$
i) $6(2a - 3b + 5c)$
j) $15(-4x + 5y - 2z)$

**8** Löse Klammern auf und fasse zusammen.
a) $3(a + 5) + 7(12 - a)$
b) $8x(3 - x) - 2(x + 12)$
c) $11a(4b - a) - (14ab - a^2)$
d) $6(x + 5y) - x(3y - 8)$
e) $12ab - 4(a + b) - b(7a - 3)$

**9** Gib für jede Fläche einen Term für den Flächeninhalt und den Umfang an. Vereinfache die Terme so weit wie möglich.

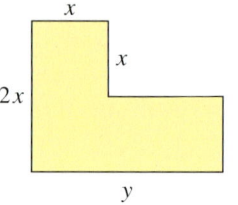 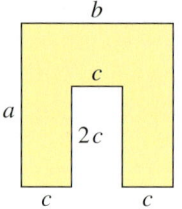

**10** Welcher Faktor wurde ausgeklammert?
a) $39 - 42a = \blacksquare\,(13 - 14a)$
b) $-60b - 45 = \blacksquare\,(-4b - 3)$
c) $72x - 96y = \blacksquare\,(6x - 8y)$
d) $7{,}5a - 8ab = \blacksquare\,(7{,}5 - 8b)$
e) $-16xy + 24a = \blacksquare\,(2xy - 3a)$
f) $56xy + 14x^2 = \blacksquare\,(8y + 2x)$

**11** Klammere den Faktor 2 $(-4;\ 4x)$ aus.
a) $-32x - 16xy$
b) $100x - 24xy + 36x$
c) $-20x^2 + 32ax$
d) $40x^2 - 12xy - 10x$

**12** Klammere immer den größtmöglichen Faktor aus.
a) $105x - 75y$
b) $42a + 63$
c) $23x - ax$
d) $36 - 48b$
e) $14a + 2ab$
f) $26ax - 39bx$
g) $49u + 84$
h) $144o - 96op$
i) $27y - 54xy$
j) $150rs + 225s$

**13** Sind die Terme richtig zugeordnet?

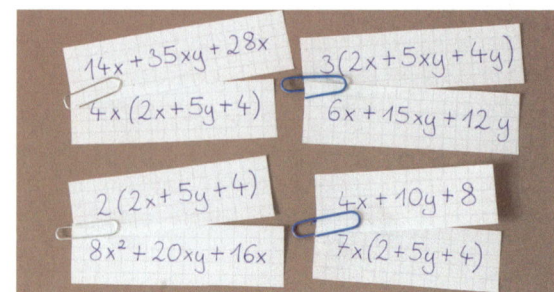

**BEACHTE**
Die Lösungen zu Aufgabe 10 ergeben in der richtigen Reihenfolge den Namen eines Landes. Auf welchem Kontinent liegt dieses Land?
$-8$ (R); $a$ (A); $3$ (U); $7x$ (N); $12$ (G); $15$ (N)

**14** Überprüfe die Aussagen. Argumentiere geometrisch oder mit Termumformungen. Wenn man bei einem Quadrat …
a) die Seitenlänge $a$ verdoppelt, dann wird auch der Flächeninhalt doppelt so groß.
b) die Seitenlänge $a$ verdoppelt, dann verdoppelt sich auch der Umfang.
c) die Seiten um 2 cm verlängert, dann wird der Umfang um 8 cm länger.

**15** Setze so Klammern, dass die Rechnung stimmt.
a) $12 - 3a - 8 = 20 - 3a$
b) $9 \cdot x + y = 9x + 9y$
c) $7b - 8 + 6 = 7b - 14$
d) $20 \cdot a \cdot 5 - a = 100a - 20a^2$
e) $3 \cdot x + y - 6 = 3x + 3y - 18$
f) $7 \cdot x \cdot x + 2 + 5 = 7x^2 + 14x + 5$

**16** Tobias behauptet, dass er eine gedachte Zahl erraten kann: „Denk dir eine Zahl und addiere 5. Multipliziere das Ergebnis mit 2 und subtrahiere anschließend die Zahl."
a) Probiere den Trick für verschiedene Zahlen aus.
b) Schreibe die Anweisungen als Term auf. Begründe, wie der Trick funktioniert.

**17** Übertrage ins Heft. Setze = oder ≠ ein.
a) $12x + 8xy$ ▨ $-4x(-3 - 2y)$
b) $-35x^2 + 15$ ▨ $5x(-7x + 3)$
c) $18x^3 - 27x^2$ ▨ $18x(x^2 - 1,5x)$
d) $\frac{1}{3}y - 6$ ▨ $\frac{1}{3}(y + 18)$
e) $-0,8p + 0,32$ ▨ $-1,6(0,5p - 0,2)$
f) $\frac{2}{5}a - a^2$ ▨ $\frac{1}{5}(2a - 10a^2)$

**18** Ordne die Terme der Größe nach. Beginne mit dem kleinsten. Es ist $x > 2$.
$7 - 2 + x;\ 7 - (2 + x);\ 7 + (2 + x);\ 7 + 2 - x$

**19** Gib einen Term an und vereinfache ihn.
a) das Doppelte der Summe von $a$ und $b$
b) das Vierfache der Summe von einer Zahl und ihrem Nachfolger
c) das Dreifache des Umfangs eines Dreiecks
d) ein Drittel der Summe von drei aufeinanderfolgenden Zahlen
e) die Hälfte der Kantenlänge eines Quaders

**20** Multipliziere und fasse zusammen.
a) $(x + 6)(x + 9)$
b) $(s - 12)(s - 7)$
c) $(a + b)(-a - c)$
d) $(9b - 4)(-b + 15)$
e) $(3c + 4)(16 - c)$
f) $(4m - 9)(-12m + 5)$
g) $(x - 0,5)(2,5 + x)$
h) $(-1,5r + 2s)(3r - 2s)$
i) $(\frac{1}{3}a - b)(a + b)$
j) $(\frac{1}{2}x + 5y)(3x + \frac{1}{4}y)$

**21** Jede Seite eines quadratischen Blumenbeets wird um 30 cm verkürzt.
a) Gib einen Term für den Flächeninhalt an.
b) Zu Beginn hatte das Beet eine Seitenlänge von 1,50 m. Um wie viel Prozent verringerte sich der Flächeninhalt?

**22** Wende die binomischen Formeln an.
a) $(a - 12)^2$
b) $(x + 15)^2$
c) $(16 - x)^2$
d) $(m - 14)(m + 14)$
e) $(x + 25)^2$
f) $(a + 13)(a - 13)$
g) $(2,5x + y)^2$
h) $(7x - 2y)^2$

**23** Mira will aus einem Stück Pappe mit den Seitenlängen $a = 36$ cm und $b = 24$ cm eine Schachtel bauen. Dazu schneidet sie an den Ecken Quadrate mit der Seitenlänge $d = 6$ cm heraus und faltet die Seiten nach oben.

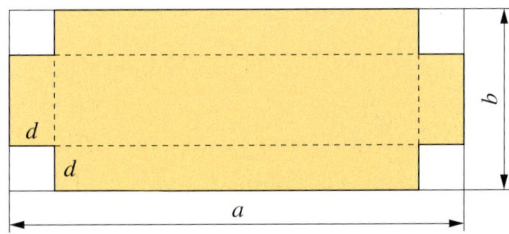

a) Berechne das Volumen der Schachtel.
b) Gib einen Term für das Volumen mit beliebigen Seitenlängen $a$, $b$ und $d$ an.

**24** Schreibe als Produkt.
a) $x^2 + 10x + 25$
b) $64x^2 - 81y^2$
c) $100a - 20ab + a^2$
d) $4x^2 + 12ax + 9a^2$
e) $0,04a^2 - 0,36y^2$
f) $36x^2 + 12xy + y^2$
g) $81x^2 - 36xy + 4y^2$
h) $36a^2x + 27ax^2$

**25** Löse auf und fasse zusammen.
a) $(x + y)^2 + (x - y)^2$
b) $(a + 8)^2 + (a + 7)(a - 7)$
c) $(x - 3)(x + 3) - (x - 5)^2$
d) $(2a - b)^2 - (b - 3a)^2$
e) $2(3x + 4y)^2 - (3x - 2y)(3x + 2y)$

## Farbige Terme

Dieses Bild des Schweizer Grafikers Richard Paul Lohse (1902–1988) heißt „Zentrum aus vier Quadraten als Ergebnis der vier Kreuzflächen".

↻ 032-1
Unter diesem Webcode findest du eine Vorlage des Bildes zum Ausschneiden. Zerschneide das Bild in die einzelnen farbigen Rechtecke und Quadrate und bewahre diese in einem Umschlag auf.
Lege, löse und erfinde eigene Aufgaben.

**a)** Beschreibe das Bild.
Finde Regelmäßigkeiten.

**b)** Am Rand des Bilds stehen Variablen für die Längen der Teilflächen. Der Umfang des gesamten Bilds ist
$a + b + c + a + b + c + a + b + c + a + b + c$
oder $4a + 4b + 4c$.
Erkläre beide Terme.
Gib Terme für den Umfang einiger Teilflächen an.

**c)** Gib Terme für den Flächeninhalt der Teilflächen an, z.B. $a \cdot c$ für das große gelbe Rechteck.

**d)** Der Term $a \cdot c + b \cdot c = c\,(a + b)$ steht für den Inhalt der gesamten gelben Fläche. Stelle einen Term für die gesamte grüne Fläche auf.

**e)** Finde Rechtecke, die folgende Flächeninhalte haben:
① $(a + b) \cdot c$     ② $(a + b)(b + c)$     ③ $4b^2$     ④ $(b + c)(b + c)$
⑤ $a \cdot (b + c)$     ⑥ $c \cdot (a + b)$     ⑦ $bc + 2b^2$     ⑧ $ac + 2bc + 2b^2$

**f)** Stelle aus den Teilflächen des Bilds Figuren mit folgenden Flächeninhalten zusammen, wenn möglich. Zeichne sie in dein Heft.
① $c \cdot (a + b)$     ② $(c + b)^2$     ③ $(a + b + b)(b + b + a)$     ④ $c \cdot a + b$

**g)** Der Flächeninhalt des gesamten Bildausschnitts kann mit unterschiedlichen Termen beschrieben werden. Fülle die Tabelle im Heft aus. Fasse die Terme so weit wie möglich zusammen.

| Wortvorschrift | Term |
|---|---|
| Länge mal Breite | $(a + b + c) \cdot (\ldots)$ |
| zwölf Teilflächen | |
| drei waagerechte Streifen | |
| zwei senkrechte Streifen | |
| vier Quadrate | |

**h)** Welche Terme ergeben sich für den gesamten Umfang und Flächeninhalt, wenn $c = 2b$ ist? Setze ein und fasse zusammen. Finde weitere Zusammenhänge zwischen den Variablen.

**i)** Zeichne ein ähnliches Bild wie oben. Beachte, dass $c = 2b$ und $a = 3b$ ist. Färbe die Figur beliebig ein und berechne die Flächeninhalte aller Teilflächen in Quadratzentimeter ($cm^2$).

# Alles klar?

Entscheide, ob die Aussagen richtig oder falsch sind.
Begründe deine Entscheidung im Heft und korrigiere gegebenenfalls.

## 1  Terme umformen und vereinfachen

**a)** $15x - x = 0$ **b)** $15x - 15 = x$ **c)** $15x - 15x = 0$ **d)** $-4a - 3b = -7ab$

**e)** $5 \cdot 4x = 20x$ **f)** $x \cdot x \cdot y = 2xy$ **g)** $-3ab \cdot (-3a) = 9ab$ **h)** $0 \cdot 1 \cdot (a+b) = 0$

## 2  Terme mit Klammern

**a)** Eine Plusklammer kann aufgelöst werden, indem man alle Vor- und Rechenzeichen zu Pluszeichen macht, also $7a + (3a - 4a) = 7a + 3a + 4a$.

**b)** Eine Minusklammer kann man auflösen, indem man alle Vor- und Rechenzeichen in der Klammer verändert, also ist $7a - (3a - 4a) = 7a - (-3a) + 4a$.

**c)** Eine Minusklammer kann man einfach weglassen, also $15 - (4m + 3 - m) = 15 - 4m + 3 - m$.

**d)** Eine Minusklammer löst man auf, indem man alle Vor- und Rechenzeichen in der Klammer verändert, also ist $12x - (9x - 6) = 12x - 9x + 6$.

**e)** Der Term $a(a - b) = ab - ac$ gehört zur oberen Abbildung.

**f)** Der Umfang der unteren Figur kann mit dem Term $2(a + b) + 4a$ angegeben werden.

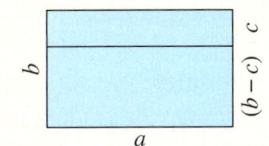

**BEACHTE**
Die Lösungen zu den Aufgaben auf dieser Seite sowie dazu passende Trainingsaufgaben findest du ab Seite 182.

## 3  Klammern auflösen und setzen

**a)** $4(ab - 3b) = 4ab - 3b$

**b)** $3c(5c + 3d - 7) = 15c^2 + 9cd - 21c$

**c)** Hier wurde der Faktor $2x$ richtig ausgeklammert: $6xy - 14x = 2x(3y - 7x)$.

**d)** Im Term $8a^2 + 4ab^2 - 14a^3$ kann als größtmöglicher Faktor $4a^2$ ausgeklammert werden.

**e)** $15x^2y^3 - 21x^2y^2 + 18xy^4 = 3xy^2(5xy - 7x + 6y^2)$

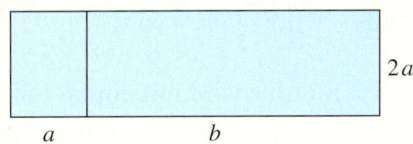

## 4  Produkte von Summen

**a)** Wenn man $(2a - 3b)(a - 4b)$ ausmultipliziert, so ergibt sich $2a^2 - 8ab - 3ab + 12b^2$.

**b)** In der Umformung $(8x - 3y)(2x + 5y) = 16x^2 + 40xy - 6xy - \blacksquare$ fehlt noch der Term $15y$.

**c)** In der Umformung $(-\frac{1}{2}a - b)(b - \frac{1}{2}) = -\frac{1}{2}ab - \frac{1}{4}a - b^2 + \frac{1}{2}b$ ist ein Vorzeichen falsch.

**d)** $(1\frac{1}{2}x + 2\frac{1}{2}y)(\frac{1}{2}x - 2y) = \frac{3}{4}x^2 - 1\frac{3}{4}xy - 5y^2$

## 5  Binomische Formeln

**a)** Der Term $(8 + b)^2$ kann mit Hilfe der ersten binomischen Formel geschrieben werden als $64 + 16b + b^2$.

**b)** Der Term $(11x - 3y)^2$ wurde mit der zweiten binomischen Formel umgeformt zu $121x^2 + 66xy + 9y^2$.

**c)** Mit Hilfe der dritten binomischen Formel wird aus $(11x - 9)(11x + 9)$ der Term $121x - 81$.

**d)** Der Term $16a^2 - 144b^2$ kann faktorisiert werden zu $(4a - 12b)(4a + 12b)$.

# Zusammenfassung

→ Seite 8

## Terme umformen und vereinfachen

In einer Summe oder Differenz dürfen nur **gleiche Variablen zusammengefasst** werden.

$3a + 4b + 2a + 6b = 5a + 10b$

Ein Produkt aus gleichen Faktoren kann man als **Potenz** schreiben.

$a \cdot a \cdot a = a^3$
$x \cdot x \cdot x \cdot x \cdot x = x^5$

Bei **Produkten mit mehreren Faktoren** kann man die Reihenfolge der Faktoren vertauschen und sie zusammenfassen.

$4x \cdot 3x = 4 \cdot 3 \cdot x \cdot x = 12x^2$
$5x \cdot 6y \cdot y = 5 \cdot 6 \cdot x \cdot y \cdot y = 30xy^2$

→ Seiten 12, 16

## Terme mit Klammern, Klammern auflösen und setzen

Eine **Klammer**, vor der ein **Pluszeichen** steht, kann man weglassen.

$a + (b + c) = a + b + c$
$12x + (15y - 7c) = 12x + 15y - 7c$

Eine **Klammer**, vor der ein **Minuszeichen** steht, löst man auf, indem man die Vorzeichen und Rechenzeichen in der Klammer ändert. Aus − wird +, aus + wird −.

$a - (b + c) = a - b - c$
$5a - (-3 - 2b) = 5a + 3 + 2b$
$100 - (6x - 3y) = 100 - 6x + 3y$

Eine **Summe** wird **mit einem Faktor multipliziert**, indem man jeden Summanden in der Klammer mit dem Faktor multipliziert.

$a(b + c) = a \cdot b + a \cdot c$
$3x(4 + 5y) = 12x + 15xy$

Eine Summe kann **faktorisiert** werden, wenn alle Summanden einen gemeinsamen Faktor enthalten. Dieser Faktor wird ausgeklammert.

$x \cdot y + x \cdot z + 3 \cdot x = x(y + z + 3)$
$12ab + 18ac$
$= 2 \cdot 6 \cdot a \cdot b + 3 \cdot 6 \cdot a \cdot c$
$= 6a(2b + 3c)$

→ Seiten 20

## ☐ Produkte von Summen

Beim **Multiplizieren von zwei Summen** wird jeder Summand der ersten Summe mit jedem Summanden der zweiten Summe multipliziert.

$(a + b)(c + d) = ac + ad + bc + bd$

$(3x + y)(2a + 4x)$
$= 6ax + 12x^2 + 2ay + 4xy$

→ Seiten 24

## ☐ Binomische Formeln

Die binomischen Formeln sind spezielle Produkte von zwei Summen.
1. binomische Formel: $(a + b)^2 = a^2 + 2ab + b^2$
2. binomische Formel: $(a - b)^2 = a^2 - 2ab + b^2$
3. binomische Formel: $(a + b)(a - b) = a^2 - b^2$

$(x + 3)^2 = x^2 + 6x + 9$
$(5 - a)^2 = 25 - 10a + a^2$
$(2x + 3y)(2x - 3y) = 4x^2 - 9y^2$

# Lineare Gleichungen und Funktionen

Tropfsteine entstehen durch Wasser, das durch Kalkstein fließt.
Wenn das Wasser auf eine Höhle trifft, tropft es von der Decke herab.
An der Decke entstehen Stalaktiten, am Boden Stalagmiten.
Durchschnittlich wächst ein Stalaktit in 100 Jahren 1 cm.
Es dauert also sehr lange, bis sich Stalaktit und Stalagmit treffen.

In diesem Kapitel erfährst du, wie man solche und andere
Sachprobleme durch Gleichungen beschreiben und lösen kann.
Außerdem erfährst du, welcher Zusammenhang zwischen einer
linearen Gleichung und einer Geraden im Koordinatensystem besteht.

# Noch fit?

**NACHGEDACHT**
Wie viele Kugeln hat diese Pyramide? Wie viele Kugeln hätte sie, wenn sie aus 10 Schichten bestehen würde?

**1** Berechne den Wert der Terme.

a) $15x + 7$ für $x = 6$      b) $4(x - 12)$ für $x = 2$

c) $11 - (2 - 3y)$ für $y = 0,5$      d) $a(3 + 2a)$ für $a = 2$

e) $2(5 + 3x) - 12$ für $x = -2,5$      f) $x^2 + 3x - 4$ für $x = -4$

g) $2(\frac{1}{2}x + 7)$ für $x = -4$      h) $(2 - 5x) - 8x$ für $x = \frac{1}{2}$

i) $x(1,5x - 3) - 2x$ für $x = -2$      j) $5b - 10 + 3b(b + 1,5)$ für $b = 1,5$

**2** Für welche natürliche Zahl $x < 10$ haben alle vier Terme den gleichen Wert?

① $4x - 4$      ② $23 - \frac{1}{2}x$      ③ $5(x - 2)$      ④ $2(x + 4)$

**3** Finde zu jeder Aussage einen passenden Term. Gib an, wofür die Variable steht und was der Term angibt.

a) Paul ist zwei Jahre älter als seine Schwester. Ihr Vater ist doppelt so alt wie beide Kinder zusammen.

b) Eine Taxifahrt kostet pro Kilometer 1,60 € und 3 € Grundgebühr.

c) Zum Einkaufspreis kommen noch 19 % Mehrwertsteuer hinzu.

d) Bei der Stichwahl zum Klassensprecher erhält Tina dreimal so viele Stimmen wie Simon.

e) Ein rechteckiges Grundstück wird eingezäunt. Das Grundstück ist 10 m länger als breit.

**4** Löse die Gleichungen. Auch systematisches Probieren ist eine Lösungsmethode.

a) $x + 12 = 35$      b) $2x + 12 = 30$      c) $4x - 15 = 51$      d) $14 + 3x = 86$

e) $100 - 5x = 80$      f) $-7x - 5 = 44$      g) $36 = 12 - 4x$      h) $42 - 8x = 46$

**BEACHTE**
Der Oberflächeninhalt eines Körpers wird hier mit $A_O$ abgekürzt. $A$ steht für den Flächeninhalt, das $O$ steht für Oberfläche. Der Oberflächeninhalt kann aber auch mit $O$ abgekürzt werden.

**5** Erinnere dich an Formeln, die du bisher gelernt hast.

a) Übertrage die Tabelle in dein Heft und ergänze die Lücken.

b) Füge weitere dir bekannte Formeln hinzu.

| | |
|---|---|
| Flächeninhalt eines Quadrats | $A =$ |
| | $u = 4a$ |
| | $A = ab$ |
| Umfang eines Rechtecks | $u =$ |
| Oberflächeninhalt eines Quaders | $A_O =$ |
| Winkelsumme im Dreieck | |

## BUNT GEMISCHT

1. Ein Pulli kostet 25 €. Der Preis wird um 15 % reduziert. Wie viel kostet der Pulli jetzt?

2. Teilt man einen Gewinn unter 5 Personen auf, so erhält jeder 1200 €. Wie hoch wäre der Anteil, wenn der Gewinn nur an 4 Personen verteilt würde?

3. Welches Volumen hat ein Würfel mit einem Oberflächeninhalt von 150 cm²?

4. Konstruiere ein gleichschenkliges Dreieck, dessen Basis 5 cm lang ist und dessen Basiswinkel 57° groß sind.

5. Wie groß ist der Flächeninhalt eines Rechtecks, wenn eine Seite 7 cm lang ist und der Umfang 32 cm beträgt?

6. Schätze, wie viele Stunden du in deinem Leben geschlafen hast. Vergleicht untereinander.

7. Eine Tankfüllung von 45 ℓ reicht für 810 km. Wie weit kommt man mit 18 ℓ?

8. Welche drei aufeinanderfolgenden Zahlen haben die Summe 57?

9. Wie viel Liter Wasser sind in einem Aquarium ($a = 60$ cm, $b = 30$ cm und $c = 40$ cm), das zu $\frac{3}{4}$ gefüllt ist?

# ■ Gleichungen aufstellen und lösen

## Erforschen und Entdecken

Bildet Gruppen zu zwei bis vier Personen und sucht euch mindestens zwei Knobelaufgaben aus, die ihr lösen wollt. Vergleicht anschließend eure Lösungen und Lösungswege mit denen der anderen Gruppen.

**Termaufgabe**
Bestimme $x$ so, dass der Term jeweils den Wert 15 hat.

① $5x + 10$    ② $5(x + 10)$

③ $5(x - 10)$    ④ $5x - 10$

**Zylinderaufgabe**
Wie schwer ist der rote Zylinder?

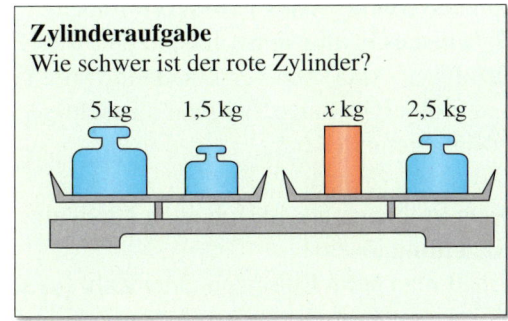

5 kg    1,5 kg    $x$ kg    2,5 kg

**Waagenaufgabe**

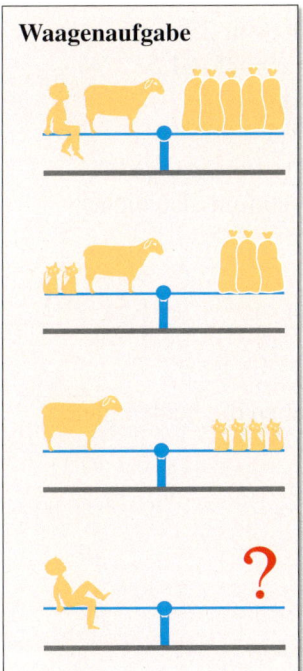

**Altersaufgabe**
Eine alte Frau wird nach ihrem Alter gefragt. Sie antwortet: „Mit meiner Tochter bin ich zusammen 115 Jahre alt. Mit meiner Enkelin bin ich zusammen 95 Jahre alt. Meine Tochter und meine Enkelin sind zusammen 70 Jahre alt."
Wie alt ist jede der drei Frauen?

**Rechteckaufgabe**
Ein Rechteck ist 4 cm länger als breit. Der Umfang beträgt 20 cm. Berechne die Länge und Breite des Rechtecks.

**Streichholzaufgabe**
In jeder Schachtel sind gleich viele Streichhölzer. Finde heraus, wie viele Hölzer sich in den Schachteln befinden. Stellt euch in der Gruppe ähnliche Aufgaben.

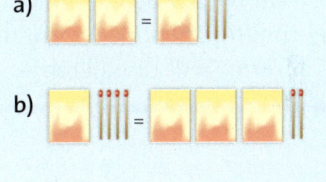

**Einkaufsaufgabe**
Sabrina hat 5 Filzstifte und 3 Gelstifte gekauft. Ihre Mutter möchte wissen, wie viel die Stifte jeweils gekostet haben. Sabrina kann sich aber nur erinnern, dass sie insgesamt 8,80 € zahlen musste.
a) Wie viel € könnten die Stifte jeweils gekostet haben?
b) Sabrinas Freundin meint, dass die Filzstifte jeweils 1,20 € gekostet hätten. Überprüft, ob das sein kann.
c) Sabrina kann sich noch erinnern, dass die Gelstifte doppelt so viel wie die Filzstifte gekostet haben. Wie viel kosteten die Stifte dann?

## Lesen und Verstehen

Kevin und Marco sparen für ein Fußballtrikot. Kevin hat bereits 25 € gespart. Jede Woche spart er weitere 1,50 €. Marco hat erst 5 € in seiner Spardose. Er spart aber jede Woche 3,50 €. Kevin behauptet: „Das dauert doch mindestens ein halbes Jahr, bis du genauso viel Geld gespart hast wie ich." Stimmt das?

Bei vielen Problemen lässt sich die Lösung durch **systematisches Probieren** finden. Dabei ist es häufig sinnvoll, sich eine Tabelle anzulegen. Man setzt verschiedene Werte ein und probiert so lange, bis man die richtige Lösung gefunden hat.

Viele Probleme lassen sich auch durch eine **Gleichung** lösen.
Erhält man beim Einsetzen einer Zahl für $x$ eine wahre Aussage, so ist $x$ Lösung der Gleichung.

> Eine Gleichung kann durch **Äquivalenzumformungen** gelöst werden.
> Dazu wird eine Gleichung schrittweise so umgeformt, dass man die Lösung direkt ablesen kann. Dabei sind folgende Rechenoperationen erlaubt:
> – auf beiden Seiten denselben Term addieren oder subtrahieren
> – auf beiden Seiten mit demselben Term multiplizieren oder durch denselben Term ($\neq 0$) dividieren.

**BEISPIEL 1**

| Anzahl Wochen | Marcos Sparbetrag | Kevins Sparbetrag |
|---|---|---|
| 1 | $5 + 1 \cdot 3,5 = 8,5$ | $25 + 1 \cdot 1,5 = 26,5$ |
| 5 | $5 + 5 \cdot 3,5 = 22,5$ | $25 + 5 \cdot 1,5 = 32,5$ |
| 10 | $5 + 10 \cdot 3,5 = 40$ | $25 + 10 \cdot 1,5 = 40$ |

Nach 10 Wochen haben die beiden gleich viel Geld gespart.

**BEISPIEL 2**

Anzahl der Wochen: $x$
Marco: $5 + 3,5 \cdot x$; Kevin: $25 + 1,5 \cdot x$
Gleichung: $5 + 3,5 \cdot x = 25 + 1,5 \cdot x$
Ist $x = 26$ die Lösung?
$5 + 3,5 \cdot 26 = 25 + 1,5 \cdot 26$
$\qquad 96 \neq 64$ (falsche Aussage)
Kevins Behauptung stimmt also nicht.

**BEISPIEL 3**

$$
\begin{aligned}
5 + 3,5x &= 25 + 1,5x && | -1,5x \;\; | -5 \\
2x &= 20 && | : 2 \\
x &= 10
\end{aligned}
$$

Nach 10 Wochen haben die beiden gleich viel Geld gespart.

## Basisaufgaben

**1** Übertrage die Gleichungen in dein Heft. Gib jeweils an, welche Äquivalenzumformungen vorgenommen wurden.

a)
$$
\begin{aligned}
8x - 5 &= 19 \\
8x &= 24 \\
x &= 3
\end{aligned}
$$

b)
$$
\begin{aligned}
14x + 4 &= 11x + 13 \\
14x &= 11x + 9 \\
3x &= 9 \\
x &= 3
\end{aligned}
$$

c)
$$
\begin{aligned}
-4x + 8 &= 3x - 6 \\
8 &= 7x - 6 \\
14 &= 7x \\
2 &= x
\end{aligned}
$$

d)
$$
\begin{aligned}
2,5x + 7 &= 9 - x - 23 \\
2,5x + 7 &= -x - 14 \\
3,5x + 7 &= -14 \\
3,5x &= -21 \\
x &= -6
\end{aligned}
$$

**2** Welche Gleichungen werden durch die Waagemodelle dargestellt? Gib mögliche Lösungsschritte an. Wofür steht $x$?

a)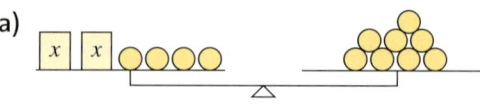

b)

c)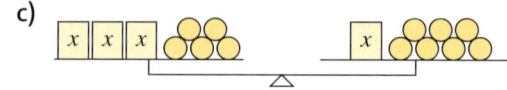

**3** Löse die Gleichungen.

a) $2x = 6$      b) $x + 5 = 7$

c) $x - 5 = 8$      d) $12 = -4x$

e) $-x = 1$      f) $-9 = x + 3$

g) $27 : x = 3$      h) $7x = 84$

**4** Löse die Gleichungen.

a) $2x + 3 = 9$      b) $3x + 8 = 20$

c) $7x + 5 = 47$      d) $6x + 7 = -5$

e) $2x + 5 = -23$      f) $5x + 29 = -21$

g) $7x - 4 = 24$      h) $4x - 25 = 27$

**5** Korrigiere die Fehler in deinem Heft.

a) $4x + 7 = 36 \mid : 4$    b) $-4x + 12 = -24 \mid -12$

     $x + 7 = 9 \mid -7$          $-4x = -36 \mid : 4$

         $x = 2$                $x = -9$

**6** Löse die Gleichungen.

a) $3x + 5 = -6x + 32$

b) $5x + 9 = -3x + 65$

c) $4x + 7 = -2x - 17$

d) $2x - 13 = -4x - 14$

**7** Fasse zusammen und löse dann.

a) $4x - 3 + 2x = 33 + 3x$

b) $5b - 4 + 3b = 6b - 9$

c) $9a - 21 - 3a = 9a - 24 + a$

d) $4 - 9x - 15 = -11x + 29 + 4x$

e) $9 + 12x - 4 = 7x + 26 - 10x$

**8** Setze $x = 6$ ein. Entscheide, ob die tatsächliche Lösung größer oder kleiner als 6 sein muss. Probiere weiter, bis du die Lösung gefunden hast.

a) $17 - 2x = 11$      b) $4x - 5 = 35$

**9** Ordne den Sätzen die passende Gleichung zu. Bestimme dann jeweils die gesuchte Zahl.

a) Das Dreifache einer Zahl ist 15.

b) Die Summe aus dem Vierfachen einer Zahl und der Zahl beträgt 15.

c) Subtrahiert man von einer Zahl 7, so erhält man 15.

d) Addiert man zu einer Zahl ihren Nachfolger, so erhält man 15.

① $4x + x = 15$      ② $u - 7 = 15$

③ $m + (m + 1) = 15$      ④ $3 \cdot n = 15$

**10** Wie heißt die gesuchte Zahl?

a) Das Fünffache einer Zahl ist 35.

b) Die Summe aus dem Doppelten einer Zahl und 14 ergibt 30.

c) Subtrahiert man von einer Zahl 9, erhält man 18.

**11** Anne ist 15 Jahre älter als Boris und Boris ist 12 Jahre älter als Eva. Zusammen sind sie 42 Jahre alt. Wie alt sind die drei? Löse durch Probieren.

## Weiterführende Aufgaben

**12** Welche der Zahlen

$-2; -1; -\frac{1}{2}; \frac{1}{2}; 1; 2$

sind jeweils Lösung der Gleichung?

a) $2 - x = x : 2 + 5$

b) $4x - (2x + 1) = 3(x - 0,5)$

c) $x(x + 1) = x^2 + 2$

d) $3x + 7 = x : (-\frac{1}{4})$

**13** Fasse erst zusammen und löse dann die Gleichungen.

a) $42y - 44,5 - 81y = -32y - 7 - 2y$

b) $5x + 10 = 2 + 6x - 20$

c) $33z - 42z + 2\frac{1}{2} = -14z$

d) $3a - 4 - (a + 3) = 3a - 12$

e) $3 - 7x + \frac{1}{2} = 13x + 4\frac{1}{2}$

**14** Löse zunächst die Klammern auf.

a) $2(3x + 2) = 12x + 5 - 5x$

b) $4(a + 3) = (24a + 72) \cdot 6$

c) $-5(b + 2) = (8b + 34) : 2$

d) $9(3z + 4) = 0$

e) $(x - 9) = 3(x - 1)$

**15** Löse die Gleichung. Lege eine Tabelle an und probiere systematisch.

$\frac{x+5}{x-5} = 3$

| $x$ | $\frac{x+5}{x-5} = 3$ |
|---|---|
| 6 | $\frac{6+5}{6-5} = 11$ |
| 7 | … |

**BEACHTE**
Die Lösungen zu Aufgabe 3 ergeben in der richtigen Reihenfolge den Namen eines Landes. Auf welchem Kontinent liegt dieses Land?
$-12$ (I); $-3$ (E); $-1$ (S); 2(U); 3 (T); 9 (E); 12 (N); 13 (N)

↻039-1
Unter diesem Webcode gibt es eine interaktive Übung zu Zahlen, die Gleichungen erfüllen.

**16** Mit welchen Äquivalenzumformungen wurden die Gleichungen gelöst?

a) $\frac{x}{3} = \frac{2}{7}$

$x = \frac{6}{7}$

b) $\frac{a}{4} - 5 = 3$

$\frac{a}{4} = 8$

$a = 32$

c) $1\frac{1}{2}x + 4 = x + 8$

$1\frac{1}{2}x = x + 4$

$\frac{1}{2}x = 4$

$x = 8$

d) $\frac{1}{3}x + 2 = \frac{1}{2}x - 3$

$\frac{1}{3}x = \frac{1}{2}x - 5$

$\frac{2}{6}x - \frac{3}{6}x = -5$

$-\frac{1}{6}x = -5$

$x = 30$

**17** Löse die Gleichungen.

a) $\frac{a}{4} + 2 = 5$

b) $\frac{a}{2} + 8 = -3$

c) $\frac{x}{7} - 4 = 2$

d) $\frac{x}{9} - 5 = -8$

e) $\frac{1}{11}y + 2 = 15$

f) $-5 + \frac{1}{8}y = -17$

g) $-\frac{r}{2} + 7 = 8$

h) $-\frac{r}{8} + 9 = 2$

i) $-\frac{x}{5} - 4 = -9$

j) $-\frac{x}{3} - 15 = 13$

k) $0{,}2x - 1{,}4 = 2{,}2$

l) $3{,}8 + 1{,}3z = -0{,}1$

**18** Löse die Gleichungen.

a) $\frac{1}{4}x + 1 = \frac{1}{5}x + 2$

b) $\frac{1}{9}x - 11 = \frac{1}{3}x - 3$

c) $-4 - \frac{1}{20}x = \frac{1}{10}x - 6$

d) $\frac{5}{6}x + \frac{3}{5} = \frac{1}{3}x - \frac{1}{5}$

e) $5\frac{3}{4}x + 14 = 3\frac{1}{3}x - 15$

f) $1 - \frac{2}{7}x = 4\frac{2}{3}x - 51$

**19** Herr Beqiri bringt Bauschutt zur Deponie. Bei zwei Fahrten transportiert er insgesamt 2 t. Die Waage zeigt bei der ersten Fahrt ein Gesamtgewicht für Anhänger und Ladung von 1650 kg.
Beim zweiten Mal sind es 1450 kg.
Wie viel wiegt der leere Anhänger?

**20** ➡ Luca soll drei aufeinanderfolgende natürliche Zahlen finden, deren Summe 126 ergibt.

a) Löse durch Probieren.

b) Erläutere, warum Luca die Gleichung
$(n - 1) + n + (n + 1) = 126$ aufgestellt hat.

c) Vergleiche den Lösungsweg aus b) mit dem Lösungsweg von Dennis:
$n + (n + 1) + (n + 2) = 126$

**BEACHTE**
Gleiche quadratische Terme auf beiden Seiten der Gleichung werden einfach subtrahiert:
$x^2 - 4 = x^2 + 2x$    $| - x^2$
$-4 = 2x$    $| : 2$
$-2 = x$

**BEACHTE**
Die Lösungen zu Aufgabe 26 ergeben in der richtigen Reihenfolge den Namen eines Landes.
Auf welchem Kontinent liegt dieses Land?
$-4$ (K); $-3$ (I);
$-2$ (W); $-\frac{5}{3}$ (U);
$0$ (T); $12$ (A)

**21** Ein Rechteck ist doppelt so lang wie breit. Sein Umfang beträgt 96 cm.
Berechne Länge und Breite des Rechtecks.

**22** In einem gleichschenkligen Dreieck ist der Winkel an der Spitze viermal so groß wie ein Basiswinkel. Wie groß sind die Winkel?

**23** Familie Drews hat in einem Preisausschreiben 3500 € gewonnen.
Jedes Elternteil soll doppelt so viel erhalten wie jedes der drei Kinder.
Wie viel Euro bekommt jedes Kind?

**24** Löse zuerst die Klammern auf und fasse zusammen. Löse die Gleichung.
Beachte den Tipp in der Randspalte.

a) $(x - 6)(x + 6) = x^2 - 2x$

b) $(x + 9)(x - 5) = x^2 + 49x$

c) $(-x + 1)(x - 2) = -x^2 - 2$

d) $(x + 8)(-x - 5) = -x^2 + 25$

e) $(-x - 9)(-x - 3) = x^2 + 15x + 15$

**25** Kevin hat zwei Gleichungen gelöst, die Äquivalenzumformungen fehlen.
Überprüfe und erläutere seine Lösungen.

ⓐ
$(x+3)(x+7) = x^2 - 19$
$x^2 + 7x + 3x + 21 = x^2 - 19$
$x^2 + 10x + 21 = x^2 - 19$
$10x + 21 = -19$
$10x = -40$
$x = -4$

ⓑ
$(x+3)^2 = (x-1)^2$
$x^2 + 3x + 3x + 9 = x^2 - x - x + 1$
$x^2 + 6x + 9 = x^2 - 2x + 1$
$6x + 9 = -2x + 1$
$8x + 9 = 1$
$8x = -8$
$x = -1$

**26** Bestimme die Lösung der Gleichung.

a) $y^2 + 4y + 4 = (y + 6)^2$

b) $(y + 1)(y - 1) = y^2 + 6y + 9$

c) $(y + 2)^2 = (y + 4)(y + 2)$

d) $(y - 8)(y + 8) = (-2 + y)(y - 4)$

e) $(2m - 4)(2m + 4) - 3m^2 = (4 - m)^2 - 56$

f) $(2 - 5m)^2 = (4m - 7)(4m + 7) + 9m^2 + 53$

# ■ Sachaufgaben systematisch lösen

## Erforschen und Entdecken

**1** Arbeitet zu zweit oder zu dritt. Nehmt ein Stück Draht mit einer Länge von 24 cm und löst die folgenden Aufgaben.

a) Formt aus dem Draht ein Rechteck, bei dem eine Seite 5 cm länger als die andere Seite ist. Gebt die beiden Seitenlängen des Rechtecks an. Gibt es mehrere Möglichkeiten?

b) Formt aus dem Draht ein Rechteck, bei dem eine Seite dreimal so lang wie die kürzere Seite ist. Wie lang ist die kürzere Seite?

c) Formt aus dem Draht ein gleichschenkliges Dreieck, bei dem jeder der beiden Schenkel 3 cm länger als die Basis ist. Gebt die Seitenlängen des Dreiecks an.

**2** Ein Mathematiklehrer ist 36 Jahre alt. Seine Kinder sind 4 Jahre und 8 Jahre alt. Er ist also dreimal so alt wie seine Kinder zusammen.

a) Wie wird das Altersverhältnis in zwei Jahren sein? Gib als Bruch an.

b) $x$ soll für die vergangenen Jahre stehen. Wie lautet dann der Term für das Alter der Kinder in $x$ Jahren?

c) In wie viel Jahren wird der Lehrer doppelt so alt sein wie seine Kinder zusammen?

**3** Melina hat ein Rechteck gezeichnet und sich dazu ein Rätsel überlegt.

a) Zeichne Melinas ursprüngliches Rechteck und das veränderte Rechteck.

b) Welchen Flächeninhalt haben die Rechtecke?

c) Gibt es mehrere Lösungen?

Wenn ich mein Rechteck auf der einen Seite um 4 cm verlängere und auf der anderen Seite um 2 cm verkürze, dann bleibt der Flächeninhalt trotzdem gleich. Übrigens ist eine Seite des Ausgangsrechtecks 8 cm lang.

**4** Opa Hermann verspricht seinem Enkel Maurice, ihm für jede richtig gelöste Mathematikaufgabe 50 Cent zu geben. Für eine fehlerhafte Aufgabe muss Maurice allerdings 30 Cent an seinen Opa zurückzahlen. Es gibt insgesamt 25 Aufgaben.

a) Wie viel Geld erhält Maurice, wenn er 17 Aufgaben richtig gerechnet hat?

b) Maurice erhält von Opa Hermann 3,70 €. Wie viele Aufgaben hat er richtig gerechnet? Stelle eine Gleichung auf, bei der $x$ für die Anzahl der richtigen Aufgaben steht.

c) Erkläre, wie man aus den Angaben im Text eine Gleichung erstellen kann.

d) Stellt euch gegenseitig ähnliche Aufgaben und kontrolliert eure Ergebnisse.

## Lesen und Verstehen

Herr Ott ist heute 4-mal so alt wie seine Enkelin Sarah. Vor 10 Jahren war er sogar 10-mal so alt wie sie. Wie alt sind Sarah und ihr Großvater?

---

Sachprobleme kann man mit dem **Sechs-Schritte-Verfahren** lösen.

**BEISPIEL**

**1. Variable festlegen**
Die Informationen in der Aufgabe beziehen sich alle auf das Alter von Sarah heute. Also wird dafür die Variable festgelegt. Alter von Sarah heute: $x$

**2. Terme bilden**
Alter von Herrn Ott heute: $4x$
Alter von Herrn Ott vor 10 Jahren: $4x - 10$
Alter von Sarah vor 10 Jahren: $x - 10$

**3. Gleichung aufstellen**
Herr Ott war vor 10 Jahren 10-mal so alt wie Sarah:
$10 \cdot (x - 10) = 4x - 10$

**4. Gleichung lösen**
$10 \cdot (x - 10) = 4x - 10$  (Klammern auflösen)
$10x - 100 = 4x - 10 \quad | + 100$
$10x = 4x + 90 \quad | - 4x$
$6x = 90 \,| : 6$
$x = 15$

**5. Lösung prüfen**
Probe durch Einsetzen:
$10 \cdot (15 - 10) = 4 \cdot 15 - 10$
$10 \cdot 5 = 60 - 10$
$50 = 50$ (wahre Aussage)
Probe am Sachproblem:
Sarahs Alter heute: 15 Jahre
Sarahs Alter vor 10 Jahren: 5 Jahre
Herr Otts Alter heute: 60 Jahre
Herr Otts Alter vor 10 Jahren: 50 Jahre
Herr Ott war also 10-mal so alt wie Sarah.

**6. Antwort formulieren**
Sarah ist heute 15 Jahre und ihr Großvater ist 60 Jahre alt.

---

**BEACHTE**
Die Lösung einer Gleichung kann man manchmal auch durch systematisches Probieren (gezieltes Einsetzen) finden.

## Basisaufgaben

**042-1**
Unter diesem Webcode findest du eine interaktive Übung zum Aufstellen von Termen.

**1** Gib Terme für das Alter der Familienmitglieder an. Das Alter von Tim Matoni ist $x$.
a) Herr Matoni ist 30 Jahre älter als Tim.
b) Frau Matoni ist 2 Jahre jünger als ihr Mann.
c) Laura ist 4 Jahre jünger als Tim.
d) Kevin ist halb so alt wie sein Bruder Tim.
e) Oma Matoni ist doppelt so alt wie Herr Matoni.
f) Opa Matoni ist drei Jahre älter als das Sechsfache von Tims Alter.

**2** Felix ist 4 Jahre älter als Hanna. Verdoppelt man sein Alter, so erhält man das Dreifache von Hannas Alter.
Wie alt ist Hanna?
Vervollständige die Lösung mit dem Sechs-Schritte-Verfahren.
1. Variable festlegen: Alter von Hanna: $x$
2. Terme bilden
   Alter von Felix: $x + 4$
   doppeltes Alter von Felix: $2(x + 4)$
   dreifaches Alter von Hanna: $3x$

**3** Löse die Altersrätsel mit einer Gleichung. Gehe im Sechs-Schritte-Verfahren vor.

a) Franziska hat zwei Brüder. Einer ist 2 Jahre jünger, der andere 4 Jahre älter als sie. Zusammen sind die drei 98 Jahre alt.
Wie alt ist jedes der Geschwister?

b) Pia ist 3 Jahre älter als ihr Bruder Eric. Ihr Vater ist fünfmal so alt wie Eric. Zusammen sind die drei 52 Jahre alt.
Wie als sind Pia, Eric und ihr Vater?

**4** Entscheide, ob die Gleichung richtig aufgestellt wurde. Korrigiere gegebenenfalls.

a) Die Summe zweier aufeinanderfolgender gerader Zahlen ist 26.
Gleichung $x + (x + 1) = 26$

b) Das Produkt aus einer Zahl und ihrem Vorgänger ist 156.
Gleichung $x : (x - 1) = 156$

c) In einem gleichschenkligen Dreieck sind die Basiswinkel 15° kleiner als der dritte Winkel. Gleichung $2(x - 15) + x = 180$

**5** Löse die Zahlenrätsel mit einer Gleichung.

a) Subtrahiert man 7 vom Doppelten einer Zahl, so erhält man 13.

b) Addiert man zu einer Zahl 5 und verdoppelt die Summe, so erhält man 36.

c) Verdreifacht man die Differenz aus einer Zahl und 15, so erhält man 93.

**6** Welche Zahl hat sich Lara gedacht?

Ich habe mir eine Zahl gedacht. Wenn ich **12** addiere, das Ergebnis verdopple und schließlich **26** subtrahiere, erhalte ich **32**. !?

**7** Ordne die Gleichungen aus dem oberen Feld den Texten aus dem unteren Feld zu.

① $2[x + (x + 4)] = 60$   ② $x + x + 4 = 60$
③ $x(x - 4) = 60$   ④ $3(x + 4) = 60$

Ⓐ Ein Rechteck ist 4 cm kürzer als breit. Sein Flächeninhalt beträgt 60 cm².
Ⓑ Anja ist 4 Jahre älter als Robert. Zusammen sind sie 60 Jahre alt.
Ⓒ Die Summe aus einer Zahl und 4 wird mit 3 multipliziert. Es ergibt sich 60.
Ⓓ Ein Rechteck ist 4 cm länger als breit. Sein Umfang beträgt 60 cm.

**8** Dimitrij hat sich vorgenommen, jeden Tag 5 Seiten mehr zu lesen als am Vortag.

a) Wie viel liest er am vierten Tag, wenn er am ersten Tag 20 Seiten gelesen hat?

b) Wenn Dimitrij für ein Buch mit 300 Seiten 5 Tage braucht, wie viele Seiten hat er dann am fünften Tag gelesen?

## Weiterführende Aufgaben

**9** Das Hochzeitsgeschenk für Frau Kammer kostet 200 €. Ihre drei Kolleginnen legen zusammen. Frau Wiese gibt 20 € mehr als Frau Hartmann. Die Chefin Frau Brücker zahlt doppelt so viel wie Frau Wiese.
Wie viel zahlt jede der drei Kolleginnen?

**10** ➡ Deine beste Freundin oder dein bester Freund war längere Zeit krank und hat nun Probleme beim Lösen von Textaufgaben. Schreibe eine E-Mail, in der du ihr oder ihm Tipps gibst, wie Sachaufgaben mit Gleichungen gelöst werden können.

**11** ➡ Stellt euch gegenseitig Zahlenrätsel wie das von Lara in Aufgabe 6.

**12** ➡ Denke dir je eine Sachaufgabe aus, die zu der Gleichung passt, und löse sie.

a) $2x + 4 = 40$   c) $2(x - 5) = x$
b) $x + (x - 2) + 2x = 18$   d) $2(x + 3x) = 64$

**13** In einem Viereck ist der Winkel $\beta$ um 20° kleiner als $\alpha$. Der Winkel $\gamma$ ist dreimal so groß wie $\beta$ und $\delta$ ist dreimal so groß wie $\alpha$. Berechne die Größe der Winkel. Zeichne das Viereck.

**TIPP**
Bei geometrischen Problemen hilft häufig eine Skizze.

**14** Bei einer Klassensprecherwahl stimmen zwei Drittel aller Schüler für Tina. Sarah erhält 10 Stimmen weniger als Tina. Ein Schüler enthält sich. Wie viele Schüler sind in der Klasse? Wie viele stimmen für Tina?

**15** Niko und Arne spielen zusammen Lotto. Niko bezahlt für den Lottoschein doppelt so viel wie Arne. Sie gewinnen 15 000 €. Davon spenden sie 10 %. Den Rest teilen sie so auf, dass Niko doppelt so viel erhält wie Arne.

**16** Ein Dreifamilienhaus ist für 11 475 € renoviert worden. Die Kosten sollen anteilig nach der Größe der drei Wohnungen auf ihre Besitzer verteilt werden. Familie Kiraly besitzt 84 m² Wohnfläche, Familie Neugebauer 66 m² und Familie Stehr 75 m². Wie viel muss jede Familie bezahlen?

**17** Eine Grundstücksparzelle von 1224 m² wird in zwei neue Grundstücke geteilt, von denen eines 600 m² und das andere 624 m² misst. Der Anliegerbeitrag für die gesamte Grundstücksparzelle beträgt 30 600 € und soll entsprechend der Fläche von den beiden neuen Eigentümern bezahlt werden. Welchen Anliegerbeitrag muss jeder bezahlen?

**18** Herr Sander möchte seiner Frau Rosen schenken. Wenn er 20 Rosen kauft, hat er 3,50 € zu wenig Geld dabei. Kauft er 15 Rosen, dann hat er noch 4 € übrig.
a) Wie viel kostet eine Rose?
b) Wie viele Rosen könnte er höchstens kaufen?

**19** 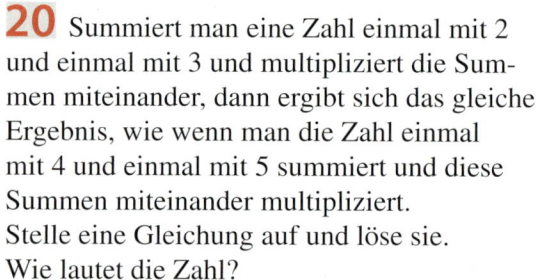 Familie Birald möchte aus ihrem rechteckigen Tisch einen quadratischen Tisch herstellen. Dies funktioniert, wenn sie an der längeren Seite rechts und links jeweils 20 cm absägen. Die Tischfläche wird dabei um 3600 cm² reduziert. Welche Maße hat dann der neue quadratische Tisch? Stelle eine Gleichung auf und löse sie. Vergleiche deine aufgestellte Gleichung mit deinem Nachbarn.

**20** Summiert man eine Zahl einmal mit 2 und einmal mit 3 und multipliziert die Summen miteinander, dann ergibt sich das gleiche Ergebnis, wie wenn man die Zahl einmal mit 4 und einmal mit 5 summiert und diese Summen miteinander multipliziert. Stelle eine Gleichung auf und löse sie. Wie lautet die Zahl?

**21** Bei einem Quadrat A ist die Seitenlänge 6 cm länger als bei einem anderen Quadrat B. Der Flächeninhalt von Quadrat A ist um 120 cm² größer. Welche Seitenlängen haben die beiden Quadrate?

**22** 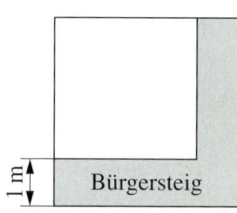 Entlang zweier Ränder einer quadratischen Rasenfläche wird ein 1 m breiter Bürgersteig angelegt. Dadurch wird die Rasenfläche um 50 m² kleiner. Welche Größe hatte die Rasenfläche vorher?

Bürgersteig

**23** Familie Hillbrand tauscht einen quadratischen Kleingarten gegen einen gleich großen rechteckigen Kleingarten. Er ist auf der einen Seite 4 m kürzer und auf der anderen Seite 6 m länger als der quadratische Garten. Welche Abmessungen hat der neue Garten?

**24** Wenn man die Kanten eines Würfels um 2 cm verlängert, dann vergrößert sich der Oberflächeninhalt um 288 cm². Welche Seitenlänge hatte der Ausgangswürfel?

**25** Verkürzt man die Kantenlänge eines Würfels um 2 cm, verringert sich sein Oberflächeninhalt um 312 cm². Welche Seitenlänge hat der Ausgangswürfel?

**26** Bestimme die Zahl.
a) Das Quadrat des Nachfolgers einer Zahl ist um 36 größer als das Quadrat des Vorgängers derselben Zahl.
b) Addiert man 3 zum Produkt aus einer Zahl und ihrem Nachfolger, so ergibt sich 33.

# Mischungsprobleme

**1** Tina legt Wert auf gesunde Ernährung, daher berechnet sie z. B. genau, wie viel Vitamin C sie zu sich nimmt. Der Tagesbedarf an Vitamin C beträgt 60 mg. Sie trinkt am liebsten KiBa, eine Mischung aus Kirschsaft und Bananensaft. Wie muss sie die Säfte mischen, um mit einem 0,2-ℓ-Glas genau ihren Tagesbedarf an Vitamin C zu sich zu nehmen? Dazu hat Tina eine Tabelle angelegt.

| Kirsch-saft | Bananen-saft | Vitamin C (in mg) im Kirschsaft | Vitamin C (in mg) im Bananensaft | Gesamtmenge Vitamin C (in mg) |
|---|---|---|---|---|
| 180 ml | 20 ml | $0,35 \cdot 180 = 63$ | $0,2 \cdot 20 = 4$ | 67 |
| 150 ml | 50 ml | $0,35 \cdot 150 = 52,5$ | $0,2 \cdot 50 = 10$ | 62,5 |
| … | … | | | |
| $x$ | $200 - x$ | | | 60 |

a) Erläutere, wie Tina den Vitamin-C-Gehalt für andere Mengen berechnet.
b) Erkläre die Terme in der letzten Zeile und ergänze die Zeile durch geeignete Terme.
c) Finde die Lösung, indem du die Tabelle fortsetzt oder eine geeignete Gleichung aufstellst und löst.

**2** Welche Mischung der beiden Säfte muss Tina verwenden, um ihren Tagesbedarf an Vitamin C mit einem 0,25-ℓ-Glas zu decken?

**3** Tinas Mutter bevorzugt eine Mischung aus Apfelsaft und Birnensaft.
Wie muss sie diese Säfte für ein 0,2-ℓ-Glas mischen, um ihren Tagesbedarf an Vitamin C zu decken?

**4** Tinas Vater möchte 0,3 ℓ eines Safts trinken, der aus Orangen- und Grapefruitsaft besteht und das Doppelte des Tagesbedarfs an Vitamin C enthält. Wie viel von jeder Sorte wird das Glas enthalten?

**5** Der Fitnesscocktail *Fruitpunch* besteht aus Orangensaft, Grapefruitsaft und Pfirsichsaft. Er enthält doppelt so viel Grapefruitsaft wie Pfirsichsaft. In 0,3 ℓ sind 120 mg Vitamin C enthalten. Wie lautet das Rezept für 0,3 ℓ?

**6** Frau Walde verkauft Nougatpralinen zu 3,50 € pro kg und Blätterkrokantpralinen zu 4,75 € pro kg. Sie möchte eine Pralinen-mischung für 3,90 € pro kg anbieten. Wie viel g der beiden Sorten muss sie dafür mischen?

**7** Denke dir eine Mischungs-aufgabe aus, die zur folgenden Gleichung passt, und löse sie.
a) $0,2x + 0,35(500 - x) = 150$
b) $1,8x + 3,2(1 - x) = 2,29$

**8** Frau Artz mischt ihren Espresso aus Arabica-Bohnen und Robusta-Kaffeebohnen.

Die Arabica-Bohnen kosten 18 € pro kg, die Robusta-Bohnen 14,50 € pro kg.
a) Ihre Lieblingsmischung besteht aus 65 % Arabica-Bohnen und 35 % Robusta-Bohnen. Was kosten 500 g dieser Mischung?
b) Wie muss sie ihren Kaffee mischen, wenn sie maximal 16 € für ein Kilo Kaffee ausgeben möchte?

**9** Die Chemielehrerin benötigt 1 ℓ 45%ige Salpetersäure und möchte daher 30%ige Salpetersäure mit 50%iger Salpetersäure mischen. Welche Mengen benötigt sie?

**Vitamin-C-Gehalt von Säften**
100 ml = 0,1 ℓ enthalten
Apfelsaft: 38 mg
Birnensaft: 20 mg
Bananensaft: 20 mg
Kirschsaft: 35 mg
Orangensaft: 45 mg
Pfirsichsaft: 20 mg
Grapefruitsaft: 35 mg

**BEACHTE**
Vitamin C wird vom Körper nicht gespeichert. Es wird über den Urin ausgeschieden. Manche Vitamine (z. B. Vitamin A) können allerdings über-dosiert werden. Eine Überdosis ist gefährlich – ein Mangel aber auch. Daher ist ausgewogene Ernährung wichtig.

# Bewegungsprobleme

**1** Die Klasse 8 d tritt um 8:00 Uhr eine Radtour an. Sie fahren mit einer durchschnittlichen Geschwindigkeit von $16 \frac{km}{h}$. Stefan hat auf dem Weg zum Treffpunkt leider eine Panne und kommt erst um 8:45 Uhr am Treffpunkt an. Kann er die Klasse noch vor 12:00 Uhr einholen, wenn er mit einer Geschwindigkeit von $20 \frac{km}{h}$ fährt?

Sarah hat eine Tabelle angelegt.

| Uhrzeit | vergangene Zeit | Strecke der Klasse | Strecke von Stefan |
|---------|-----------------|--------------------|--------------------|
| 8:00 | 0 h | 0 km | 0 km |
| 8:30 | 0,5 h | 8 km | 0 km |
| 9:00 | 1 h | 16 km | 5 km |
| 9:30 | 1,5 h | 24 km | 15 km |
| 10:00 | ... | | |
| 10:30 | | | |
| 11:00 | | | |
| 11:30 | | | |
| 12:00 | | | |
| 12:30 | | | |

Lisa hat das Problem durch eine Zeichnung gelöst.

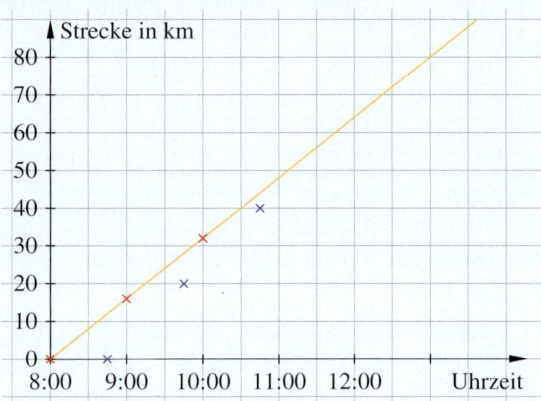

a) Erkläre, wie die beiden Schülerinnen bei der Lösung des Problems vorgehen.
b) Führe die Überlegungen fort und gib an, wann Stefan die Klasse einholt und wie viele Kilometer bis dahin zurückgelegt wurden.
c) Finde einen weiteren Lösungsansatz, indem du jeweils einen Term für die von der Klasse zurückgelegte Strecke und die von Stefan zurückgelegte Strecke aufstellst ($x$ steht für die Fahrzeit in Stunden) und eine Gleichung löst.

**2** Zwanzig Minuten nachdem ein Güterzug den Bahnhof verlassen hat, folgt ihm ein Eilzug auf einem Nebengleis. Der Güterzug fährt in der Stunde 42 km, der Eilzug legt in dieser Zeit 70 km zurück.
a) Wie lange braucht der Eilzug, um den Güterzug einzuholen?
b) Sind die Züge dann schon an der Weiche nach 38 km Fahrtstrecke vorbeigefahren?

**3** Ein Lkw-Fahrer beginnt um 8:30 Uhr seine Fahrt nach Wien, wobei er durchschnittlich $60 \frac{km}{h}$ fährt.
Um 9:15 Uhr bemerkt seine Frau, dass er wichtige Papiere vergessen hat.
Sie setzt sich in ihren Pkw und folgt ihm mit $80 \frac{km}{h}$.
a) Wann holt sie den Lkw ein?
b) Wie schnell müsste sie sein, um ihn nach 1,5 Stunden einzuholen?

**4** Familie Steiner wandert. Wie könnten die Wanderungen verlaufen sein?

a)
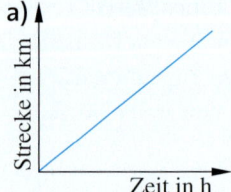

b)
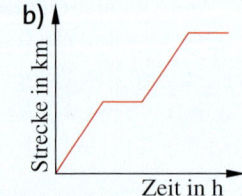

**5** Kerstin und Lisa wohnen 122 km voneinander entfernt. In den Osterferien wollen sie sich mit dem Fahrrad entgegenfahren. Kerstin bricht um 9:00 Uhr auf und fährt mit einer Durchschnittsgeschwindigkeit von $16 \frac{km}{h}$ Lisa entgegen. Lisa verschläft und fährt erst 30 Minuten später los. Dafür fährt sie aber mit $22 \frac{km}{h}$.
a) Wann treffen sich die beiden Freundinnen?
b) Wer hat bis zum Treffpunkt mehr Kilometer zurückgelegt?

# Formeln umstellen

## Erforschen und Entdecken

**1** Miriam, Jana und Laura sollen die Breite von verschiedenen Rechtecken berechnen.
Sie kennen jeweils eine Seitenlänge und den Umfang der Rechtecke.

| Umfang $u$ | 36 cm | 104,2 dm | 67,5 m | 72,6 cm | 12,8 m |
|---|---|---|---|---|---|
| Länge $a$ | 8 cm | 17,5 dm | 12,2 m | 26,2 cm | 3,7 m |
| Breite $b$ | | | | | |

Miriams Lösungsweg

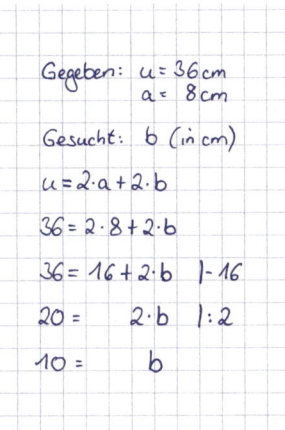

```
Gegeben:  u = 36 cm
          a = 8 cm
Gesucht:  b (in cm)
u = 2·a + 2·b
36 = 2·8 + 2·b
36 = 16 + 2·b    |-16
20 =      2·b    |:2
10 =       b
```

Janas Lösungsweg

```
Gegeben:  u = 36 cm
          a = 8 cm
Gesucht:  b (in cm)
u = 2·a + 2·b
u - 2·a = 2·b
(u - 2a)/2 = b
einsetzen:   b = (36 - 2·8)/2
             b = 10
```

Lauras Lösungsweg

```
Gegeben:  u = 36 cm
          a = 8 cm
Gesucht:  b (in cm)
u = 2·(a + b)    |:2
u/2 = a + b      |-a
u/2 - a = b
einsetzen:  b = 36/2 - 8
            b = 10
```

**a)** Vergleicht zu zweit die Lösungswege und überlegt euch, welche Lösungsmethoden ihr
wählen würdet und warum.

**b)** Löst dann gemeinsam die restlichen Aufgaben mit einer der Methoden.

**2** **Formeln in der Prozentrechnung**
Dividiert man den Grundwert $G$ durch 100, so ergibt sich ein Prozent des Grundwerts.
Um den Prozentwert $W$ zu berechnen, wird dieser Wert mit dem Prozentsatz $p$ multipliziert:

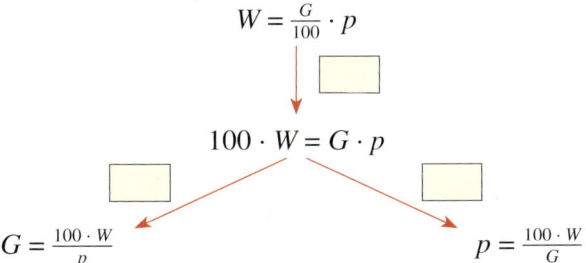

$$W = \dfrac{G}{100} \cdot p$$

$$100 \cdot W = G \cdot p$$

$$G = \dfrac{100 \cdot W}{p} \qquad\qquad p = \dfrac{100 \cdot W}{G}$$

**a)** Übertrage die Darstellung in dein Heft. Trage die passenden
Äquivalenzumformungen in die Kästchen ein.

**b)** Mirko meint: „Es reicht doch, wenn ich mir eine Formel merke!"
Diskutiert, was davon zu halten ist.

**c)** Löse die folgenden Aufgaben mit einer Formel:
① 12,50 € von 500 € sind …%.
② 45 € sind 9 % von …
③ 15 % von 200 € sind …

## Lesen und Verstehen

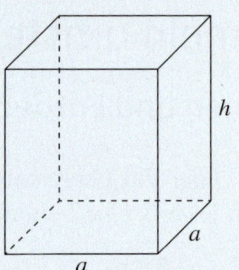

Maria stellt einen Quader mit quadratischer Grundfläche her.
Sie hat 80 cm Draht zur Verfügung.
Welche Kantenlängen kann sie dazu wählen?
Zunächst stellt sie eine **Formel** für die Kantenlänge auf:

$k = 8a + 4h$

In einer Tabelle legt Maria Seitenlängen fest.
Aus den beiden bekannten Längen kann die
fehlende Länge berechnet werden.

| $a$ | 5 cm | 6 cm | | |
|---|---|---|---|---|
| $h$ | | | 14 cm | 12 cm |
| $k$ | 80 cm | 80 cm | 80 cm | 80 cm |

---

**BEISPIEL**

Wenn man die Seitenlänge $a$ der quadratischen Grundfläche kennt, so wird die Formel nach der gesuchten Höhe $h$ umgeformt.

$k = 8a + 4h \qquad | -8a$
$k - 8a = 4h \qquad | :4$
$\dfrac{k-8a}{4} = h$

Kennt man die Höhe $h$, so wird die Formel nach der gesuchten Seitenlänge $a$ umgeformt.

$k = 8a + 4h \qquad | -4h$
$k - 4h = 8a \qquad | :8$
$\dfrac{k-4h}{8} = a$

Nun können die bekannten Größen eingesetzt werden.

Für $a = 5$ cm: $h = \dfrac{80\,\text{cm} - 8 \cdot 5\,\text{cm}}{4} = 10\,\text{cm}$

Für $a = 6$ cm: $h = \dfrac{80\,\text{cm} - 8 \cdot 6\,\text{cm}}{4} = 8\,\text{cm}$

Für $h = 14$ cm: $a = \dfrac{80\,\text{cm} - 4 \cdot 14\,\text{cm}}{8} = 3\,\text{cm}$

Für $h = 12$ cm: $\dfrac{80\,\text{cm} - 4 \cdot 12\,\text{cm}}{8} = 4\,\text{cm}$

---

Eine **Formel** ist nichts anderes als eine Gleichung. Deshalb können Formeln genau wie Gleichungen durch Äquivalenzumformungen nach der gesuchten Größe aufgelöst werden. Anschließend kann die gesuchte Größe berechnet werden, indem die bekannten Größen in die Formel eingesetzt werden.

## Basisaufgaben

**1** Mit der Formel $A = a \cdot h$ kann man den Inhalt einer Seitenfläche des obigen Quaders berechnen. Stelle nach $a$ und nach $h$ um und berechne die fehlenden Werte in der Tabelle.

| $A$ | 45 cm² | 5,12 dm² | 6,15 cm² | 72 mm² |
|---|---|---|---|---|
| $a$ | 7,5 cm | 1,6 dm | | |
| $h$ | | | 4,1 cm | 4,5 mm |

**2** Was kann mit den Formeln berechnet werden? Löse sie jeweils nach $a$ bzw. nach $\alpha$ auf.
a) $A = a \cdot b$
b) $u = 4a$
c) $\alpha + \beta + \gamma = 180°$
d) $u = 2a + 2b$

**3** Das Volumen des oben abgebildeten Quaders soll 300 cm³ betragen.
a) Begründe, dass das Volumen mit der Formel $V = a^2 \cdot h$ berechnet werden kann.
b) Wie hoch ist der Quader, wenn die Seitenlänge $a = 5$ cm ist?

**4** Für den Umfang eines gleichschenkligen Dreiecks gilt die Formel $u = 2a + c$.
a) Begründe mit einer Zeichnung.
b) Forme die Formel nach $a$ und nach $c$ um.
c) Gib für dieses Dreieck eine Formel für die Winkelsumme an.

# Weiterführende Aufgaben

**5** Stelle die Formel für den Umfang eines Rechtecks um und berechne die fehlende Seitenlänge. Achte auf die Einheiten.

| | $u$ | $a$ | $b$ |
|---|---|---|---|
| a) | 20 cm | 6,5 cm | |
| b) | 15,5 cm | 5 cm | |
| c) | 43,4 cm | | 8,7 cm |
| d) | 5,3 m | | 150 cm |
| e) | 2560 cm | 4,8 m | |
| f) | 4 m | | 110 cm |

**6** ➡ Der Flächeninhalt dieser Figur lässt sich durch $A = (a + 3) \cdot b - 9$ berechnen.

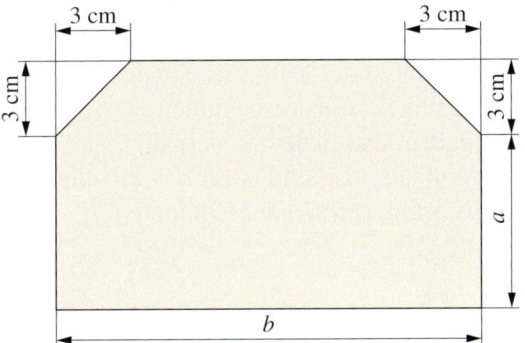

a) Begründe diese Formel.
b) Die Formel wurde nach der Variable $a$ aufgelöst. Überprüfe die Lösungen.

Kai
$A = (a+3)b - 9$
$A+9 = (a+3)b$
$\frac{A+9}{b} = a+3$
$\frac{A+6}{b} = a$

Jannik
$A = (a+3)b-9$
$A+9 = (a+3)b$
$\frac{A+9}{b} = a+3$
$\frac{A+9}{b} - 3 = a$

Eva
$A = (a+3)b - 9$
$A = ab+3b-9$
$A-3b = ab-9$
$A-3b+9 = ab$
$\frac{A-3b+9}{b} = a$

Natalie
$A = (a+3)b - 9$
$\frac{A}{b} = a+3-9$
$\frac{A}{b} = a-6$
$\frac{A}{b} -6 = a$

**7** Die Durchschnittsgeschwindigkeit $v$ eines Fahrzeuges berechnet man mit der Formel $v = \frac{s}{t}$. Dabei ist $s$ die zurückgelegte Strecke (in km) und $t$ die dafür benötigte Zeit (in h).
a) Stelle die Formel einmal nach $s$ und einmal nach $t$ um.
b) Welche Strecke legt man bei einer Geschwindigkeit von $50 \frac{km}{h}$ in einer Viertelstunde zurück?
c) Wie lange braucht ein Formel-1-Auto bei $v = 150 \frac{km}{h}$ für eine Runde auf dem ca. 4,5 km langen Hockenheimring? Gib die Zeit auch in Minuten an.

**8** Die Beziehung $U = R \cdot I$ zwischen Spannung $U$, Widerstand $R$ und Stromstärke $I$ lernt man im Physikunterricht kennen.
a) Stelle die Formel einmal nach $R$ und einmal nach $I$ um.
b) Wie verändert sich die Stromstärke $I$, wenn die Spannung $U$ bei gleichbleibendem Widerstand $R$ verdoppelt wird?
c) Für die elektrische Leistung $P$ gilt $P = U \cdot I$. Wie groß ist der Strom, der bei einer Leistung von 1150 W (Watt) und einer Spannung von 230 V (Volt) fließt?

**9** Es gibt verschiedene Temperaturskalen:
$T_F$ Temperatur in Grad Fahrenheit,
$T_C$ Temperatur in Grad Celsius und
$T_K$ Temperatur in Kelvin.
Es gilt $T_F = T_C \cdot 1,8 + 32$
und $T_K = T_C + 273,15$
a) Bei einer Körpertemperatur von 40 °C hat man hohes Fieber. Wie hoch wäre diese Temperatur in Grad Fahrenheit?
b) Wie viel Grad Celsius entsprechen 446 °F?
c) Wie viel Grad Celsius entsprechen 0 K (Kelvin)?
d) Ermittle eine Formel, mit der man bei gegebener Temperatur in Kelvin die Temperatur in Grad Fahrenheit berechnen kann.
e) ➡ Es gibt weitere Temperaturskalen. Recherchiere im Internet und ermittle die Formeln zur Umrechnung.

## Methode: Tabellenkalkulation mit dynamischer Formelsammlung

Tabellenkalkulationsprogramme können benutzt werden, um häufig vorkommende Berechnungen schneller durchführen zu können. Die gegebenen Werte können direkt eingegeben werden und die gesuchten Werte werden sofort berechnet.

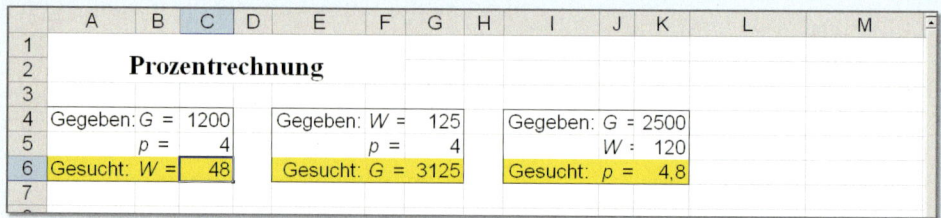

Zunächst muss ein neues **Tabellenblatt** in einer Mappe anlegt werden.
(Wähle dazu: **Datei öffnen → Neu** bzw. **Einfügen → Tabellenblatt**)

In die **Zellen** schreibt man, welche Werte gegeben sind und welche Größe man sucht.
(Achtung: Du solltest in die Zellen keine Einheiten schreiben.)

Für die Berechnung des gesuchten Wertes wird eine **Formel** in der **Eingabezeile** eingegeben. Beachte, dass eine Formel immer mit einem Gleichheitszeichen beginnen muss. In die Zelle **C6** wurde die Formel **=C4*C5/100** eingegeben. Das bedeutet, dass die Zahl in der Zelle **C4** mit der Zahl in Zelle **C5** multipliziert und anschließend durch 100 dividiert wird. Wenn man nun in Zelle **C4** oder **C5** die Werte ändert, berechnet der Computer automatisch den Prozentwert in Zelle **C6** neu.

**BEACHTE**

Im Menü unter **Start → Format → Zellen formatieren (Währung → 2 Dezimalstellen)** können die Zellen so formatiert werden, dass automatisch mit € gerechnet und gerundet wird.

**10** Erinnere dich an die Prozentrechnung.

a) Ergänze die Lücken im Heft.
Von den 160 Schülern eines 8. Jahrgangs besitzen 75 % einen MP3-Player. Das sind immerhin __ Schüler.
72 Schüler des Jahrgangs verfügen über einen Computer. Das sind __ %.
Von den Jungen haben 34 einen eigenen Internetzugang. Das sind 40 % der insgesamt __ Jungen.

b) Erkläre die Begriffe Grundwert $G$, Prozentwert $W$ und Prozentsatz $p$ % und begründe die Formel $W = G \cdot \frac{p}{100}$.

c) Welche Formeln müssen oben in das Tabellenkalkulationsblatt in die Zellen **G6** und **K6** eingetragen werden und warum?

d) Erstelle selbst ein Tabellenblatt und berechne damit die folgenden Aufgaben.

| Grundwert | Prozentsatz | Prozentwert |
|---|---|---|
| 1200 € | 4 % | |
| 450 € | | 36 € |
| | 8,5 % | 30,60 € |

**11** In Deutschland beträgt die Mehrwertsteuer für viele Artikel 19 %. Mit dem folgenden Tabellenkalkulationsblatt kann man die Mehrwertsteuer und die Bruttopreise bzw. Nettopreise berechnen.

| | A | B | C |
|---|---|---|---|
| 1 | **Mehrwertsteuer** | | |
| 2 | Nettopreis | 1.450,00 € | |
| 3 | Mehrwertsteuer (19%) | 275,50 € | |
| 4 | Bruttopreis | 1.725,50 € | |
| 5 | | | |
| 6 | Bruttopreis | 1.800,00 € | |
| 7 | Mehrwertsteuer (19%) | 287,39 € | |
| 8 | Nettopreis | 1.512,61 € | |

a) Bestätige durch Rechnung, dass der Wert in Zelle **B3** wirklich 275,50 € ist.

b) Mit welcher Formel wird die Mehrwertsteuer in Zelle **B3** berechnet?

c) Gib die Formel für die Zelle **B4** an.

d) Welche der folgenden Formeln wird in Zelle **B8** benutzt? Begründe.
① =B6*100/119    ② =B7−19/100
③ =(B6/119)*19    ④ =(B6/100)*19

$$\frac{x+y}{2}$$

**12** Mit einem Tabellen-kalkulationsprogramm lässt sich eine **dynamische Formelsammlung** erstellen.

a) Erkläre, wie das Tabellen-blatt rechts aufgebaut ist.

b) Erkläre, wie die Höhe des Quaders in Zelle **G11** berechnet wird.

c) Gib die Formeln an, die in den Zellen **C11**, **C12**, **G12**, **C19** und **C20** eingegeben wurden.

d) Erstelle selbst eine dyna-mische Formelsammlung, indem du zunächst das vorliegende Tabellenblatt

↻ 051-1
Unter diesem Webcode kann die Seite zum Quader abgerufen werden.

| | A | B | C | D | E | F | G | |
|---|---|---|---|---|---|---|---|---|
| 1 | | | | | | | | |
| 2 | | | | | | | | |
| 3 | **Quader** | | | | | | | |
| 4 | | | | | | | | |
| 5 | | | | | | | | |
| 6 | Gegeben: | | | | Gegeben: | | | |
| 7 | Länge | $a =$ | 3,5 | | Volumen | $V =$ | 72 | |
| 8 | Breite | $b =$ | 2,7 | | Länge | $a =$ | 3 | |
| 9 | Höhe | $h =$ | 4,2 | | Breite | $b =$ | 6 | |
| 10 | Gesucht: | | | | Gesucht: | | | |
| 11 | Volumen | $V =$ | 39,69 | | Höhe | $h =$ | 4 | |
| 12 | Oberfläche | $A_o =$ | 41,58 | | Oberfläche | $A_o =$ | 108 | |
| 13 | | | | | | | | |
| 14 | Gegeben: | | | | | | | |
| 15 | Oberfläche | $A_o =$ | 134,5 | | | | | |
| 16 | Länge | $a =$ | 4 | | | | | |
| 17 | Breite | $b =$ | 5 | | | | | |
| 18 | Gesucht | | | | | | | |
| 19 | Höhe | $h =$ | 5,25 | | | | | |
| 20 | Volumen | $V =$ | 105 | | | | | |
| 21 | | | | | | | | |

Prozentrechnung \ **Quader** / Würfel / Rech

überträgst und später weitere Blätter anlegst wie z. B. für den Würfel. Nutze dazu im Menü unter **Start → Einfügen → Blatt einfügen** bzw. **Einfügen → Tabellenblatt**.

**13** Wenn ein Autofahrer ein Hindernis sieht und bremsen muss, vergeht zu-nächst die **Reaktionszeit**, bis er das Bremspedal überhaupt betätigt. In dieser Zeit fährt das Auto ungebremst weiter.

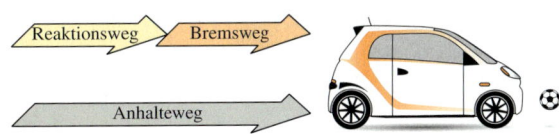

Nach Betätigen des Bremspedals benötigt das Auto selbst bei einer Vollbremsung noch eine gewisse Strecke, um zum Stillstand zu kommen. Diese Strecke nennt man den **Bremsweg**.

Ist $v$ die Geschwindigkeit (in $\frac{km}{h}$), die das Tachometer beim Entdecken des Hindernis zeigt, dann gilt die Faustformel: „Der Reaktionsweg (in Metern) ist $v$ dividiert durch 10 und multipliziert mit 3.“

Für den Bremsweg gilt die Faustformel: „Multipliziere $v$ mit sich selbst, dividiere durch 100“. Reaktionsweg und Bremsweg ergeben zusammen den **Anhalteweg**.

| | A | B | C | D |
|---|---|---|---|---|
| 1 | Geschwindigkeit $v$ | Reaktionsweg | Bremsweg | Anhalteweg |
| 2 | (in km/h) | (in m) | (in m) | (in m) |
| 3 | 30 | 9 | 9 | 18 |
| 4 | 50 | 15 | 25 | 40 |
| 5 | 70 | 21 | 49 | 70 |
| 6 | 100 | 30 | 100 | 130 |

a) Gib die Formeln an, mit denen die Inhalte der Zellen **B3**, **C3** und **D3** berechnet werden.

b) Ist man übermüdet oder steht man unter Einfluss von Alkohol oder Medikamenten, so verlängert sich die Reaktionszeit. Ein realistischer Reaktionsweg ergibt sich dann z. B. dadurch, dass man $v$ durch 2 dividiert. Was muss in der Tabelle verändert werden?

c) Liegen völlig ideale Bedingungen vor, also eine trockene Straße und gute Bremsbeläge, so kann sich der Bremsweg auf bis zu 40 % des Wertes der Faustformel verkürzen. Was muss in der Tabelle verändert werden?

# Geschwindigkeiten im Sonnensystem

**1** Der Erdäquator (Umfang der Erde) hat eine Länge von ca. 40 000 km.
Berechne die Zeit, die man für diese Strecke braucht, wenn man pro Tag die folgende Entfernung zurücklegen würde:
a) 15 km am Tag zu Fuß
b) 800 km am Tag mit dem Auto
c) 8600 km am Tag mit dem Flugzeug

**BEACHTE**
Schlage die benötigten Entfernungen in der Formelsammlung bzw. im Tafelwerk nach.

**2** Die Lichtgeschwindigkeit ist eine Naturkonstante. Sie besagt, dass ein Lichtstrahl im Vakuum eine Strecke von rund 300 000 km pro Sekunde zurücklegt.
a) Welche Zeit benötigt ein Lichtstrahl von der Erde bis zum Mond?
b) Welche Zeit vergeht, bis das Licht von der Sonne bis zur Erde gelangt?
c) Welchen Weg legt das Licht in
   – einer Minute,
   – einer Stunde,
   – einem Tag,
   – einem Monat,
   – einem Jahr zurück?

**3** Die Erde bewegt sich in 365 Tagen und sechs Stunden einmal um die Sonne. Während dieser Zeit legt sie eine Strecke von 940 126 643 km um die Sonne zurück.
a) Schlage im Physikbuch o. Ä. den Aufbau des Sonnensystems nach.
b) Berechne die durchschnittliche Geschwindigkeit der Erde auf ihrem Weg um die Sonne.

**4** In 24 Stunden dreht sich die Erde einmal um ihre eigene Achse. Jeder Ort auf dem Äquator legt dabei eine Strecke von 40 000 km zurück.
a) Nenne drei Orte auf dem Äquator.
b) Wie groß ist die Durchschnittsgeschwindigkeit eines Ortes?
c) Wie lange würde ein Auto benötigen, um die Erde auf einer Straße um den Äquator zu umfahren, wenn das Auto gleichmäßig $80 \frac{km}{h}$ fahren würde?

**5** Der Himmelskörper Pluto ist weit von der Sonne entfernt. Er bewegt sich mit einer durchschnittlichen Geschwindigkeit von ca. $17 064 \frac{km}{h}$ um die Sonne und legt bei einem Umlauf eine Strecke von 37 026 354 528 km zurück. Wie lange braucht der Pluto für eine Sonnenumkreisung?

**6** Der Mond hat sich nach 27,3 Tagen einmal um die Erde bewegt und dabei 2 405 894 km zurückgelegt. Vergleiche seine Geschwindigkeit mit der Weltrekordgeschwindigkeit des TGV (von $574{,}8 \frac{km}{h}$) und mit der Lichtgeschwindigkeit. Beginne beim Ordnen mit der kleinsten Geschwindigkeit.

**7** Die kürzeste Entfernung zu einer anderen Galaxis, der Andromeda-Galaxis, beträgt etwa $2 \cdot 10^{19}$ km. Wie lange würde ein Raumschiff bis zu dieser Galaxis benötigen, wenn es mit Lichtgeschwindigkeit fliegen könnte? Nutze Aufgabe 2 c.

# Lineare Funktionen erkennen und darstellen

## Erforschen und Entdecken

**1** Einmal in der Woche treffen sich die Radfahrer vom Fahrradclub „Zugvögel" um 18 Uhr zum Training. Gefahren wird in drei Leistungsgruppen. Die langsame Gruppe fährt mit einer Durchschnittsgeschwindigkeit von $20\,\frac{km}{h}$, die schnelle Gruppe mit einer Durchschnittsgeschwindigkeit von $30\,\frac{km}{h}$.

a) Vergleiche die gefahrenen Strecken der langsamen und der schnellen Gruppe nach einer halben Stunde, nach einer Stunde, nach 1,25 h und nach 2 h.
Lege eine Wertetabelle an.

b) Veranschauliche die Situation in einem geeignet gewählten Koordinatensystem.
Darf man die Punkte jeder Gruppe miteinander verbinden? Wenn ja, verbinde sie.

c) Wie würde das Schaubild der mittleren Gruppe aussehen? Skizziere es.

**2** Zwei Vasen werden unter dem Wasserhahn mit Wasser gefüllt.

a) Beschreibe, wie sich der Wasserstand in den beiden Gefäßen verändert.

b) Begründe, welcher Graph zu welcher Vase gehört.

c) Wie sehen die beiden Graphen aus, wenn zu Beginn schon jeweils 10 cm hoch Wasser in den Vasen ist? Zeichne sie.

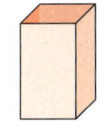

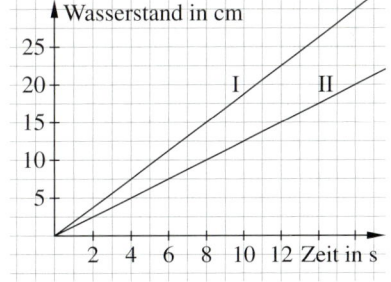

d) Erfinde selbst zwei Füllgraphen. Überlege dir zunächst, wie hoch das Wasser am Anfang im Gefäß steht und um wie viel Zentimeter der Wasserstand pro Minute steigt.
Schreibe jeweils auf eine Karteikarte die entsprechende Wertetabelle und zeichne auf eine andere Karte den Füllgraphen.

e) Arbeite zu viert zusammen und vermischt eure Karten. Spielt mit den Karten Memory und ratet, welche Füllgraphen jeweils zu den Wertetabellen passen.

**3** Erkunde mit Hilfe einer dynamischer Geometrie-Software:

a) Wie verhält sich der Graph einer linearen Funktion, wenn man die Steigung $m$ und den $y$-Achsenabschnitt $n$ ändert? Konstruiere dazu den Graphen rechts im Bild nach.

b) Untersuche eine Gerade, die zur Gleichung $y = mx - 1$ gehört: Vergleiche die Geraden, die sich ergeben, wenn $m$ nacheinander die Werte 2; 1; $\frac{1}{2}$; 0 und −1 annimmt.

c) Warum wird der Wert $n$ als $y$-Achsenabschnitt bezeichnet?

d) Notiere die Werte von $m$ und $n$, für die die Gerade durch die Punkte $(0|-2)$ und $(1|0)$ verläuft.

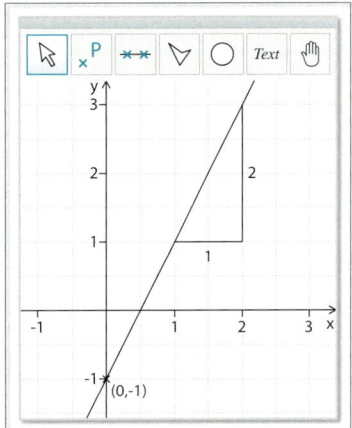

## Lesen und Verstehen

An einem herrlichen Sonntag vergnügen sich die Kinder der Familie Klausen im Plansch-becken, das 30 cm tief mit Wasser gefüllt ist. Dabei geht viel Wasser über den Rand verloren.

Der Wasserstand im Pool kann dargestellt werden durch eine eindeutige Zuordnung *Zeit → Wasserstand*.
Jeder Minute kann genau ein Wasserstand zugeordnet werden.

> **b** Eine Zuordnung, bei der jedem *x*-Wert genau ein *y*-Wert zugeordnet wird, heißt **Funktion**.

**BEISPIEL 1**

Wasser-
verlust

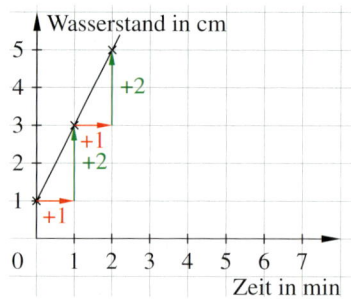

| *x* | Zeit (in min) | 0 | 10 | 20 | 30 | 40 | 50 | 60 |
|---|---|---|---|---|---|---|---|---|
| *y* | Wasserstand (in cm) | 30 | 26 | 26 | 16 | 10 | 8 | 1 |

**BEACHTE**
Der *x*-Wert einer Funktion wird auch als **Argument** bezeichnet. Den *y*-Wert nennt man auch **Funktionswert**.

Am Abend beträgt der Wasserstand nur noch 1 cm. Herr Klausen füllt das Becken wieder gleichmäßig mit dem Schlauch. Pro Minute steigt das Wasser um 2 cm.

Um die **Wertetabelle** einer Funktion zu erstellen, berechnet man für jedes *x* den zugehörigen *y*-Wert.

Mit Hilfe der Wertetabelle kann man den **Funktionsgraphen** zeichnen.

Der zu *x* gehörende *y*-Wert kann durch einen Funktionsterm *f*(*x*) berechnet werden.
Die Gleichung *y* = *f*(*x*) nennt man die **Funktionsgleichung**.

**BEACHTE**
Eine **proportionale Funktion** ist eine besondere lineare Funktion mit $n = 0$:
$y = m \cdot x$ bzw.
$f(x) = m \cdot x$

> **b** Eine Funktion mit der Funktionsgleichung $y = f(x) = mx + n$ heißt **lineare Funktion**.
> Ihr Graph ist eine Gerade.
> Der Faktor *m* heißt **Steigung** der Funktion.
> Die Variable *n* heißt *y*-**Achsenabschnitt**.

Die Größe der Steigung *m* gibt an, um wie viel sich der Funktionswert *y* verändert, wenn sich der *x*-Wert um 1 verändert.
Je größer der Betrag der Steigung, desto steiler verläuft die Gerade.

Der Schnittpunkt des Graphen mit der *y*-Achse ist der *y*-Achsenabschnitt *n*.

**BEISPIEL 2**

| *x* | Zeit (in min) | 0 | 1 | 2 | 3 | 4 | 5 |
|---|---|---|---|---|---|---|---|
| *y* | Wasserstand (in cm) | 1 | 3 | 5 | 7 | 9 | 11 |

Das Nachfüllen des Wassers stellt eine lineare Funktion dar. Der Graph ist eine Gerade.

$$y = 2x + 1 \qquad \text{oder}$$
$$f(x) = 2x + 1 \qquad (\text{„}f \text{ von } x \text{ gleich } 2x + 1\text{“})$$

Für $x = 3$ gilt: $\quad y = 2 \cdot 3 + 1 = 7$ oder
$$f(3) = 2 \cdot 3 + 1 = 7$$
Nach 3 min beträgt der Wasserstand 7 cm.

Erhöht sich der *x*-Wert um 1 Einheit, dann erhöht sich der *y*-Wert um 2 Einheiten.
Die Funktion hat die Steigung $m = 2$.
Der *y*-Achsenabschnitt ist $n = 1$.

# Basisaufgaben

**1** Trage die Werte in ein Koordinatensystem ein und zeichne den Graphen der Funktion.

a)

| $x$ | 0 | 1 | 2 | 3 | 4 | 5 | 6 |
|---|---|---|---|---|---|---|---|
| $y$ | 1,5 | 3 | 4,5 | 6 | 7,5 | 9 | 10,5 |

b)

| $x$ | 0 | 1 | 2 | 3 | 4 | 5 | 6 |
|---|---|---|---|---|---|---|---|
| $y$ | 2 | 4 | 6 | 8 | 10 | 12 | 14 |

c)

| $x$ | 0 | 2 | 4 | 6 | 8 | 10 | 12 |
|---|---|---|---|---|---|---|---|
| $y$ | 6 | 5 | 4 | 3 | 2 | 1 | 0 |

d)

| $x$ | −3 | −2 | −1 | 0 | 1 | 2 | 3 |
|---|---|---|---|---|---|---|---|
| $y$ | −1 | 0 | 1 | 2 | 3 | 4 | 5 |

**2** Lege eine Wertetabelle an und zeichne die Graphen der Funktionen. Gib die Steigung $m$ und den $y$-Achsenabschnitt $n$ an.
a) $y = 3x + 2$
b) $y = 2x + 1$
c) $y = 1,5x + 0,5$
d) $y = -1x + 2$
e) $f(x) = 0,5x + 1$
f) $f(x) = -2,5x - 1$

**3** Stelle die Funktionsgleichungen auf, lege jeweils eine Wertetabelle an und zeichne die Graphen der linearen Funktionen.
**BEISPIEL** $m = 4$; $n = 1$; $y = 4x + 1$
a) $m = 2$; $n = 3$
b) $m = -3$; $n = 5$
c) $m = 3$; $n = 0,5$
d) $m = -5$; $n = 2,2$
e) $m = 4$; $n = -2$
f) $m = 0,5$; $n = -2$

**4** Durch die Wertetabelle wird eine lineare Funktion beschrieben.

| $x$ | 0 | 1 | 2 | 3 | 4 | 5 | 6 | 7 |
|---|---|---|---|---|---|---|---|---|
| $y$ | | | 3,5 | 5 | 6,5 | | | |

a) Übertrage die Tabelle in dein Heft und ergänze die fehlenden Werte.
b) Zeichne den Graphen der Funktion.
c) Welche der folgenden Funktionsgleichungen passt zu der Funktion? Begründe.
  ① $y = 1,5x + 3,5$   ② $y = 1,5 + 1x$
  ③ $y = 1,5x + 0,5$   ④ $y = 3,5x + 1,5$

**5** Berechne jeweils den $y$-Wert für $x = -3$; $x = 0$; $x = 2$ und $x = 13$.
**BEISPIEL** $f(-3) = 3 \cdot (-3) + 4,5 = -4,5$
a) $f(x) = 3x + 4,5$
b) $f(x) = 2x + 2$
c) $f(x) = 4x - 3$
d) $f(x) = 8,2x - 4,2$

**6** Lies zunächst den $y$-Achsenabschnitt $n$ und die Steigung $m$ ab. Gib dann die Funktionsgleichung der linearen Funktion an.

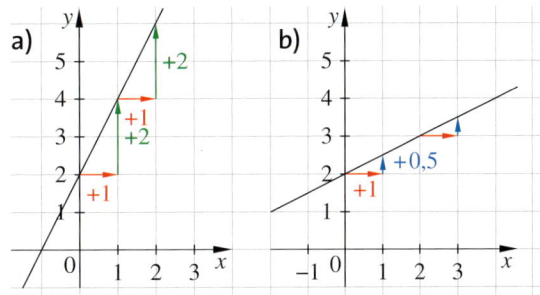

**7** Übertrage die Punkte aus der Wertetabelle in ein Diagramm. Prüfe, ob es sich um eine lineare Funktion handelt. Falls ja, gib die Funktionsgleichung an.

a)

| $x$ | 0 | 1 | 2 | 4 | 6 |
|---|---|---|---|---|---|
| $y$ | 15 | 13 | 11 | 7 | 3 |

b)

| $x$ | −1 | 0 | 1 | 2 | 3 |
|---|---|---|---|---|---|
| $y$ | 8 | 10 | 13 | 15 | 18 |

c)

| $x$ | −2 | 0 | 2 | 4 | 6 |
|---|---|---|---|---|---|
| $y$ | −6 | 0 | 6 | 12 | 18 |

**8** Die Tabelle zeigt den Tankinhalt eines Pkw bei einer Autobahnfahrt.

| Strecke (in km) | 0 | 50 | 100 | 150 | 200 | 250 |
|---|---|---|---|---|---|---|
| Tankinhalt (in ℓ) | 55 | 51 | 47 | | | |

a) Ergänze die Wertetabelle im Heft.
b) Stelle den Sachverhalt grafisch dar.
c) Gib die Funktionsgleichung an.

**9** Frau Ates least einen Pkw. Sie zahlt 5000 € an und muss jeden Monat eine Leasingrate von 250 € zahlen.
a) Wie viel hat sie nach 1 Monat (2 Monaten, 3 Monaten) bezahlt?
b) Erstelle eine Wertetabelle und zeichne den Graphen.
c) Gib die Funktionsgleichung an.
d) Wie viel hat sie nach 3 Jahren gezahlt?

**10** Welche Graphen in der Randspalte sind Funktionen, welche linear? Begründe.

**NACHGEDACHT**
Wie viele Funktionswerte muss man mindestens berechnen, um eine lineare Funktion zeichnen zu können?

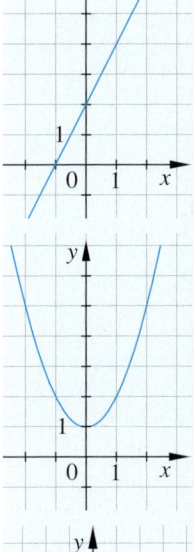

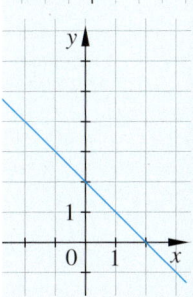

# Weiterführende Aufgaben

**NACHGEDACHT**
Welche Annahme muss man in Aufgabe 11 machen, um den Sachverhalt durch eine lineare Funktion beschreiben zu können?

**11** ➡ Lineare Funktionen lassen sich auf verschiedene Weisen darstellen. Übertrage die Tabelle in dein Heft (Querformat) und vervollständige sie. Denke dir weitere Beispiele aus.

| Sachverhalt | Funktionsgleichung | Wertetabelle | | | | Graph |
|---|---|---|---|---|---|---|
| Kontoführungsgebühr Grundgebühr 2,50 € 0,50 € pro Buchung | $y = 0,5x + 2,5$ | $x$: 3, 6, 9, 12 $y$: | | | | |
| Taxifahrt | | $x$: 0, 5, 10, 15 $y$: 2,2, 9,7, 17,2, 24,7 | | | | |
| Federpendel Verlängerung $y$; Masse $x$ | $y = 2x$ | | | | | |
| Kerze | | | | | | |

⟳ 056-1
Unter dem Webcode gibt es eine interaktive Übung zu Pfeildiagrammen, die Funktionen beschreiben.

**12** Ist die Funktion linear? Begründe. Wenn ja, gib eine Funktionsgleichung an.

a)
| $x$ | −3 | −2 | −1 | 0 | 1 | 2 | 3 |
|---|---|---|---|---|---|---|---|
| $y$ | 5 | 2 | 5 | 1 | 5 | 6 | 1 |

b)
| $x$ | 0 | 1 | 2 | 3 | 4 | 5 | 6 |
|---|---|---|---|---|---|---|---|
| $y$ | 2 | 3 | 5 | 7 | 11 | 13 | 17 |

c)
| $x$ | −15 | −10 | −5 | 0 | 5 | 10 | 15 |
|---|---|---|---|---|---|---|---|
| $y$ | −3 | −2 | −1 | 0 | 1 | 2 | 3 |

**13** Zeichne ohne Wertetabelle die Gerade mit der Funktionsgleichung $f(x) = 2x + 1$.

**14** Welche Gleichung passt? Begründe.
a) Ein Haar ist 12 cm lang. Es wächst pro Monat um 0,8 cm.
① $y = 12x + 0,8$   ② $y = 0,8x + 12$
b) Die Bereitstellung eines Busses kostet 360 €. Pro km werden 55 Cent berechnet.
① $f(x) = 0,55x + 360$   ② $y = 55x + 360$

**15** ➡ Die Tabelle zeigt die Masse eines Betonmischers bei verschiedenen Ladungen.

| Betonvolumen (in m³) | 1 | 2 | 3 | 4 |
|---|---|---|---|---|
| Masse des Lkws (in t) | 13 | 15,4 | 17,8 | 20,2 |

a) Begründe, warum durch die Wertetabelle eine lineare Funktion dargestellt wird.
b) Zeichne den Graphen der Funktion.
c) Lies aus der Zeichnung ab, wie viel der Betonmischer ohne Ladung etwa wiegt.
d) Gib die Funktionsgleichung an.

**16** Nach einem Fußballspiel verlassen die 56 000 Zuschauer das Stadion durch die vier Ausgänge. Pro Minute gehen durch jeden Ausgang etwa 220 Zuschauer.
a) Gib eine Funktionsgleichung an für die Anzahl der Zuschauer, die nach $x$ Minuten noch im Stadion sind.
b) Wie viele Zuschauer befinden sich nach 25 Minuten noch im Stadion?

**17** ➡ Taxi Weber verlangt 1,40 € pro gefahrenem Kilometer, aber keine Grundgebühr. Bei Taxi Reni zahlt man 2,50 € für die Anfahrt des Taxis und 1,30 € pro gefahrenem Kilometer.
a) Stelle je eine Funktionsgleichung auf.
b) Erstelle jeweils eine Wertetabelle für 0 km, 5 km, 10 km, …, 30 km.
c) Zeichne die beiden Graphen in ein Koordinatensystem.
d) Ist eines der Taxiunternehmen günstiger? Begründe.
e) Bei welcher Streckenlänge sind die beiden Unternehmen gleich teuer?

**18** Ein Schwimmbecken wird geleert. Der Wasserstand beträgt zunächst 2,5 m und sinkt pro Stunde um 0,15 m.
a) Lege eine Wertetabelle an.
b) Veranschauliche das Leeren des Beckens durch einen Funktionsgraphen.
c) Warum liegt eine lineare Funktion vor?
d) Welche Steigung und welchen $y$-Achsenabschnitt hat die Funktion?
Gib die Funktionsgleichung an.

**19** In einer Badewanne sind 150 ℓ Wasser. Der Abfluss ist verstopft, deshalb läuft das Wasser nur mit 12 Litern pro Minute ab.
a) Wie viel Wasser ist nach 1 min (2 min, 4 min, 6 min, 12 min) noch in der Wanne? Erstelle eine Wertetabelle.
b) Stelle einen Term zur Berechnung der Wassermenge $w$ in Abhängigkeit von der Zeit $t$ in Minuten auf.
c) Nach wie viel Minuten sind nur noch 90 Liter Wasser in der Badewanne?
d) Berechne, wie lange es dauert, bis die Badewanne leer ist.

**20** ➡ Der Graph einer Geraden wird durch $y = 3x + 4$ beschrieben.
a) Gib die Gleichung einer Zuordnung an, deren Graph durch den Ursprung und parallel zu dieser Geraden verläuft.
b) Kilian sagt: „Das ist doch dann der Graph einer proportionalen Zuordnung." Stimmt das?

**21** ➡ Zwei verschieden dicke Kerzen aus gleichem Material brennen ganz ab. Das Diagramm zeigt, wie sich ihre Höhe dabei verändert.

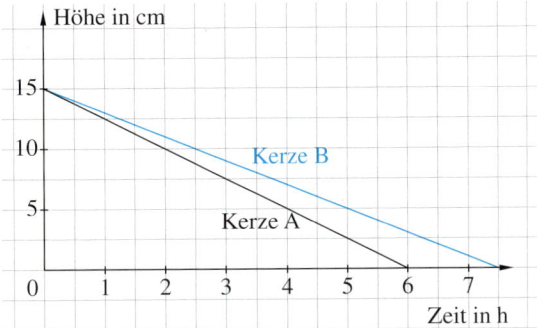

a) Gib die Brenndauer der Kerzen an.
b) Beschreibe die Form der beiden Kerzen.
c) Gib je eine Funktionsgleichung an.
d) Welche der Funktionsgleichungen beschreibt den Abbrennvorgang einer 18 cm hohen zylinderförmigen Kerze mit einer Brenndauer von 20 Stunden?
① $y = 18 - 20x$        ② $y = 20 - 18x$
③ $y = 18 - 0,9x$       ④ $y = 20 - 0,9x$
⑤ $y = 18 + 0,9x$       ⑥ $y = 18 - 0,2x$

**22** ➡ Erkläre die Abbildung. Bilde dazu Sätze wie: „Jede Funktion ist auch eine …" und „Eine Funktion muss nicht …".

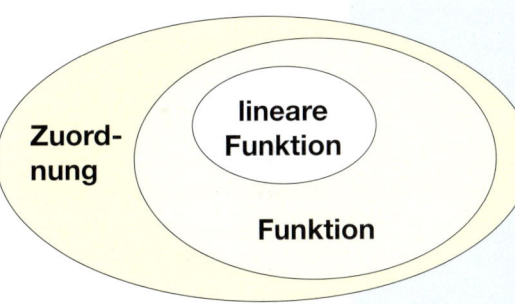

**23** Gegeben sind die drei Punkte $A\,(3|1)$, $B\,(0|4)$ und $C\,(2|-1)$.
Durch welche zwei der drei Punkte kann man eine Gerade mit einer positiven Steigung zeichnen?
Wie groß ist die Steigung?

**24** Eine Gerade verläuft durch den Punkt $P\,(3|4)$ und hat die Steigung $m = 2$.
a) Bestimme die Funktionsgleichung.
b) Ermittle die Funktionsgleichung einer Geraden, die auch durch $P$ geht, aber senkrecht zur ersten Gerade verläuft.

# Methode: Modellieren

**Modellieren** heißt, einen Zusammenhang aus der realen Welt in mathematische Sprache zu übertragen. Dabei geht man in vier Schritten vor.

① **Mathematisieren**

Die Informationen aus einer Situation werden in einen mathematischen Zusammenhang gebracht, zum Beispiel als Term, Gleichung oder Zeichnung.

② **Lösen**

Der mathematische Zusammenhang wird bearbeitet, zum Beispiel wird ausgerechnet oder gemessen.

③ **Interpretieren**

Die Ergebnisse werden auf die Situation bezogen.

④ **Überprüfen und Bewerten**

Es wird überprüft, ob die Ergebnisse in der Situation sinnvoll sind und ob das Problem vollständig gelöst ist.

Im Schaubild sind die vier Schritte und ihr Bezug zueinander übersichtlich dargestellt.

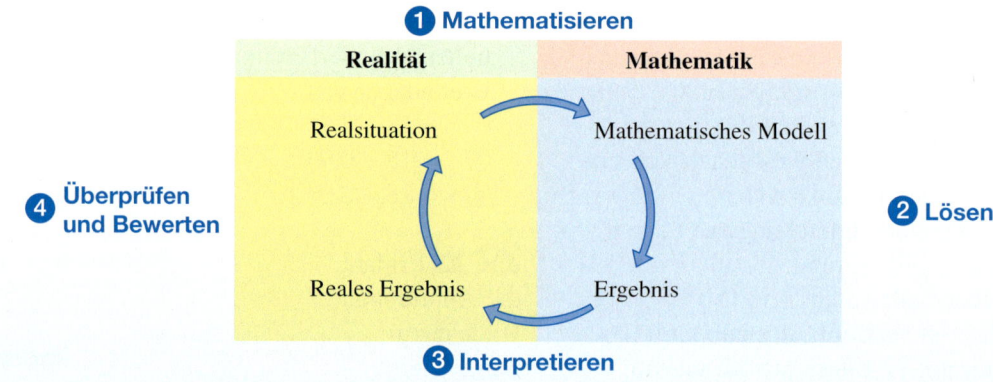

**BEISPIEL** Die Stadt Hamburg hatte im Jahr 1970 (also für $x = 0$) rund 1 794 000 Einwohner. Acht Jahre später (also für $x = 8$) waren es rund 1 665 000.

Wie viele Einwohner waren es im Jahr 1976?

① **Mathematisieren**: Man kann annehmen, dass eine lineare Zuordnung vorliegt. Die Funktion, die jedem Jahr $x$ die Einwohnerzahl (in Tausend) zuordnet, wäre dann
$f(x) = -16 \cdot x + 1794$

② **Lösen**: $x = 6$ und
$f(6) = -16 \cdot 6 + 1794 = 1698$

③ **Interpretieren**: Die Einwohnerzahl in 1976 betrug 1 698 000.

④ **Überprüfen und Bewerten**:

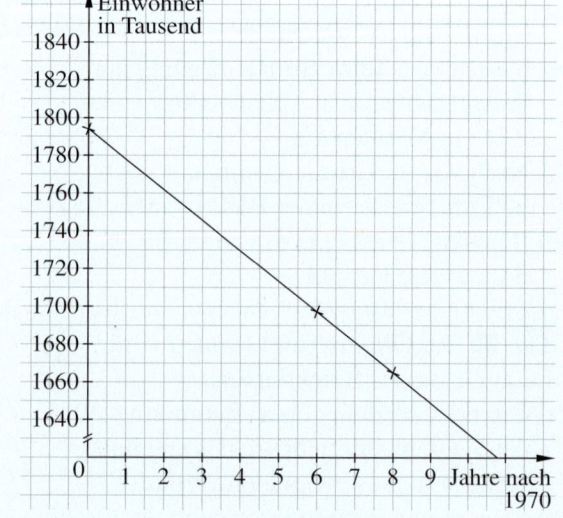

Tatsächlich waren es 1 699 000 Einwohner.

Das Modell macht also eine recht gute Aussage. Für einen langen Zeitraum passt es aber nicht, denn dann gäbe es in Hamburg irgendwann keine Einwohner mehr.

**25** Ein Gefäß steht unter einem tropfenden Wasserhahn. Durch die Gleichung $y = 10 + 2x$ wird die Höhe des Wasserstandes (in cm) in Abhängigkeit von der Zeit $x$ (in h) angegeben.
a) Um wie viel Zentimeter steigt der Wasserstand in einer Stunde?
b) Ist zu Beginn der Beobachtung schon Wasser im Gefäß? Begründe.
c) Welche Form kann das Gefäß haben? Welche Form hat es sicher nicht?
d) Was würde sich an der Gleichung ändern, wenn man ein schlankeres Gefäß wählt?

**26** Ein Mann kann pro Stunde und pro Kilogramm Körpergewicht etwa 0,1 g Alkohol abbauen. Wissenschaftler haben herausgefunden, dass der Abbau von Alkohol im Blut in etwa linear abläuft.
Ein Glas Bier (200 ml) enthält ungefähr 8 g reinen Alkohol.
Ein Mann wiegt 90 kg. Er hat auf einem Gartenfest drei Gläser Bier getrunken.
a) Wie viel Gramm Alkohol hat der Mann im Blut? Wie viel Gramm Alkohol kann er nach den Modellannahmen pro Stunde abbauen?
b) Stelle eine Funktionsgleichung auf, die die Menge des Restalkohols (in g) in Abhängigkeit von der Zeit $x$ (in h) angibt.
c) Wie lange dauert es, bis der Alkohol im Blut des Mannes vollständig abgebaut ist? Gib die Zeit in Stunden und Minuten an.
d) Mit der folgenden Formel kann man ausrechnen, wie hoch der Promillewert im Blut ist:
**Promillewert = Alkoholmenge (in g) : Körperflüssigkeit (in kg)**
Dabei gilt für einem erwachsenen Mann **Körperflüssigkeit = Körpergewicht · 0,7**.
Welchen Promillewert hätte der Mann dann nach Genuss der drei Gläser Bier? Runde auf zwei Nachkommastellen.
e) Wie viel Gramm Alkohol dürfen noch im Blut des Mannes sein, damit er gerade unterhalb der 0,3-Promille-Grenze liegt?
f) Für Frauen gilt **Körperflüssigkeit = Körpergewicht · 0,6**. Welchen Promillewert hätte dann eine 60 kg schwere Frau nach drei Gläsern Bier?
g) Bei Frauen wird pro Stunde und Kilogramm Körpergewicht weniger Alkohol abgebaut. Begründe, welche Gerade zu wem gehört.

**BEACHTE** Der Alkohol gelangt nicht sofort ins Blut, sondern mit einer gewissen zeitlichen Verzögerung. Das wird in diesem Modell nicht berücksichtigt.

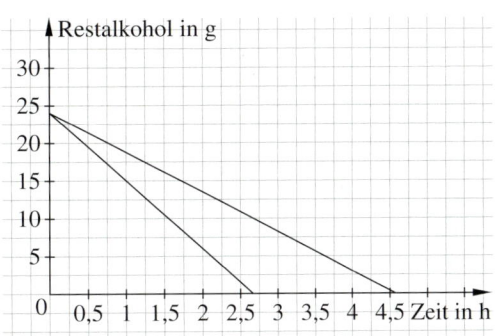

**27** Die Physiklehrerin schlägt ihrer Klasse vor, die Länge von Kabeln durch Gewichtsmessungen zu ermitteln. Sie behauptet, es würde genügen, von zwei verschieden langen Kabeln Gewicht und Länge zu kennen. Damit könne man dann die Länge anderer Kabel allein über das Wiegen bestimmen.
a) Was hat die Physiklehrerin stillschweigend vorausgesetzt?
b) Aus den Messungen ergeben sich zwei Punkte. Sie werden in einem Diagramm eingezeichnet. Auf der $x$-Achse wird die Länge und auf der $y$-Achse das Gewicht abgetragen. Die beiden Punkte werden durch eine Gerade verbunden. Welche Bedeutung hat hier die Steigung der Gerade? Wofür steht der $y$-Achsenabschnitt?
c) Führt einen entsprechenden Versuch mit Kabeln aus dem Physiksaal durch.

# Vermischte Übungen

**1** Prüfe durch Einsetzen, welche der Zahlen $-3$; $-2$; $-1$; $0$; $1$; $2$ oder $3$ die Gleichung löst.
a) $3(2x-3)=9$
b) $y-(2y-4)=4$
c) $5a=2(a-3)$
d) $(2b+3):3=b+2$

**2** Löse die Gleichungen.
a) $3x-8=19$
b) $6x+17=5x$
c) $8-5y=-12$
d) $77-2x=9x$
e) $17=13-16x$
f) $11a=a-7$
g) $11x-14=19$
h) $-4s+8=-12$
i) $3y+2=34-y$
j) $-6b+2=0$

**3** Löse die Gleichungen.
a) $4x-3+2x=33+3x$
b) $5x-4+3x=6x-9$
c) $9x-21-3x=9x-24+x$
d) $3-9x-15=-11x+29+4-x$
e) $9+12x-4=7x+26-10x$
f) $-15y-107=27y-23$
g) $5y-3+22y=21+9y-15$
h) $-17y+9-9y-19=-8y-10+7y$
i) $16y-19-29y=18-11y+y-16$
j) $-13+3y-59-15y+28y=-9y-17$

**BEACHTE**
Die Lösungen zu Aufgabe 3 ergeben in der richtigen Reihenfolge den Namen eines Landes. Auf welchem Kontinent liegt dieses Land?
$-7$ (E); $-2{,}5$ (N); $-2$ (E); $0$ (I); $0{,}5$ (S); $0{,}75$ (D); $1{,}4$ (N); $2{,}2$ (N); $12$ (I); $15$ (O)

**4** Alina und Markus erhalten von ihrem Großvater $45\,€$. Da Markus drei Jahre älter ist, soll er $3\,€$ mehr erhalten. Alinas Betrag ist $x$. Stelle eine passende Gleichung auf und löse sie. Wie viel erhält jeder?

**5** Löse zunächst die Klammern auf und löse dann die Gleichungen.
a) $6(b-1)=7b+13$
b) $3b-1=-5(3-b)$
c) $-3(5b-36)=-4b+9$
d) $3(4+b)=8(b-1)$
e) $-11(b+9)=3(-33-b)$
f) $8(z+1)-(z-7)-5(z+1)=0$
g) $-2(-7+4z)+3(-5+2z)-(17-7z)=0$
h) $4(z+0{,}1)-(z-4)+5(1{,}1z-1{,}9)=0$
i) $-3(2z+4)+8z=-1{,}4z(2-3)-(z+13)$

**6** Hannah wurde vier Jahre vor ihrer Schwester Ulla geboren. In sechs Jahren sind beide zusammen $104$ Jahre alt. Wie alt sind Hannah und Ulla zurzeit?

**7** Ein Großvater ist $50$ Jahre älter als sein Enkel und doppelt so alt wie sein Sohn. Zusammen sind die drei $100$ Jahre alt. Wie alt ist der Enkel, und wie alt sind außerdem der Großvater und dessen Sohn?

**8** Ein $12\,m$ langes Stück Kabel wird so in drei Teile zerschnitten, dass das zweite Stück dreimal so lang ist wie das erste Stück. Das dritte Stück soll $50\,cm$ kürzer als das erste Stück sein. Wie lang ist jedes der drei Stücke?

**9** Löse nach $a$ auf.
a) $u=a+b+c$
b) $y=a+x$
c) $ab=12$
d) $2a+4b=16$
e) $\dfrac{x}{a}=3$
f) $27=3a+6b$
g) $3a-12x=57$
h) $a+\dfrac{b}{2}=2b$
i) $4x+8a=32$
j) $3(a-2)=15y$

**10** Die Schwestern Pia und Melina haben eine Erbschaft gemacht. Pia soll die Hälfte des Geldes erhalten und Melina ein Drittel. $2500\,€$ sollen für ein Kinderheim gespendet werden. Wie viel Euro erhält jede Schwester?

**11** Autofahrer müssen voneinander Abstand halten. In der Fahrschule lernt man für die Länge des Abstandes die folgende Faustregel: „Abstand = halber Tacho". Damit ist gemeint, dass der Abstand $s$ in m die Hälfte der in $\frac{km}{h}$ angegebenen Geschwindigkeit $v$ sein soll: $s=\frac{1}{2}v$.
Berechne im Kopf den jeweils anderen Wert.
a) $v=50\,\frac{km}{h}$
b) $v=70\,\frac{km}{h}$
c) $s=65\,m$
d) $s=62{,}5\,m$

**12** Überprüfe die angegebene Lösung durch Rechnen der Probe. Gib gegebenenfalls die richtige Lösung an.
a) $5x-1{,}5=8{,}5$; $x=2$
b) $12-3x=5{,}4$; $x=2{,}2$
c) $x-0{,}8=2{,}34$; $x=3{,}04$
d) $3{,}2x-6{,}24=4$; $x=4$
e) $\dfrac{x}{4}=4{,}6$; $x=18$
f) $\dfrac{1}{6}x=\dfrac{3}{4}$; $x=4{,}5$

**13** Wie lautet die Formel für die Winkelsumme im Dreieck? Stelle um und berechne.

|  | $\alpha$ | $\beta$ | $\gamma$ |
|---|---|---|---|
| a) |  | 30° | 65° |
| b) |  | 40° | 55° |
| c) | 60° | 74° |  |
| d) | 82° | 22,2° |  |
| e) | 19,5° |  | 58,5° |
| f) | 73,3° |  | 45,2° |

**14** Ordne den Gleichungen die Lösungen zu. Die Lösungen ergeben in der Reihenfolge der Aufgaben das englische Wort für Gleichung.

a) $4(x+2) = -2(x-13)$

b) $5 - (3x+2) = 2x + 13$

c) $3 + (2x-4) = \frac{1}{2}x + 5$

d) $\frac{1}{2}x + 14 = 26$

e) $\frac{3}{4}x + 15 = 21$

f) $\frac{1}{2}x - 33 + x = -42$

g) $10 - \frac{1}{2}x = 25 - x$

h) $-5(x+2) = 2(x+37)$

A 24
I −6
E 3
O 30
U 4
T 8
Q −2
N −12

**15** Löse die Gleichung.

$$50 + 4x^2 - 2(-3,5x) + 2x(5-2x) = 3(5x+19)$$

**16** Der Grundriss eines Gebäudes ist rechteckig mit 176 m Umfang. Die Längsseite ist dreimal so lang wie die kürzere Seite. Welche Abmessungen hat das Gebäude?

**17** Tanja kauft für ihre Sprachreise Bücher ein: einen Reiseführer über London, ein Handwörterbuch und einen Roman. Der Reiseführer ist 2 € teurer als der Roman und 5 € billiger als das Wörterbuch. Sie zahlt 30 €. Was kosten die einzelnen Bücher?

**18** Katharina hat für ihren Urlaub eine bestimmte Summe Geld gespart. Gibt sie täglich 12 € aus, reicht ihr Geld neun Tage länger als geplant. Gibt sie aber täglich 17 € aus, muss sie ihren Urlaub um einen Tag verkürzen. Wie lange sollte ihre Urlaubsreise dauern und wie viel Geld hatte Katharina gespart?

**19** Der durchschnittliche Benzinverbrauch eines Fahrzeuges wird in Liter pro 100 km angegeben. Den Verbrauch eines Fahrzeuges berechnet man nach der Formel

$$\text{Verbrauch} = \frac{\text{Kraftstoffmenge} \cdot 100}{\text{zurückgelegte Strecke}}$$

a) Welchen Verbrauch hat ein Fahrzeug, das auf einer Strecke von 700 km 45 Liter Benzin verbraucht hat?

b) Umweltschützer kritisieren, dass es zu viele Autos mit einem hohen Benzinverbrauch gibt. Wie viel Liter Benzin verbraucht ein großes Auto (12,5 ℓ pro 100 km) bei einer Strecke im Jahr von 8000 km mehr als ein Kleinwagen (6 ℓ pro 100 km)?

c) Erstelle mit einem Tabellenkalkulationsprogramm eine Tabelle zur Berechnung des Benzinverbrauchs.

**20** Bei einem Rechteck ist $a = 12$ cm lang. Wenn man beide Rechteckseiten um 4 cm verkürzt, wird der Flächenhalt um 66 cm² kleiner.

a) Berechne die Seitenlänge $b$ des ursprünglichen Rechtecks und seinen Flächeninhalt.

b) Berechne den Umfang des neuen Rechtecks.

**21** Ein Rechteck hat einen Umfang von 60 dm. Verkürzt man eine Seite um 2 dm und verlängert die andere Seite um 1,5 dm, dann entsteht ein Rechteck mit einem genau so großen Flächeninhalt. Berechne die Seitenlängen der beiden Rechtecke.

**22** Löse die Klammern auf und bestimme die Lösung der Gleichung.

a) $(t+3)(t+7) = (t-5)(t+9)$

b) $(3x+4)(x+5) = (33+x)(3x-4)$

c) $(2r+5)(3-r) = 2r(1-r)$

d) $(4a-7)(4a+7) = -8a(7-2a)$

e) $(2x+4)(2x+4) = x(4x+2)$

**23** Löse die Gleichung.

a) $(x+5)^2 = x^2 - 15$   b) $(x-7)^2 = x^2 - 63$

c) $(a-2)^2 = a^2 + 4^2$   d) $(x+6)(x-6) = 13$

e) $(x-1)^2 = (7-x)^2$   f) $2(y^2+7) = 2(y+3)^2$

g) $(y+3)^2 = (y+1)(y-1)$

h) $(3a+2)^2 = 9(a^2 + 1\frac{1}{3})$

**24** Bestimme die Lösung der Gleichung.
a) $(b - 3)^2 - 27 = (4 - b)^2$
b) $(x + 2)^2 = (x + 1)^2 + 9$
c) $(p + 8)^2 = (p - 8)^2$
d) $(4p + 1)^2 - 16p^2 = (p - 2)^2 - p^2$
e) $(3a + 4)^2 = 9a^2 - 32$
f) $(x + 3)^2 + (x + 4)^2 - 1 = 2x^2 - 4$
g) $(4p + 6)^2 + (3p + 5)^2 - 43 = (5p + 6)^2$
h) $(p + 5)^2 - (p - 3)^2 = 12(p + 4)$
i) $(2y + 3)^2 - (y - 4)^2 + 18 = 3(y^2 + 2) - 5$
j) $(2x - 7)^2 + x^2 = (x - 2)(x + 2) + (2x)^2 - 31$
k) $(x - 3)^2 - 27 = (4 - x)^2$

**25** Viele Fahrzeuge können mit einem Gemisch aus Superbenzin und Normalbenzin betrieben werden. 1 Liter Superbenzin kostet 1,32 €, 1 Liter Normalbenzin kostet 1,29 €. Wie viel wurde von jeder Sorte getankt?
a) Herr Nitsche zahlt für 60 Liter 78,15 €.
b) Frau Klar tankt 50 Liter und zahlt 64,86 €.

**26** Ein Motorradfahrer fährt um 8:30 Uhr mit einer Durchschnittsgeschwindigkeit von $60 \frac{\text{km}}{\text{h}}$ in Köln los. Um 9:00 Uhr folgt ihm ein Pkw mit einer Durchschnittsgeschwindigkeit von $75 \frac{\text{km}}{\text{h}}$. Wann holt der Pkw das Motorrad ein? Wie viel Kilometer haben die beiden Fahrzeuge dann zurückgelegt?

**27** Daniela möchte sich mit ihrer Freundin Melanie treffen, die 44 km entfernt wohnt. Sie fährt um 14:00 Uhr mit einer Geschwindigkeit von $16 \frac{\text{km}}{\text{h}}$ los. Melanie fährt ihr um 14:15 Uhr mit ihrem Mofa mit $24 \frac{\text{km}}{\text{h}}$ entgegen.
a) Um wie viel Uhr treffen sich die beiden?
b) Wer von beiden ist dann weiter gefahren?

**28** ➡ Zwei Planschbecken werden gleichmäßig mit Wasser gefüllt. Im ersten Planschbecken steht das Wasser bereits 15 cm hoch. Es steigt jede Minute um 1,5 cm. Im anderen Becken steht das Wasser 20 cm hoch. Es steigt jede Minute um 0,8 cm.
a) Nach wie viel Minuten sind beide Planschbecken gleich hoch gefüllt?
b) Wie hoch steht das Wasser dann?
c) Welches Becken hat eine größere Grundfläche? Begründe.

**29** Dies ist der Graph einer Funktion.

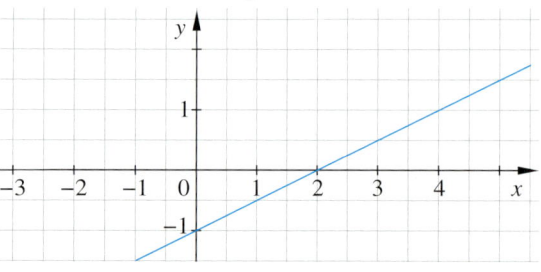

a) Gib die Steigung $m$ und auch $n$ an.
b) Gib die Funktionsgleichung an.
c) Erstelle eine Wertetabelle für −5 bis 5.

**30** Tills Eltern wollen für einen Tag ein Auto leihen. Zur Auswahl stehen:

| Fahrzeug | Leihgebühr pro Tag (in €) | Preis für jeden km (in €) |
|---|---|---|
| Bunto | 32,00 | 0,50 |
| Corso | 46,00 | 1,00 |
| Mondeus | 62,00 | 1,50 |

a) Gib je eine Funktionsgleichung an.
b) Zeichne die drei Graphen.
c) Wie viel kostet der Bunto (der Mondeus), wenn sie damit 70 km fahren?
d) Wie weit können sie für 81 € mit einem Corso (mit einem Bunto) fahren?

**31** Die Firmen A, B und C vermieten denselben Wagentyp. Das Diagramm zeigt die Mietkosten pro Tag.

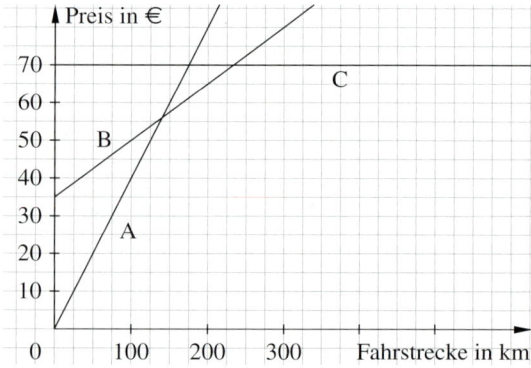

a) Bestimme jeweils die Funktionsgleichung *Fahrstrecke → Mietkosten*.
b) Welche Firma ist am günstigsten?
c) Zeichne einen Graphen zum Angebot der Firma D: Grundpreis 30 €; 100 km frei, danach 0,20 € für jeden Kilometer

**32** ➡ Ein Automodell wird bei einem Autohändler als Dieselfahrzeug und in einer Benzinversion angeboten.
Beide Versionen sind im Anschaffungspreis gleich.
Der Hersteller gibt folgende zu erwartende Kosten an:

| | Benzin-motor | Diesel-motor |
|---|---|---|
| monatliche Fixkosten (Steuer, Versicherung; Wartung) | 190 € | 210 € |
| Durchschnittlicher Kraftstoffverbrauch pro 100 km | 6,5 ℓ | 5 ℓ |

a) Vervollständige die Tabelle, indem du für beide Modelle die monatlich entstehenden Gesamtkosten berechnest (1 Liter Superbenzin kostet 1,30 € und ein Liter Diesel kostet 1,11 €).

| monatlich gefahrene Strecke (in km) | 400 | 600 | 800 | 1000 |
|---|---|---|---|---|
| Gesamtkosten Benzinmotor | | | | |
| Gesamtkosten Dieselmotor | | | | |

b) Bestimme für beide Motoren eine Funktionsgleichung zur Berechnung der monatlichen Gesamtkosten. Dabei soll $x$ die Anzahl der monatlich gefahrenen Kilometer und $f(x)$ die monatlichen Gesamtkosten in € angeben.
c) Zeichne mit Hilfe der Ergebnisse aus a) und b) die zugehörigen Graphen in ein Koordinatensystem.
d) Für welchen Motor sollte man sich entscheiden, wenn man pro Monat 700 km fährt? Begründe.
e) Berechne, ab welcher monatlich zurückgelegten Strecke ein Dieselmotor günstiger ist.
f) Zu den monatlichen Festkosten zählt die Kraftfahrzeugsteuer.
Beschreibe, wie sich die Erhöhung der Kraftfahrzeugsteuer für Benzinfahrzeuge auf deine Antwort in Teil e) auswirken würde.

**33** Eine Geburtstagskerze ist beim Anzünden 8 cm hoch. Alle zwei Minuten wird sie um 8 mm kleiner.
a) Gib eine Funktionsgleichung für die Höhe der Kerze an und zeichne den Graphen.
b) Wann ist die Kerze abgebrannt?
c) Wie lange dauert es, bis die Kerze nur noch halb so lang ist wie zu Beginn?
d) Du findest einen Kerzenrest, der 3 cm lang ist. Wie lange hat die Kerze gebrannt, bevor sie ausgeblasen wurde?
e) Prüfe deine Ergebnisse anhand des Graphen. Markiere die Punkte.

**34** In einem Tierpark ist die Anzahl der Besucher jedes Jahr etwa um die gleiche Zahl gestiegen. Im Jahr 2006 waren es 25 600 Besucher. Im Jahr 2012 waren es 26 950 Besucher.

a) Der Tierpark wurde 2001 eröffnet. Lege eine Tabelle für die Besucherzahlen von 2001 bis 2006 an.
b) Mit wie vielen Besuchern kann man im Jahr 2016 rechnen, wenn die Anzahl der Besucher weiter so gleichmäßig steigt?
c) Überlege, wie realistisch die Modellannahme einer gleichmäßigen Steigung ist.

**35** In einen Behälter (Randspalte) werden pro Minute 200 cm³ einer Flüssigkeit gefüllt.
a) Berechne das Volumen des Behälters.
b) Wie viel Liter Flüssigkeit benötigt man, um den Behälter zu 80 % zu füllen?
c) Wie hoch steht die Flüssigkeit nach 12,5 Minuten des Füllvorgangs?
d) Zeichne den Graphen der Funktion *Zeit (in min)* → *Füllhöhe (in cm)*.
e) Bestimme die Funktionsgleichungen für den Füllvorgang bis 12,5 min und ab 12,5 min.
f) Wie hoch steht die Flüssigkeit, wenn 60 % des Behälters gefüllt sind?

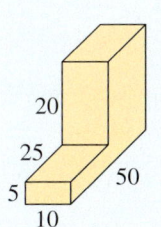

(Angaben in cm)

### Stromtarife

Egal, ob bei der Fahrt mit einem Taxi oder beim Bezahlen der Stromrechnung – immer wieder setzen sich die Kosten ähnlich zusammen.
Unabhängig davon, wie weit man fährt oder wie viele Elektrogeräte man betreibt, zahlt man einen Grundpreis. Der andere Teil des Betrags hängt von der gefahrenen Strecke oder vom Stromverbrauch ab.

Der Energieversorger „A-Strom" verlangt von seinen Kunden einen Grundpreis von 72 € pro Jahr. Pro Kilowattstunde (kWh) zahlen die Kunden 0,25 €.
Das Unternehmen „B-Energie" verlangt einen Grundpreis von 96 € pro Jahr. Dafür zahlen die Kunden nur 24 Cent pro kWh.

a) Familie Harms hat im letzten Jahr 5400 kWh Strom verbraucht. Wie viel hätte die Familie bei jedem der beiden Anbieter bezahlt?

b) Die Strommenge wird mit $x$ (in kWh) bezeichnet. Gib für beide Anbieter einen Term an, mit dem die Kosten für ein Jahr berechnet werden können.

c) Recherchiere, wie viel deine Eltern für Strom pro Jahr bezahlen und wie sich der Rechnungsbetrag zusammensetzt.

d) Bei einem Verbrauch von 4800 kWh hat Familie Yildiz 1248 € für ein Jahr gezahlt. Von welchem Anbieter bezieht die Familie ihren Strom?

e) Ab welchem Jahresverbrauch ist es günstiger, einen Vertrag mit B-Energie zu haben?

f) Zeichne die Graphen für „A-Strom" und „B-Energie" in ein Koordinatensystem. Überlege dir eine sinnvolle Einteilung der $y$-Achse.

g) Wie müsste „A-Strom" seinen Tarif verändern, damit Familie Harms bei einem Jahresverbrauch von 5400 kWh Strom genauso viel zahlt wie bei „B-Energie"?
Finde verschiedene Lösungen.
*Beachte:* Der Preis in Cent pro Kilowattstunde wird in der Regel auf zwei Nachkommastellen genau angegeben.

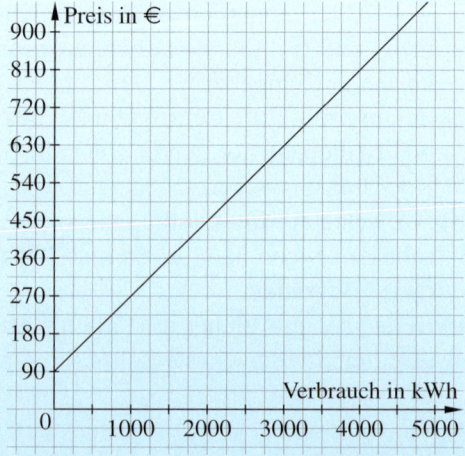

h) Lies aus dem Diagramm rechts den Grundpreis ab, den der Stromanbieter „C-Power" von seinen Kunden verlangt. Nutze den Funktionswert an der Stelle 1500 kWh, um den Preis pro kWh bei diesem Anbieter zu berechnen.

i) Der Stromanbieter „D-Werke" bietet einen Tarif, der für einen Verbrauch von 1000 kWh denselben Preis ergibt wie bei „A-Strom" und für 3000 kWh einen Preis, der dem von „B-Energie" entspricht. Welchen Grundpreis und welchen Preis pro Kilowattstunde verlangt dieser Anbieter?

# Alles klar?

Entscheide, ob die Aussagen richtig oder falsch sind.
Begründe deine Entscheidung im Heft und korrigiere gegebenenfalls.

## 1 Gleichungen aufstellen und lösen

a) Die Summe dreier aufeinanderfolgender natürlicher Zahlen kann durch den Term $(n-1) + n + (n+1)$ beschrieben werden.

b) Die Gleichung wurde korrekt gelöst:

$$
\begin{aligned}
3x + 5 &= 33 - x & &| + x \\
3x + 5 &= 33 & &| - 5 \\
3x &= 28 & &| : 3 \\
x &= 7
\end{aligned}
$$

c) Die Aufgabe „Umfang und Flächeninhalt eines Rechtecks mit den Seitenlängen $a$ und 3 sollen denselben Zahlenwert haben." führt zur Gleichung $a + 3 = 3a$.

d) Die Gleichung $\frac{1}{3}x - 1 = 1 + \frac{1}{5}x$ hat die Lösung $x = 15$.

**BEACHTE**
Die Lösungen zu den Aufgaben auf dieser Seite sowie dazu passende Trainingsaufgaben findest du ab Seite 184.

## 2 Sachaufgaben systematisch lösen

a) Wenn eine Mutter 25 Jahre älter ist als ihre Tochter, steht in der Gleichung $a + 25 = b$ das $a$ für das Alter der Mutter und das $b$ für das Alter der Tochter.

b) Das Produkt zweier aufeinanderfolgender gerader Zahlen kann durch $(n-2) \cdot n$ beschrieben werden.

c) $a^2 - 4 = \frac{3}{4} \cdot a^2$ ist die passende Gleichung zu: „Verlängert man eine Seite eines Quadrats um 2 m und verkürzt die andere um 2 m, so hat das neue Rechteck nur $\frac{3}{4}$ des ursprünglichen Flächeninhalts."

## 3 Formeln umstellen

a) Aus $\alpha + \beta + \gamma = 180°$ folgt $\gamma = 180° - \alpha - \beta$.

b) Aus dem *Ohmschen Gesetz* folgt $U = R \cdot I$. Das kann man auch als $I = U \cdot R$ schreiben.

c) Wenn man den Umfang $u$ und die Seitenlänge $b$ eines Rechtecks kennt, liefert $a = (u - b) : 2$ die Länge der anderen Seite.

## 4 Lineare Funktionen erkennen und darstellen

Drei Schnecken kriechen an einer Wand herauf und herunter.

a) Zu Beginn der Beobachtung befindet sich eine Schnecke am Boden.

b) Für Schnecke C gilt die Funktionsgleichung $y = -x + 6$.

c) Schnecke B hat eine Geschwindigkeit von 50 cm pro Stunde.

d) Schnecke A ist schneller als Schnecke B.

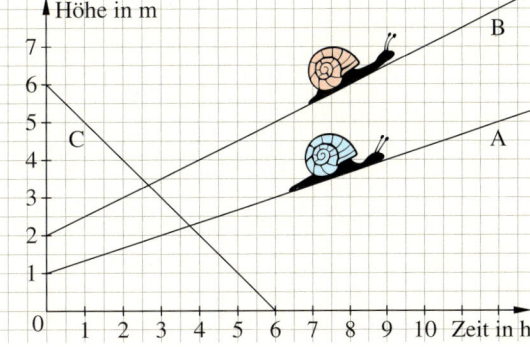

# Zusammenfassung

→ Seiten 38, 42

## Gleichungen aufstellen und lösen, Sachaufgaben systematisch lösen

Um **Sachprobleme** zu lösen, kann man sie in die Sprache der Mathematik übersetzen. Man legt eine Variable fest, bildet Terme und stellt eine Gleichung auf.

Dennis ist drei Jahre älter als Luisa. Zusammen sind sie 35 Jahre alt. $x$ steht für das Alter von Luisa.
$x + (x + 3) = 35$

Gleichungen können durch **Probieren** oder durch **Äquivalenzumformungen** gelöst werden. Dazu wird eine Gleichung schrittweise umgeformt. Dabei darf man auf beiden Seiten denselben Term addieren, subtrahieren, multiplizieren oder dividieren. Beim Multiplizieren und Dividieren muss der Wert des Terms $\neq 0$ sein.
Durch das Rechnen der **Probe**, also das Einsetzen der Lösung in die Gleichung, kann man überprüfen, ob die Gleichung richtig gelöst wurde.

$\begin{aligned} 2x + 3 &= 35 &&\mid -3 \\ 2x &= 32 &&\mid :2 \\ x &= 16 \end{aligned}$

Also ist Luisa 16 Jahre alt.
Dennis ist drei Jahre älter, also 19 Jahre alt.

Probe:
$16 + 16 + 3 = 35$ (wahr)

→ Seite 48

Auch um **Formeln** umzustellen, verwendet man Äquivalenzumformungen.

Umfang eines Rechtecks: $u = 2a + 2b$
Auflösen nach $a$:
$\begin{aligned} u &= 2a + 2b &&\mid -2b \\ u - 2b &= 2a &&\mid :2 \\ \tfrac{1}{2}u - b &= a \end{aligned}$

→ Seite 54

## ☐ Lineare Funktionen erkennen und darstellen

Eine Zuordnung, bei der jedem $x$-Wert genau ein $y$-Wert zugeordnet wird, nennt man eine **Funktion**.

Die Funktion kann man durch eine **Wertetabelle**, einen **Funktionsgraphen** oder eine **Funktionsgleichung** darstellen.

Eine Funktion mit der Funktionsgleichung $y = f(x) = mx + n$ heißt **lineare Funktion**.

Dabei ist $m$ die **Steigung der Funktion**.

Der Graph einer linearen Funktion ist eine Gerade, die die $y$-Achse im Punkt $P(0|n)$ schneidet.
Daher nennt man $n$ auch den **$y$-Achsenabschnitt**.

**Funktionsgleichung**
$y = f(x) = \tfrac{2}{5}x + 2$

**Wertetabelle**

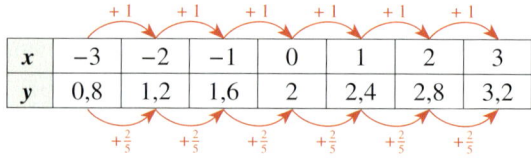

| $x$ | $-3$ | $-2$ | $-1$ | $0$ | $1$ | $2$ | $3$ |
|---|---|---|---|---|---|---|---|
| $y$ | $0{,}8$ | $1{,}2$ | $1{,}6$ | $2$ | $2{,}4$ | $2{,}8$ | $3{,}2$ |

**Funktionsgraph**

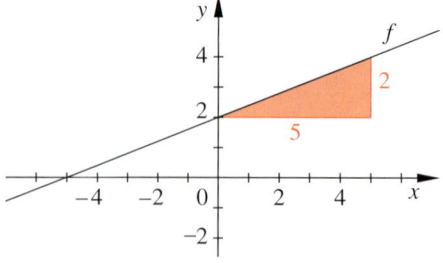

Die Funktion hat die Steigung $m = \tfrac{2}{5}$ und schneidet die $y$-Achse bei $P(0|2)$.

# Zufall und Wahrscheinlichkeiten

Clara spielt das Spiel „Yatzi" (oder auch „Kniffel").
Nach dem zweiten Würfeln hat sie zwei „3er" und zwei „5er"
herausgelegt. Jetzt ist noch ein Würfel im Würfelbecher.
Wirft Clara eine „3" oder eine „5", so bekommt sie 25 Punkte
für das „Full House". Wie wahrscheinlich ist das?

In diesem Kapitel lernst du, was ein Laplace-Experiment ist
und wie man bei solchen Experimenten die Wahrscheinlichkeit
für das Eintreten eines Ergebnisses berechnet.
Du erfährst außerdem, wie man Wahrscheinlichkeiten bei
Zufallsexperimenten abschätzen kann und wie man Wahrscheinlichkeiten nutzt, um Chancen und Risiken zu beurteilen.

## Noch fit?

**NACHGEDACHT**
Wie viel Prozent der Eiskugeln haben Schokoladengeschmack?

**1** Schreibe in Prozentschreibweise.

a) $\frac{1}{2}$      b) $\frac{7}{10}$      c) $\frac{3}{4}$      d) $\frac{7}{20}$

e) $\frac{9}{25}$      f) $\frac{34}{200}$      g) $\frac{325}{500}$      h) $\frac{189}{1000}$

i) $\frac{4}{5}$      j) $\frac{28}{40}$      k) $\frac{3}{8}$      l) $\frac{1}{3}$

**2** Zeichne einen Zahlenstrahl (mit 12 cm Abstand zwischen 0 und 1) und markiere die Brüche.

a) $\frac{1}{2}; \frac{1}{3}; \frac{5}{6}; \frac{7}{12}; \frac{3}{4}; \frac{5}{8}; \frac{11}{24}$      b) $\frac{2}{3}; \frac{11}{12}; \frac{7}{24}; \frac{1}{6}; \frac{1}{4}; \frac{37}{48}$

**3** Berechne.

a) $\frac{1}{5} + \frac{2}{5}$      b) $\frac{3}{10} + \frac{3}{5}$      c) $\frac{1}{4} + \frac{1}{2}$      d) $\frac{7}{20} + \frac{2}{5}$

e) $\frac{1}{3} + \frac{1}{4}$      f) $\frac{3}{8} + \frac{5}{12}$      g) $\frac{11}{25} + \frac{7}{20}$      h) $\frac{5}{8} + \frac{3}{40}$

i) $1 - \frac{3}{4}$      j) $1 - \frac{57}{100}$      k) $1 - (\frac{1}{4} + \frac{3}{10})$      l) $1 - \frac{2}{5} - \frac{1}{3}$

**4** Berechne.

a) $\frac{3}{4} \cdot 12$      b) $\frac{1}{2} \cdot 100$      c) $\frac{7}{10} \cdot 200$

d) $\frac{1}{3} \cdot 219$      e) $\frac{23}{25} \cdot 2000$      f) $\frac{2}{5} \cdot 250$

**5** Eine Polizeikontrolle vor der Gesamtschule Süd ergab, dass 18 von 200 kontrollierten Fahrrädern Mängel aufweisen. An der Gesamtschule Nord wiesen 15 Fahrräder Mängel auf, 135 waren mängelfrei. Mit welcher relativen Häufigkeit wiesen Fahrräder Mängel auf?

**6** In der Mathematikarbeit der Klasse 8 a wurden folgende Noten erteilt:

| Note | 1 | 2 | 3 | 4 | 5 | 6 |
|------|---|---|---|---|---|---|
| Anzahl | 2 | 6 | 8 | 5 | 3 | 1 |

a) Gib die relative Häufigkeit für jede Note an.
b) Berechne die Durchschnittsnote.

**7** In einer 8. Klasse wurde eine Befragung zum Thema „Höhe des monatlichen Taschengeldes" durchgeführt (Ergebnisse siehe Randspalte).
a) Stelle getrennt für Mädchen und Jungen eine Tabelle für die absoluten und relativen Häufigkeiten der Ergebnisse auf. Gib die relativen Häufigkeiten auch in Prozent an.
b) Vergleiche die Höhe des monatlichen Taschengeldes der Mädchen und der Jungen, indem du das arithmetische Mittel und den Zentralwert für beide Datenreihen bestimmst.

Urliste
der Mädchen
10€, 15€,
20€, 25€,
15€, 15€,
20€, 10€,
15€, 30€,
15€, 10€,
15€

Urliste
der Jungen
10€, 10€,
15€, 20€,
30€, 25€,
15€, 30€,
20€, 15€,
10€, 25€
10€, 15€

### BUNT GEMISCHT

1. Ein Quadrat hat eine Seitenlänge von 8 cm. Bestimme den Umfang und den Flächeninhalt.
2. Benenne die Eigenschaften einer Raute.
3. Addiere schriftlich: 37 542 + 9501 + 56 007 + 738
4. Berechne das Volumen und den Oberflächeninhalt eines Quaders mit den Seitenlängen $a = 5$ cm, $b = 7$ cm und $c = 3$ cm.
5. Ergänze um die folgenden vier Zahlen im Heft: 5; 8; 7; 10; 9; 12; …
6. Nenne die Eigenschaften eines gleichseitigen Dreiecks.
7. Berechne 25 % von 400 € und 4 % von 500 €.

# Zufallsexperimente und Wahrscheinlichkeiten

## Erforschen und Entdecken

**1** „Wahrscheinlichkeitsrallye"

*Material:* Spielfiguren, Würfel, Heftzwecken, ein Skatspiel, ein Legostein, eine Münze

*Spielregeln:* Jeder Spieler erhält eine Spielfigur. Ziel des Spiels ist es, als Erster das Zielfeld zu erreichen. Die Felder werden in Pfeilrichtung durchlaufen. Jeder Spieler hat pro Runde einen Wurf. Gewürfelt wird mit dem abgebildeten Gegenstand des angestrebten Feldes. Das Feld darf erst besetzt werden, wenn das abgebildete Ergebnis gewürfelt wird. Es wird ohne Rausschmeißen gespielt. Der oder die Jüngste beginnt.

*Spielphasen:*

1. Zum Start versucht der Spieler eines der Eckfelder ①, ②, ③ oder ④ zu besetzen.

2. Danach sucht sich der Spieler eines der in Pfeilrichtung angegebenen Felder aus und versucht dieses zu besetzen.

3. Auf dem Weg ins Ziel wählt der Spieler, ob er mit dem Legostein oder dem Würfel wirft oder aus einem vollständigen Skatblatt ein Ass zieht.

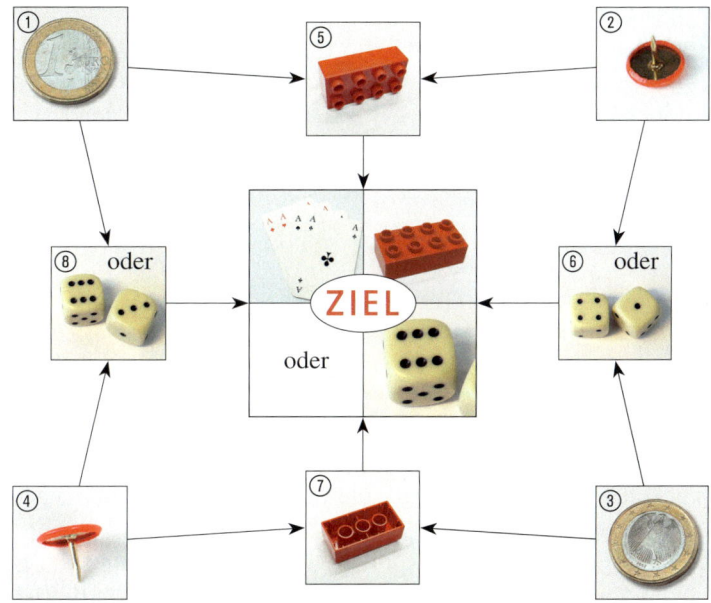

**BEISPIEL**
Ein Spieler wählt das Feld ① als Startfeld.
Von dort aus kann er die Felder ⑤ oder ⑧ erreichen.
Er wählt Feld ⑤.
Von Feld ⑤ geht es zum Zielfeld.

**a)** Vergleicht das „Würfeln" einer Heftzwecke mit einem Münzwurf *(Kopf oder Zahl)*. Nennt Gemeinsamkeiten und Unterschiede.

**b)** Betrachtet nur den ersten möglichen Zug (also auf eines der Eckfelder ①, ②, ③ oder ④). Gibt es einen Anfangszug, der sich als besonders günstig erwiesen hat? Begründet.

**c)** Vergleicht das Würfeln eines „normalen" Spielwürfels mit dem Würfeln eines Legosteins. Nennt Gemeinsamkeiten und Unterschiede.

**d)** Mit welchem Zufallsgerät (Würfel, Legostein, Kartenspiel) erreicht man das Zielfeld am schnellsten?

**2** Arbeitet in Vierergruppen. Teilt euch dann noch einmal in zwei Zweiergruppen auf.

*1. Zweiergruppe:* Werft eine Münze mindestens 100-mal. Notiert nach 10, 20, 30, …, 100 Würfen jeweils die absolute Häufigkeit dafür, dass „Zahl" oben liegt.

*2. Zweiergruppe:* Werft eine Heftzwecke mindestens 100-mal. Notiert nach jeweils zehn Würfen, wie häufig die Heftzwecke auf der runden Fläche liegen bleibt (wie oben Bild ②).

Übertragt jeweils Tabelle und Koordinatensystem in eure Hefte und tragt die Werte ein. Vergleicht eure Ergebnisse mit den anderen Gruppen und interpretiert sie im Klassenverband.

| Anzahl Würfe | 10 | 20 | 30 | 40 | 50 | 60 | 70 | 80 | 90 | 100 |
|---|---|---|---|---|---|---|---|---|---|---|
| Anzahl „Zahl"/ Anzahl „Spitze oben" | | | | | | | | | | |
| relative Häufigkeit | | | | | | | | | | |

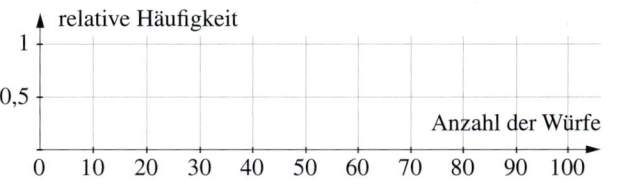

# Lesen und Verstehen

**BEACHTE**
Zufallsexperimente
sind Vorgänge, die
unter gleichen
Bedingungen
wiederholbar sind.
Sie haben mehrere
mögliche Ver-
suchsausgänge
(Ergebnisse), die
nicht vorherseh-
bar sind.

Güven möchte an einem warmen Ferientag ins
Schwimmbad gehen, Phillip möchte lieber
Fußball spielen.
Daher schlägt Phillip vor:
„Lass uns eine Münze werfen. Liegt ‚Zahl'
oben, gehen wir schwimmen, ansonsten
spielen wir Fußball."

Zufallsexperimente, bei denen alle Ergebnisse gleich wahrscheinlich sind, nennt
man **Laplace-Experimente**.
Die Wahrscheinlichkeit für das Eintreten
eines Ergebnisses $e$ ist

$$P(e) = \frac{1}{Anzahl\ aller\ möglichen\ Ergebnisse}$$

**BEISPIEL 1**
Beim Münzwurf sind die Ergebnisse
Kopf (K) und Zahl (Z) möglich.
Beide Ergebnisse sind
gleich wahrscheinlich.

$P(\text{K}) = \frac{1}{2} = \frac{50}{100} = 50\,\%$

$P(\text{Z}) = \frac{1}{2} = \frac{50}{100} = 50\,\%$

Der Vorschlag von Phillip
ist also fair.

**BEACHTE**
$P$ wird in der
Mathematik als
Abkürzung für
Wahrscheinlichkeit
(engl. probability)
genutzt.
$P(K)$ bedeutet „die
Wahrscheinlichkeit
dafür, dass Kopf
geworfen wird".

Güven macht einen Gegenvorschlag: „Lass uns eine Heftzwecke werfen. Fällt sie auf den
Rücken, spielen wir Fußball, bleibt sie seitlich liegen, so gehen wir ins Schwimmbad."

Kann man nicht davon ausgehen, dass bei
einem Zufallsexperiment die Ergebnisse
gleich wahrscheinlich sind, so muss experi-
mentiert werden, um die Wahrscheinlichkeiten
bestimmen zu können.

**BEISPIEL 2**
Phillip ist sich nicht sicher, ob der Vorschlag
von Güven fair ist. Deshalb nimmt er die
Heftzwecke und wirft sie 100-mal. Die
Heftzwecke landet
45-mal auf dem Kopf
und 55-mal auf der Seite.

Die relative Häufigkeit eines Ergebnisses
nähert sich bei einer großen Anzahl von
Versuchen einem Wert an.
Diesen Wert nennt man **(statistische)
Wahrscheinlichkeit eines Ergebnisses**.
Er kann als Schätzwert für die Wahrschein-
lichkeit dieses Ergebnisses verwendet
werden.

$P(\text{Kopf}) = \frac{45}{100} = 45\,\%$

$P(\text{Seite}) = \frac{55}{100} = 55\,\%$

Der Vorschlag ist nicht
fair, weil die Ergebnisse
des Zufallsexperiments
nicht gleich wahrscheinlich sind.

Beispiel:
$P$ (weiße Kugel) = 1
$P$ (rote Kugel) = 0

Die Wahrscheinlichkeit für ein Ergebnis liegt
stets zwischen 0 und 1 (bzw. zwischen 0 %
und 100 %).

Ist die Wahrscheinlichkeit für ein Ergebnis 1, so spricht man von einem **sicheren Ergebnis**.
Ist die Wahrscheinlichkeit 0, so kann das Ergebnis nicht eintreten, es ist **unmöglich**.

# Basisaufgaben

**1** Finn ist der Meinung, dass es sich beim Drehen dieses Glücksrads nicht um ein Laplace-Experiment handelt, weil die 3 und die 8 vertauscht wurden.

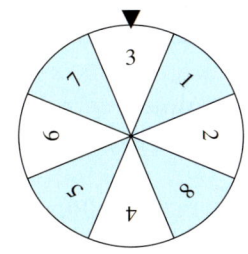

a) Erkläre Finn, warum seine Meinung falsch ist.
b) Wie groß ist die Wahrscheinlichkeit dafür, dass Finn eine „1" dreht?

**2** Ergänze den Lückentext im Heft.
Das Werfen einer Münze ist ein __.
Es sind __ Ergebnisse möglich: Kopf und __.
Beide Ergebnisse sind gleich __.
Die Wahrscheinlichkeit „Kopf" zu werfen liegt bei __.

**3** Pia meint, dass Tontaubenschießen ein Laplace-Experiment ist, denn entweder trifft der Schütze oder er trifft nicht.
Was hat Pia nicht bedacht?

**4** ➡ Entscheide und begründe, ob es sich um ein Laplace-Experiment handelt.
a) Wurf mit einem Würfel
b) Wurf mit einem Legostein
c) Ziehung der ersten Kugel beim Lotto
d) Ziehen einer Karte aus einem Skatspiel (mit 32 Karten)
e) Marco Reus trifft beim Elfmeterschießen.
f) Manuel Neuer hält einen Elfmeter.
g) Einer von 30 Schülern wird ausgelost.
h) Ein Marmeladenbrot fällt vom Tisch. Landet es auf der Marmeladenseite oder nicht?

**5** Beim Spiel „Wer wird Millionär" muss bei einer Frage aus vier Antwortmöglichkeiten die richtige ausgewählt werden.
Wie groß ist die Wahrscheinlichkeit, …
a) eine Frage durch Raten richtig zu beantworten?
b) eine Frage durch Raten richtig zu beantworten, wenn zwei Antworten sicher ausgeschlossen werden können?

**6** ➡ Begründe, warum es sich um Laplace-Experimente handelt und bestimme die Wahrscheinlichkeit für die Ergebnisse.
a) Bei einer Tombola werden 1200 Lose verkauft. Jens gewinnt den Hauptgewinn, eine Reise nach Italien.
b) Aus einem vollständigen Skatspiel (32 Karten) möchte Angelina den Kreuz-Buben ziehen.
c) Zehn Kinder ermitteln durch „Hölzchen ziehen" (wer das kürzeste Hölzchen zieht, verliert), wer beim Versteckspiel suchen muss. Fynn verliert.
d) Beim „Mensch-ärgere-dich-nicht" muss Nele eine 2 werfen, um zu gewinnen.

**7** In einer Schüssel liegen eine rote, eine blaue, eine gelbe und eine grüne Kugel.
a) Handelt es sich beim Ziehen einer Kugel aus der Schüssel um ein Laplace-Experiment, wenn die Augen des Ziehenden verbunden werden? Begründe.
b) Wie groß ist die Wahrscheinlichkeit, dass beim ersten Zug die rote Kugel gezogen wird?
c) Nach dreimaligem Ziehen befindet sich nur noch die blaue Kugel in der Schüssel. Wie groß ist die Wahrscheinlichkeit, dass die blaue Kugel beim vierten Zug gezogen wird? Wie groß ist die Wahrscheinlichkeit für die rote Kugel?

**8** Gib Beispiele für sichere und unmögliche Ergebnisse an.

**9** Der Verschluss einer Mineralwasserflasche wird 100-mal geworfen.
a) Welche Versuchsausgänge sind bei diesem Zufallsexperiment möglich?
b) Erfasse in einer Häufigkeitstabelle die absolute Häufigkeit der auftretenden Ergebnisse.
c) Bestimme die statistische Wahrscheinlichkeit für jeden möglichen Versuchsausgang und stelle sie in einem Säulendiagramm dar.
d) Vergleicht eure Ergebnisse untereinander.

## Weiterführende Aufgaben

**10** In der Saison 2013/14 erreichten Bayern München, der VFL Wolfsburg, Borussia Dortmund und der 1. FC Kaiserslautern das Halbfinale des DFB-Pokals. Die Spielpaarungen dort wurden ausgelost. Bestimme – falls möglich – die Wahrscheinlichkeit dafür, dass …
a) Dortmund ein Heimspiel hatte.
b) Bayern gegen Wolfsburg spielen musste.
c) Kaiserslautern das Endspiel erreichte.

**11** Bestimme die Wahrscheinlichkeit dafür, dass Klaus …
a) im Mai geboren wurde.
b) an einem Sonntag geboren wurde.
c) am 13. April geboren wurde.
d) im Sommer geboren wurde.
e) an einem Feiertag geboren wurde.
f) das Sternzeichen „Krebs" hat.

**12** In einer Urne befinden sich drei Kugeln.
a) Wie groß ist die Wahrscheinlichkeit dafür, dass beim ersten Zug das „T" gezogen wird?
b) Angenommen, beim ersten Zug wurde das „T" gezogen. Wie groß ist die Wahrscheinlichkeit, dass beim zweiten Zug das „O" gezogen wird, wenn das „T" nicht wieder in die Urne gelegt wird?
c) Es werden nacheinander alle drei Kugeln aus der Urne gezogen. Welche Buchstabenreihenfolgen können auftreten?
d) Wie groß ist die Wahrscheinlichkeit dafür, dass das Wort „ROT" gezogen wird?

**13** Zeichne je ein Glücksrad, sodass …
a) die Wahrscheinlichkeit für „rot" $\frac{1}{4}$ beträgt.
b) die Wahrscheinlichkeit für „grün" $\frac{1}{3}$ beträgt.
c) die Wahrscheinlichkeit für „gelb" $\frac{1}{5}$ beträgt.
d) die Wahrscheinlichkeit für „blau" 0 beträgt.
e) die Wahrscheinlichkeit für „schwarz" 30 %, für „weiß" 60 % und für „grau" 10 % beträgt.

**14** ➡ Gib für die angegebenen Wahrscheinlichkeit jeweils ein passendes Laplace-Experiment an.
a) $\frac{1}{2}$   b) $\frac{1}{6}$   c) $\frac{1}{4}$   d) $\frac{1}{8}$   e) $\frac{1}{32}$

**15** In einem Beutel befinden sich 10 Kugeln. Bei 100 Versuchen wird 63-mal eine weiße und 37-mal eine schwarze Kugel gezogen. Sind die Aussagen wahr oder falsch? Begründe deine Meinung.
a) Es ist mindestens eine weiße Kugel im Beutel.
b) Im Beutel kann keine rote Kugel sein.
c) Es sind mehr weiße als schwarze Kugeln im Beutel.
d) Es sind sechs weiße und vier schwarze Kugeln im Beutel.

**16** Im Januar 2002 wurde in zwölf europäischen Ländern der Euro als Währung eingeführt.

a) Nimm wahllos zehn Münzen aus deinem Portmonee oder deiner Spardose und schreibe auf, aus welchen Ländern die Münzen stammen.
b) Addiert eure Ergebnisse im Klassenverband und bestimmt die statistische Wahrscheinlichkeit dafür, dass eine Münze aus Deutschland (Finnland) stammt.
c) Gebt für alle Länder die Wahrscheinlichkeit dafür an, dass eine Münze aus diesem Land stammt. Erstellt eine Rangliste.
d) Zeichnet ein zugehöriges Kreis- und ein zugehöriges Säulendiagramm.
e) ➡ Mathematiker gingen bei Einführung der Münzen davon aus, dass sich irgendwann alle Euromünzen vermischen. Vergleicht die Annahme mit euren Ergebnissen und nehmt kritisch Stellung.

# Summenregel

## Erforschen und Entdecken

**1** Betrachte die beiden Glücksräder:

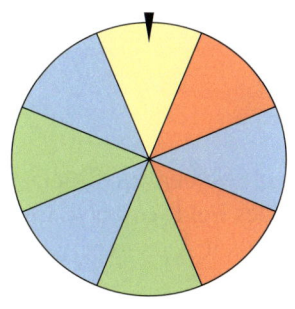 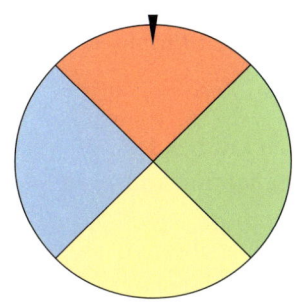 

a) Handelt es sich beim Drehen der Glücksräder um Laplace-Experimente?

b) Bestimme die Wahrscheinlichkeit, mit dem ersten Glücksrad „gelb" zu drehen.

c) Begründe, warum die Wahrscheinlichkeit, mit dem ersten Glücksrad „rot" zu drehen, $\frac{1}{4}$ sein muss.

d) Du gewinnst einen Preis, wenn du „blau" drehst. Welches Glücksrad würdest du benutzen? Begründe deine Meinung.

e) Ein Freund schlägt dir folgendes Spiel vor: „Suche dir ein Glücksrad aus und nenne mir zwei Farben des Glücksrades. Wenn ich eine der Farben drehe, bekomme ich einen Euro von dir. Drehe ich die Farbe nicht, bekommst du einen Euro von mir."
Ist es sinnvoll, auf dieses Spiel einzugehen? Begründe.

**2** Übertrage das Netz des Tetraeders und des Oktaeders auf ein Blatt Papier. Beschrifte die Flächen mit den Zahlen 1 bis 4 bzw. 1 bis 8 und klebe die Körper zusammen.

Tetraeder

Oktaeder

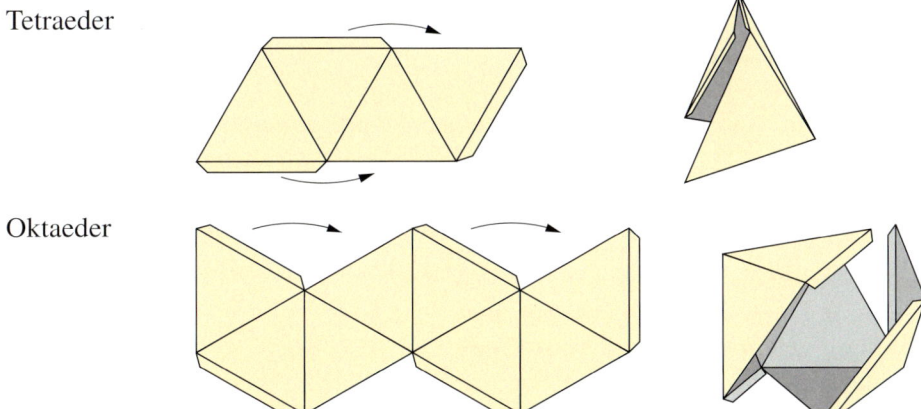

↻ 073-1
Unter diesem Webcode findest du Bastelvorlagen für Tetraeder und Oktaeder.

a) Handelt es sich beim Wurf mit dem Tetraeder bzw. dem Oktaeder um ein Laplace-Experiment?

b) Bestimme für jeden „Würfel" die Wahrscheinlichkeit dafür, …
- eine „1" zu werfen.
- eine „3" zu werfen.
- eine „1" oder eine „3" zu werfen.
- eine ungerade Zahl zu werfen.

## Lesen und Verstehen

Tom dreht an dem Glücksrad. Er überlegt, wie groß die Wahrscheinlichkeit ist, eine Niete zu drehen.
Außerdem möchte er natürlich wissen, wie groß die Wahrscheinlichkeit für einen Gewinn ist.

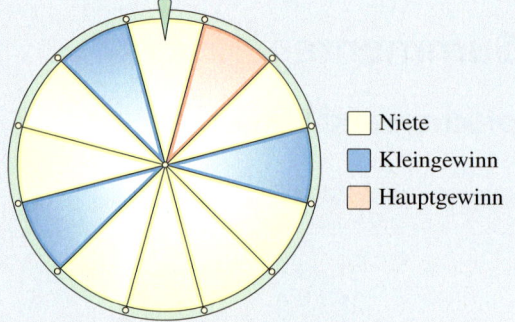

☐ Niete
☐ Kleingewinn
☐ Hauptgewinn

**BEISPIEL**
Beim Würfeln mit einem fairen Spielwürfel besteht das Ereignis: „Würfeln einer geraden Zahl" aus den Ergebnissen 2, 4 und 6.

Bei Zufallsexperimenten gilt bei der Berechnung von Wahrscheinlichkeiten die **Summenregel**.
Setzt sich ein Ereignis aus mehreren Ergebnissen zusammen, so berechnet man die Wahrscheinlichkeit dieses Ereignisses, indem man die Wahrscheinlichkeiten der einzelnen Ergebnisse addiert.

**BEISPIEL 1**
Alle zwölf Felder des Glücksrads sind gleich groß. Jedes Feld wird also mit der Wahrscheinlichkeit $\frac{1}{12}$ gedreht.

$$P(\text{Niete}) = \frac{1}{12} + \frac{1}{12} + \frac{1}{12} + \frac{1}{12} + \frac{1}{12} + \frac{1}{12} + \frac{1}{12} + \frac{1}{12}$$
$$= 8 \cdot \frac{1}{12} = \frac{8}{12} = \frac{2}{3}$$
$$\approx 0{,}667 \approx 66{,}7\,\%$$

Die Summenregel gilt auch, wenn Ereignisse, die sich nicht überschneiden, zusammengefasst werden.
In diesem Fall werden die Wahrscheinlichkeiten der Ereignisse addiert.

**BEISPIEL 2**
$$P(\text{Hauptgewinn}) = \frac{1}{12}$$
$$P(\text{Kleingewinn}) = 3 \cdot \frac{1}{12} = \frac{3}{12} = \frac{1}{4}$$
$$P(\text{Gewinn}) = \frac{1}{12} + \frac{1}{4} = \frac{1}{12} + \frac{3}{12} = \frac{4}{12} = \frac{1}{3}$$
$$\approx 0{,}333 \approx 33{,}3\,\%$$

Da bei Laplace-Experimenten die Wahrscheinlichkeiten für alle Ergebnisse gleich groß sind, gilt für ein Ereignis $E$:

$$P(E) = \frac{\textit{Anzahl der günstigen Ergebnisse}}{\textit{Anzahl der möglichen Ergebnisse}}$$

4 der 12 gleich großen Felder sind Gewinne. Also 4 günstige und 12 mögliche Ergebnisse.

Somit $P(\text{Gewinn}) = \frac{4}{12} = \frac{1}{3} \approx 0{,}333 \approx 33{,}3\,\%$

Wenn sich Ereignisse überschneiden, darf die Summenregel nicht angewendet werden.

**BEISPIEL 3**
Wie groß ist die Wahrscheinlichkeit aus einem Kartenspiel mit 32 Karten einen König oder eine Herz-Karte zu ziehen?

Für das Ereignis „König" sind vier Ergebnisse günstig:
Kreuz-König; Pik-König; **Herz-König** und Karo-König.
Die Wahrscheinlichkeit einen König zu ziehen, beträgt also $\frac{4}{32}$, kurz $P(\text{König}) = \frac{4}{32}$

Für das Ereignis „Herz" sind acht Ergebnisse günstig:
Herz-7; Herz-8; Herz-9; Herz-10; Herz-Bube; Herz-Dame; **Herz-König** und Herz-Ass.
Die Wahrscheinlichkeit eine Herz-Karte zu ziehen, beträgt also $\frac{8}{32}$, kurz $P(\text{Herz}) = \frac{8}{32}$

Die Wahrscheinlichkeit einen König oder eine Herzkarte zu ziehen, liegt aber bei $\frac{11}{32}$, denn der Herz-König gehört zu beiden Ereignissen. Weil die Ereignisse ein gemeinsames Ergebnis enthalten, darf die Summenregel nicht angewendet werden:
$$P(\text{Herz oder König}) \neq P(\text{Herz}) + P(\text{König})$$

# Basisaufgaben

**1** Bestimme die Wahrscheinlichkeit dafür, dass mit einem Spielwürfel …
a) eine ungerade Zahl,
b) eine „1" oder eine „2",
c) eine Zahl, die kleiner ist als 5,
d) eine Primzahl gewürfelt wird.

**2** In einer Schüssel befinden sich vier rote, zwei blaue und zwei grüne Kugel. Bestimme die Wahrscheinlichkeit dafür, dass mit einem Zug …
a) eine rote Kugel,
b) eine gelbe Kugel,
c) eine blaue oder rote Kugel,
d) eine rote oder grüne Kugel,
e) keine rote Kugel,
f) keine schwarze Kugel gezogen wird.

**3** In einer Lostrommel befinden sich 120 Nieten, 70 Kleingewinne und 10 Hauptgewinne. Wie groß ist die Wahrscheinlichkeit mit einem Zug …
a) einen Hauptgewinn,
b) keinen Hauptgewinn,
c) einen Gewinn zu ziehen.

**4** Jana zieht eine Karte aus einem Skatspiel (32 Karten).
Gib die Wahrscheinlichkeit an, dass folgendes Ereignis eintritt:
a) die Karo-Sieben
b) ein Bube
c) eine Kreuz-Karte
d) ein rotes Ass
e) eine Dame oder ein König
f) ein Herz-Ass oder eine Acht

g) eine Kreuz-Karte oder die Pik-Sieben
h) keine 10
i) eine Karo-Karte oder eine rote Dame
j) eine rote Karte oder eine Zehn
k) weder Dame noch Kreuz-Karte
l) ▭ Jana bestimmt die Wahrscheinlichkeit für „keine 7" so: $\frac{28}{32} = \frac{7}{8}$. Kenan rechnet $1 - \frac{4}{32}$. Was hat er sich gedacht?

**5** In einer Lostrommel befinden sich 30 Kugeln, die mit den Zahlen von 1 bis 30 beschriftet sind. Bestimme die Wahrscheinlichkeit dafür, dass beim ersten Zug …
a) die „7",
b) die „7" oder die „13",
c) eine Zahl größer „7" und kleiner „13",
d) eine ungerade Zahl,
e) eine Zahl, die durch 7 teilbar ist,
f) eine Primzahl,
g) keine Primzahl gezogen wird.

**6** Ein Roulettespiel besteht aus einer drehbaren Scheibe mit abwechselnd roten und schwarzen nummerierten Fächern. Das 37. Fach für die Null ist grün.

Die Scheibe wird gedreht und eine Kugel wird hineingeworfen. Die Spieler setzen darauf, wo die Kugel liegen bleibt.
Bestimme die Wahrscheinlichkeiten:
a) *Plein* – man setzt auf eine der 37 Zahlen
b) *Rouge* – man setzt auf alle roten Zahlen
c) *Manque* – man setzt auf die Zahlen 1 bis 18
d) *Cheval* – man setzt auf zwei auf dem Tableau benachbarte Zahlen, z. B. 0 und 2 oder 13 und 14 oder 27 und 30
e) *Carré* – man setzt auf vier Zahlen, die auf dem Tableau aneinandergrenzen, z. B. 23, 24, 26 und 27
f) *Colonne 34* – man setzt auf die Zahlen der ersten „Kolonne" (Spalte), das sind die Zahlen 1, 4, 7, …, 31, 34
g) *Impair* – man setzt auf alle ungeraden Zahlen

**BEACHTE**
Die Lösungen zu Aufgabe 5 ergeben in der richtigen Reihenfolge der Namen eines Landes. Auf welchem Kontinent liegt dieses Land?
$\frac{1}{30}$ (L); $\frac{1}{15}$ (I); $\frac{2}{15}$ (N); $\frac{1}{6}$ (B); $\frac{1}{3}$ (O); $\frac{1}{2}$ (A); $\frac{2}{3}$ (N)

## Weiterführende Aufgaben

**7** 22 % der Schülerinnen und Schüler einer Sekundarschule kommen mit dem Bus zur Schule, 41 % mit dem Fahrrad und 18 % gehen zu Fuß. Die restlichen Schüler werden mit dem Auto gebracht.
Wie groß ist die Wahrscheinlichkeit, dass ein zufällig ausgewählter Schüler …
a) mit dem Auto gebracht wird?
b) mit dem Fahrrad oder zu Fuß zur Schule kommt?
c) nicht mit dem Bus kommt?

**8** Gib die Wahrscheinlichkeit für die Ereignisse beim jeweils nächsten Wurf an.

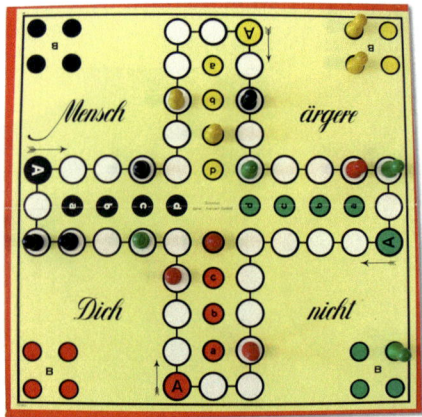

a) Eine rote Spielfigur erreicht das Ziel.
b) Eine gelbe Spielfigur erreicht das Ziel.
c) Eine schwarze Spielfigur erreicht das Ziel.
d) Eine grüne Spielfigur erreicht das Ziel.
e) Eine schwarze Spielfigur schlägt eine grüne Spielfigur.
f) Eine rote Spielfigur schlägt eine grüne Spielfigur.
g) Eine grüne Spielfigur schlägt eine beliebige andersfarbige Spielfigur.
h) Eine rote Spielfigur erreicht weder das Ziel, noch kann sie eine andere Spielfigur schlagen.

**9** In einer Schüssel befinden sich 20 Kugeln, die mit den Zahlen von 1 bis 20 beschriftet sind. Finde mindestens zwei mögliche Ereignisse mit der Wahrscheinlichkeit …
a) 50 %  b) 5 %  c) 20 %  d) 75 %  e) 0 %

**10** In einer Urne befinden sich 50 Kugeln, die mit den Zahlen 1 bis 50 beschriftet sind. Die Kugeln mit den Nummern 1 bis 25 sind rot, die mit den Nummern 26 bis 50 sind blau.

Bestimme die Wahrscheinlichkeit dafür, dass …
a) eine gerade Zahl gezogen wird.
b) eine rote Kugel mit gerader Zahl gezogen wird.
c) eine durch vier teilbare Zahl gezogen wird.
d) eine blaue Kugel mit einer Primzahl gezogen wird.
e) Überlege dir eigene Beispiele und bestimme die Wahrscheinlichkeiten.

**11** Simon sagt: „Die Wahrscheinlichkeit, mit einem Würfel eine gerade Zahl zu werfen, ist $\frac{1}{2}$. Die Wahrscheinlichkeit, eine Zahl zu werfen, die größer ist als 3, beträgt ebenfalls $\frac{1}{2}$. Also ist die Wahrscheinlichkeit dafür, eine gerade Zahl zu werfen oder eine Zahl, die größer ist als 3, gleich $\frac{1}{2} + \frac{1}{2} = 1$."
Begründe, dass Simons Aussage falsch ist. Gib die richtige Wahrscheinlichkeit an.

**12** Begründe. Welches Zufallsgerät würdest du verwenden, wenn du …
a) eine „1" benötigst?
b) du keine „2" benötigst?
c) eine „1" oder eine „2" benötigst?
d) eine ungerade Zahl benötigst?

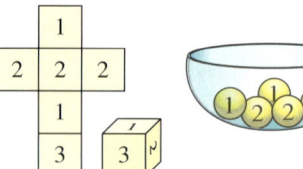

# Wahrscheinlichkeiten nutzen und deuten

## Erforschen und Entdecken

**1** Nahezu jedes Smartphone verfügt über eine Wetterapp. Diese versorgt uns mit Informationen zu Temperatur und Niederschlag an bestimmten Orten.

a) Wie ist das Wetter in Köln zum Zeitpunkt des Aufrufs der App?

b) Du möchtest gerne joggen gehen. Für welche Uhrzeit solltest du den Start planen, wenn du trocken bleiben möchtest?

c) Welche der Aussagen treffen zu?

① Es regnet gerade.

② Sehr wahrscheinlich regnet es um 16 Uhr noch.

③ Es ist sicher, dass es um 17 Uhr noch regnet.

④ Um 17 Uhr regnet es heftiger als um 18 Uhr.

⑤ Zwischen 18 und 19 Uhr wird es ca. 30 Minuten regnen.

⑥ Um 20 Uhr regnet es auf keinen Fall.

⑦ Es ist möglich, dass es zwischen 16 und 20 Uhr nicht regnet.

d) Formuliere selbst zwei zutreffende Aussagen.

**2** Beim „Mensch-ärgere-dich-nicht" Spielen unterhalten sich die Spieler.

Fabian: „Typisch. Wenn man eine Sechs braucht, um aus dem Haus zu kommen, dann fällt sie bestimmt nicht."

Max: „Genau. Sechsen zu werfen ist viel schwieriger als die anderen Zahlen – Sechsen kommen einfach nicht so oft."

Emma: „Das ist doch Quatsch. Wenn du sechsmal wirfst, dann fällt auch eine Sechs."

Was meinst du dazu?

**3** Führt zu zweit einen Zufallsversuch mit Gummibärchen durch.

*Material:*

Packung Gummibärchen, Schal oder Tuch
Einer von euch zieht mit verbundenen Augen 25 Gummibärchen aus der Tüte.

a) Ergänzt die Tabelle im Heft.

| Farbe | rot | gelb | grün | weiß | orange |
|-------|-----|------|------|------|--------|
| Anzahl | | | | | |
| Anteil | | | | | |

b) Die Firma „Haribo" gibt an, dass $\frac{1}{3}$ der Gummibärchen rot und $\frac{1}{6}$ der Gummibärchen gelb ist. Vergleicht die Angaben mit euren Ergebnissen.

c) In einer 300-g-Tüte befinden sich 125 Gummibärchen.
Wie viele rote Gummibärchen erwartest du in der Tüte? Vergleicht eure Rechenwege.
Vergleicht die erwartete Anzahl roter Gummibärchen mit der tatsächlichen Anzahl.
Wie lassen sich Unterschiede erklären?

## Lesen und Verstehen

Herr Welbers möchte für den Sommer einen Segeltörn buchen. Zwei Reviere stehen zur Auswahl:
Das Tyrrhenische Meer oder die türkische Westküste. Auf dem Tyrrhenischen Meer liegt die durchschnittliche Regenwahrscheinlichkeit im Sommer bei 7 %. Die türkische Westküste wirbt mit durchschnittlich drei Regentagen im gesamten Sommer (Juli bis September).

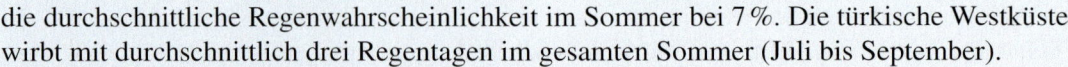

> Um Chancen und Risiken in unterschiedlichen Bereichen beurteilen zu können, bedient man sich der Wahrscheinlichkeitsrechnung.
> Wichtig ist es, die angegebenen Wahrscheinlichkeiten richtig zu deuten.

**BEISPIEL 1**

Die Regenwahrscheinlichkeit im Tyrrhenischen Meer ist mit 7 % gering, dennoch sind Regentage (auch mehrere pro Törn) möglich. Die Regenwahrscheinlichkeit an der türkischen Westküste beträgt $\frac{3}{92} \approx 3,3\,\%$.
Sie ist damit also nicht einmal halb so groß wie im Tyrrhenischen Meer.

Wahrscheinlichkeiten werden auch genutzt, um Häufigkeiten zu schätzen.

> Wahrscheinlichkeitsaussagen beruhen auf einer großen Anzahl statistischer Erhebungen bzw. durchgeführter Versuche. Sie stellen somit Durchschnittswerte dar. Für die Vorhersage von Einzelergebnissen sind sie daher nur bedingt geeignet.

**BEISPIEL 2**

Herr Welbers möchte wissen, mit wie vielen Regentagen er bei einem dreiwöchigen Törn im Tyrrhenischen Meer zu rechnen hat.

7 % von 21 Tagen
$$\frac{7}{100} \cdot 21 = 1{,}47$$

Herr Welbers muss also mit 1 bis 2 Regentagen rechnen. Es ist aber ebenso möglich, dass es gar nicht regnet oder an mehr als zwei Tagen regnet.

## Basisaufgaben

**1** Ordne den Aussagen die passenden Wahrscheinlichkeiten zu.
① „Das ist sicher."
② „Das passiert auf keinen Fall."
③ „Die Chancen stehen 50 zu 50."
④ „Sehr wahrscheinlich …"
⑤ „Das ist ziemlich unwahrscheinlich …"

> 100 %; 80 %; 50 %; 5 %; 0 %

**2** Für die Stadt Essen wird für einen Tag eine Niederschlagswahrscheinlichkeit von 75 % angegeben. Begründe, welche der Aussagen dann zutreffen:
– Es ist sicher, dass es regnen wird.
– Es wird mindestens eine Stunde regnen.
– Es wird sehr wahrscheinlich regnen.
– Es ist möglich, dass es nicht regnet.
– In der Vergangenheit regnete es bei gleicher Wetterlage in 75 % der Fälle.

**3** Die Stadt Winterberg im Sauerland wirbt für ihr Skigebiet mit folgender Aussage: „Von Januar bis Februar ist mit neunzig-prozentiger Wahrscheinlichkeit eine Schnee-decke von zehn Zentimetern und mehr vorhanden."
Mit wie vielen Schneetagen kann man in Winterberg im Januar und Februar durch-schnittlich rechnen?

**4** In Deutschland liegt die Wahrscheinlich-keit bei 8 %, dass ein Mann farbenblind ist. Bei Frauen ist die Wahrscheinlichkeit halb so groß. 2013 lebten in Deutschland 39,5 Mio. Männer und 41,2 Mio. Frauen.
**a)** Bestimme die Anzahl der farbenblinden Frauen und Männer in Deutschland.
**b)** Wie hoch ist die Wahrscheinlichkeit, dass eine Person in Deutschland farbenblind ist?

**5** In Süditalien liegt die Regenwahrschein-lichkeit in den Monaten Juli und August bei 5 %. An der türkischen Riviera regnet es im Sommer durchschnittlich einmal im Monat. In welcher Region ist die Regenwahrschein-lichkeit geringer?

**6** ▶ Am Eingang zu einem Konzert der Gruppe „Revolverheld" wurden 50 Personen von einer Schülerzeitung nach ihrer Lieblings-band gefragt. In der nächsten Ausgabe der Zeitung stand die Überschrift:
*Revolverheld beliebteste Band in Deutsch-land – 9 von 10 Befragten nennen Revolver-held als Lieblingsband*
**a)** Wie viele Befragte nannten „Revolverheld" als ihre Lieblingsband?
**b)** Hältst du die Überschrift für gerechtfertigt? Begründe deine Meinung.

## Weiterführende Aufgaben

**7** Schwarzfahrer

> Die Verkehrsbetriebe in Deutschland verzeich-nen jedes Jahr enorme Verluste durch Schwarz-fahrer. Der Verkehrsverband Rhein Ruhr (VRR) schätzt den jährlichen Einnahmeverlust auf über 25 Millionen Euro. Nach Schätzungen des Verbandes Deutscher Verkehrsunternehmen (VDV) belaufen sich die Gesamtverluste auf über 250 Millionen Euro pro Jahr.

Welche Daten müssen die Verkehrsbetriebe sammeln, um die jährlichen Einnahme-verluste schätzen zu können?
Wie würdest du vorgehen, um die Verluste zu schätzen?

**8** ▶ Gefunden in einem Internetforum: „Ein Wissenschaftler hat errechnet, dass es wahrscheinlicher ist, von einem Blitz getrof-fen zu werden, als einen Sechser im Lotto zu haben. Dennoch gibt es jedes Jahr mehrere 100 Menschen mit 6 Richtigen, aber kaum jemand wird vom Blitz getroffen. Soviel zur Wahrscheinlichkeitsrechnung."
Formuliere eine Antwort auf den Eintrag.

**9** Diese Grafik zeigt die statistische Wahrscheinlichkeit für weiße Weih-nachten in den ein-zelnen Regionen in Deutschland.
**a)** Wie wahr-scheinlich sind weiße Weihnachten in deinem Wohnort?
**b)** In welcher Region ist die Wahrscheinlichkeit für weiße Weihnachten am geringsten (am höchsten)?
**c)** Wie lässt sich die statistische Wahrschein-lichkeit für weiße Weihnachten ermitteln?
**d)** Lies den Text in der Randspalte und gib die Wahrscheinlichkeit für weiße Weihnachten in den angegebenen Städten in Bruch-, Dezimalbruch- und Prozentschreibweise an. Vergleiche die Wahrscheinlichkeiten mit den Angaben in der Grafik.

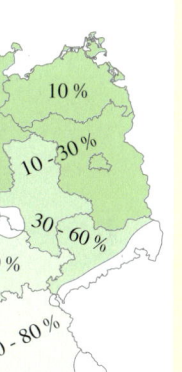

**BEACHTE**
„In München ist die Chance, weiße Weihnachten zu erleben, im Städ-tevergleich am höchsten: Hier liegt etwa alle drei Jahre über die Feiertage Schnee. Die Dresdner feiern immerhin alle vier Jahre weiße Weihnach-ten, die Frankfurter alle acht Jahre. In Hamburg und Aachen kann man etwa nur alle zehn Jahre mit einer weißen Pracht zum Fest rechnen."

# Betrüger mit Hilfe der Wahrscheinlichkeitsrechnung entlarven

Wirtschaftsprüfer untersuchen die Finanzen von Unternehmen. Sie führen unter anderem einen „Erste-Ziffer-Test" durch.

Erstaunlicherweise kommt die erste Ziffer einer Zahl in einer Datenreihe nicht gleich häufig vor. Der amerikanische Physiker Frank Benford hat festgestellt, dass die erste Ziffer (auch „führende Ziffer") in langen Datenreihen mit folgender Wahrscheinlichkeit auftritt:

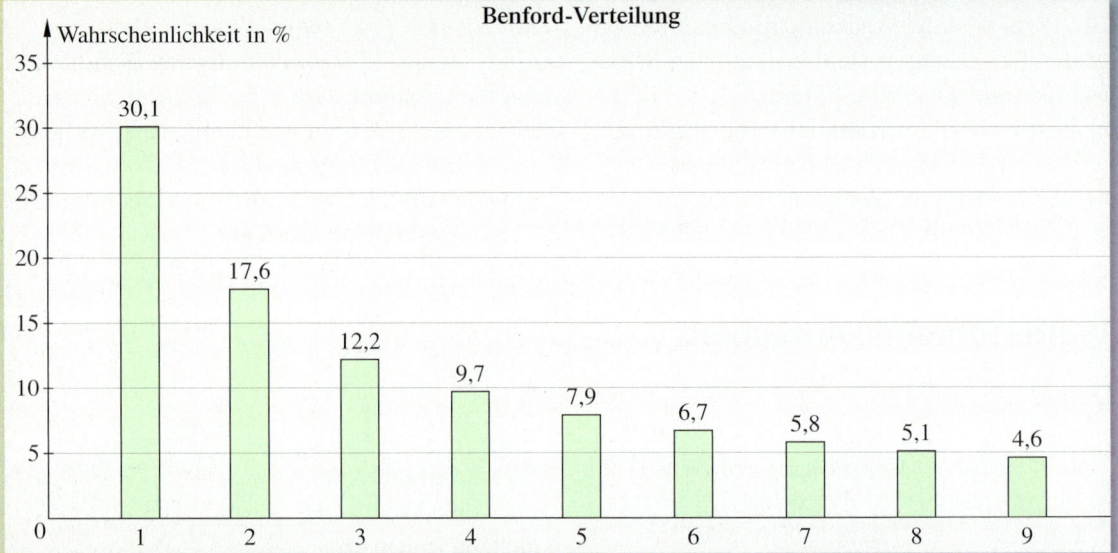

**1** Ein Beispiel für eine Datenreihe ist die Fläche der deutschen Großstädte.
Gib weitere Beispiele für Datenreihen an.

**2** Richtig oder falsch? Begründe.
① Je größer die Ziffer, desto seltener beginnen Zahlen mit dieser Ziffer.
② In einer Datenreihe mit 10 Werten muss eine Zahl mit der 1 beginnen.
③ Besteht eine Datenreihe aus 200 Werten, so beginnen 13 oder 14 der Werte mit einer 6.
④ In langen Datenreihen beginnen Zahlen statistisch gesehen mehr als sechsmal häufiger mit einer 1 als mit einer 9.

**3** Schaut man sich die Liste mit den 100 größten Seen Europas an, so besitzen 40 eine Flächengröße, die mit 1 beginnt, 25 eine Flächengröße, die mit 2 beginnt und 14 eine Flächengröße, die mit 3 beginnt. Sieben beginnen mit einer 4, vier mit einer 5, zwei mit einer 6, eine mit einer 7, drei mit einer 8 und vier mit einer 9.
a) Stelle die Verteilung in einem Säulendiagramm dar und vergleiche die Ergebnisse mit der Benford-Verteilung.
b) Jonathan meint: „Die Benford-Verteilung ist Unsinn. Ich habe mir eine Liste mit den 50 höchsten Gipfeln der Welt angeschaut. Da fängt nicht eine Höhe mit 1, 2 oder 3 an, während die 7 und die 8 ganz häufig vorkommen." Nimm Stellung zu Jonathans Aussage.

**4** Überprüft die Benford-Verteilung anhand von Autokennzeichen: Geht mit einem Partner auf einen Parkplatz und notiert von den parkenden Autos mit deutschem Kennzeichen die führende Ziffer der Zahl. Die Datenreihe sollte aus mindestens 100 Daten bestehen. Berechnet die relative Häufigkeit, mit der die einzelnen Ziffern an führender Stelle der Kennzeichen stehen und vergleicht die Ergebnisse mit der Benford-Verteilung.

**5** Sandro Meier arbeitet in der Buchhaltung eines Unternehmens. Zu seinen Aufgaben gehört es, Rechnungen zu überweisen. Rechnungen unterhalb von 100 € werden von seinem Chef nicht überprüft, da der Arbeitsaufwand dafür zu groß ist.

Das bringt Sandro Meier auf eine Idee: Er überweist täglich einen Betrag zwischen 90 € und 100 € auf sein Konto. Das fällt bei monatlich fast 500 „echten" Überweisungen im Betrieb doch gar nicht auf.

**a)** Berechne den Anteil der Überweisungen, die auf das Konto von Sandro Meier gezahlt werden.

**b)** Wie groß ist der Schaden für das Unternehmen in einem Monat (in einem Jahr)?

**6** Ein Wirtschaftsprüfer kontrolliert die 530 Überweisungen des letzten Monats in dem Unternehmen, in dem Sandro Meier arbeitet. Dabei führt er unter anderem einen „Erste-Ziffer-Test" durch.

**a)** Bestimme die Anzahl der Überweisungen, die nach der Benford-Verteilung mit 9 beginnen sollten.

**b)** Angenommen es gibt 500 „ehrliche" Überweisungen, die der Benford-Verteilung folgen. Hinzu kommen die auf das Konto von Sandro Meier ausgestellten Überweisungen. Wird der Wirtschaftsprüfer die Unregelmäßigkeiten entdecken? Begründe deine Meinung.

# Vermischte Übungen

**1** Bestimme die Wahrscheinlichkeit ...
a) aus einem Skatspiel mit 32 Karten die Herz-Dame zu ziehen.
b) mit einem fairen Würfel die „3" zu würfeln.
c) aus einer Schüssel mit je einer roten, einer blauen und einer gelben Kugel die gelbe zu ziehen.
d) von drei langen und einem kurzen Streichholz das kurze zu ziehen.

**BEACHTE**
Ein Körper, dessen Oberfläche aus 20 gleich großen Flächen besteht, heißt Ikosaeder.

**2** In Antons Klasse sind 12 Jungen und 15 Mädchen. Der Mathematiklehrer lost aus, wer die Hausaufgaben vortragen soll. Mit welcher Wahrscheinlichkeit muss ...
a) Anton seine Hausaufgaben vortragen.
b) ein Junge die Hausaufgaben vortragen.

**3** In einer Schüssel sind drei weiße und sieben schwarze Kugeln, von denen eine verdeckt gezogen wird.
a) Wie groß ist die Wahrscheinlichkeit, eine schwarze (weiße) Kugel zu ziehen?
b) Charlotte hat zweimal hintereinander eine schwarze Kugel gezogen und nicht zurückgelegt. Wie groß ist die Wahrscheinlichkeit, dass sie beim nächsten Zug eine weiße Kugel zieht?

**4** In einer Lostrommel sind 500 Lose, darunter sind 480 Nieten. Unter den ersten 200 gezogenen Losen waren 8 Gewinne. Hat sich die Gewinnwahrscheinlichkeit im Vergleich zum ersten Zug verkleinert? Begründe.

**5** Bei einem Würfel sind die Seiten mit den Augenzahlen 3 und 4 schwarz gefärbt, die anderen vier Seiten weiß.
Mit welcher Wahrscheinlichkeit zeigt beim einmaligen Würfeln ...
a) eine ungerade Augenzahl nach oben?
b) eine weiße Seite nach oben?
c) eine weiße Seite mit gerader Augenzahl nach oben?
d) eine ungerade Augenzahl oder eine weiße Seite nach oben?

**6** Für welche der folgenden Ereignisse beim Würfeln mit einem regulären Würfel ist die Wahrscheinlichkeit $\frac{1}{3}$?
a) 3 teilt die geworfene Augenzahl.
b) „3" ist die geworfene Augenzahl.
c) Die geworfene Augenzahl ist kleiner als 3.
d) Die geworfene Augenzahl ist größer als 3.

**7** Ein „Würfel" hat 20 Flächen, die mit den Zahlen von 1 bis 20 beschriftet sind (siehe Randspalte).
Wie groß ist die Wahrscheinlichkeit, bei einem Wurf ...
a) eine 8 zu werfen?
b) eine Zahl größer als 15 zu werfen?
c) eine Zahl zu werfen, deren Quersumme 2 ist?
d) eine Primzahl zu werfen?

**8** Von 200 Losen einer Tombola sind 75 % Nieten, ein Los der Hauptgewinn, vier Lose Großgewinne und der Rest Kleingewinne.
a) Wie groß ist die Wahrscheinlichkeit, den Hauptgewinn zu ziehen?
b) Der Losverkäufer behauptet: „Jedes vierte Los gewinnt." Stimmt das? Begründe.
c) Bestimme die Wahrscheinlichkeit, einen Kleingewinn zu ziehen.

**9** Mit diesem Quader wurde 400-mal gewürfelt. Dabei lag 81-mal die „6" oben.

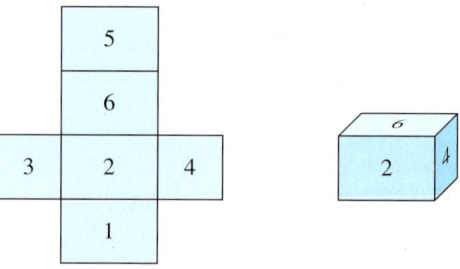

a) Gib einen Näherungswert für die Wahrscheinlichkeit an, dass die Augenzahl „6" gewürfelt wird.
b) Welche Ergebnisse sollten die gleiche Wahrscheinlichkeit haben wie das Würfeln der Augenzahl „6"? Warum?
c) Bestimme einen Näherungswert für das Würfeln der Augenzahl „3".

**10** Ein Schreinermeister bekommt den Auftrag, ein Glücksrad zu bauen, bei dem die Wahrscheinlichkeit für einen Hauptgewinn 5 % und für einen Kleingewinn 25 % beträgt.

a) Wie groß ist die Wahrscheinlichkeit, einen Haupt- oder Kleingewinn zu erzielen?

b) Bestimme die Wahrscheinlichkeit dafür, keinen Gewinn zu erhalten.

c) Zeichne ein mögliches Glücksrad.

**11** Ein Torwart führt eine Statistik darüber, ob er einen Elfmeter gehalten hat oder nicht.
T: Tor; G: Elfmeter gehalten
TTGTTTGGTTGTTTTTTTGTTTTT
Überprüfe die Aussagen und begründe.

a) Die Wahrscheinlichkeit dafür, dass ein Elfmeter gehalten wird, liegt bei 5 %.

b) Der Torwart wird den nächsten Elfmeter wahrscheinlich nicht halten.

c) Von den nächsten fünf Elfmetern wird der Torwart einen halten.

d) Es ist möglich, dass der Torwart von den folgenden zehn Elfmetern keinen hält.

e) Es ist unmöglich, dass der Torwart drei Elfmeter in Folge halten kann.

f) Durchschnittlich hält der Torwart jeden fünften Elfmeter.

**12** ➡ Nenne ein Beispiel für ein Laplace-Experiment und ein Beispiel für ein Zufallsexperiment, dessen Ergebnisse nicht gleich wahrscheinlich sind.

**13** ➡ Erkläre den Unterschied zwischen einem Ergebnis und einem Ereignis an einem selbst gewählten Beispiel.

**14** Nico hat den Eindruck, dass der Würfel, den seine Schwester benutzt, manipuliert ist. Das heißt, dass der Würfel nicht alle Zahlen mit gleicher Wahrscheinlichkeit würfelt. Wie kann er das überprüfen?

**15** Im Wetterbericht heißt es: „Mit 40%iger Wahrscheinlichkeit wird es morgen regnen." Welche dieser Aussagen treffen zu? Es ergibt sich ein Lösungswort.

| Aussage | trifft zu | trifft nicht zu |
|---|---|---|
| Morgen wird es in 40 % der Zeit regnen. | P | H |
| Morgen wird es vielleicht regnen. | I | A |
| Von 0:40 Uhr an wird es regnen. | R | M |
| Auf 40 % der Region wird morgen Regen fallen. | S | M |
| Es ist wahrscheinlicher, dass es nicht regnen wird, als dass es regnen wird. | E | C |
| Es wird morgen bestimmt nicht regnen. | H | L |

**16** ➡ Janina hat im Spielkasino beobachtet, dass in den vergangenen fünf Runden immer eine rote Zahl gewonnen hat.
Deshalb setzt sie in der nächsten Runde auf eine schwarze Zahl.
Sie ist sich sicher, dass die Wahrscheinlichkeit für eine schwarze Zahl deutlich gestiegen ist und sie nun wahrscheinlich gewinnen wird. Bewerte das Verhalten von Janina.

**17** ➡ Serpil wirft gleichzeitig zwei Münzen. Sie sagt: „Die Wahrscheinlichkeit, dass beide Münzen „Zahl" zeigen ist $\frac{1}{3}$, denn es gibt drei Möglichkeiten: zweimal Kopf; zweimal Zahl und je einmal Kopf und Zahl." Was meinst du?

### Glücksrad auf dem Schulfest

Der Förderverein der Gesamtschule
Süd hat auf dem Schulfest einen Stand
mit einem Glücksrad.
Man gewinnt einen Hauptgewinn,
wenn man eine Krone dreht. Bleibt das
Glücksrad auf einer Primzahl stehen,
so erhält man einen Trostpreis.

a) Wie groß ist die Wahrscheinlichkeit
dafür, dass die „1" gedreht wird?

b) Bestimme die Wahrscheinlichkeit dafür,
dass man einen Hauptgewinn erhält.

c) Mit welcher Wahrscheinlichkeit erhält
man einen Trostpreis oder einen
Hauptgewinn?

d) In der ersten halben Stunde drehen 30 Kinder am Glücksrad. Ist es sicher, dass eines
der Kinder einen Hauptgewinn erhält?

e) Die ersten fünf Kinder, die am Glücksrad spielen, gewinnen alle keinen Preis.
Ein wütendes Kind beschwert sich: „Das kann doch nicht sein! Das Glücksrad ist
sicher manipuliert." Hat das Kind Recht? Begründe deine Meinung.

f) Weil in der ersten Stunde zu viele Kinder Preise gewinnen, möchte der Förderverein
die Regeln ändern, damit die eingekauften Preise auch reichen. Die Wahrscheinlichkeit
für einen Hauptgewinn soll $\frac{1}{24}$ betragen und die für einen Trostpreis $\frac{5}{24}$.
Mache mindestens einen Vorschlag, mit welchen Regeln das bei diesem Glücksrad
möglich ist.

g) Beim nächsten Schulfest möchte der Förderverein Lose verkaufen.
Die Wahrscheinlichkeit für einen Hauptgewinn soll $\frac{1}{75}$ sein. Außerdem soll es
Kleingewinne und Nieten geben. Der Förderverein möchte mit der Aussage
„Jedes vierte Los gewinnt!" für die Verlosung werben.
Gib mindestens zwei Möglichkeiten für die Anzahl aller Lose, der Hauptgewinne,
der Kleingewinne und der Nieten an.

h) Konzipiere ein Gewinnspiel, bei dem ein Einsatz fürs Spielen gezahlt werden muss und
bei dem der Veranstalter einen Gewinn von 100 € erzielt.

# Alles klar?

Entscheide, ob die Aussagen richtig oder falsch sind.
Begründe deine Entscheidung im Heft und korrigiere gegebenenfalls.

## 1 Zufallsexperimente und Wahrscheinlichkeiten

**a)** Der Werfen einer Münze vor dem Anstoß eines Fußballspiels ist ein Laplace-Experiment.

**b)** Das Drehen des Glücksrads rechts ist ein Laplace-Experiment.

**c)** Die Wahrscheinlichkeit, mit dem Glücksrad die „4" zu drehen, beträgt $\frac{1}{4}$.

**d)** Will man die Wahrscheinlichkeit für das Würfeln mit einem Legostein ermitteln, muss man diesen zehnmal werfen. Die relative Häufigkeit für jedes Ergebnis ist dann die statistische Wahrscheinlichkeit.

**e)** Ist die Wahrscheinlichkeit für ein Ergebnis 0, so kann es in keinem Fall eintreten.

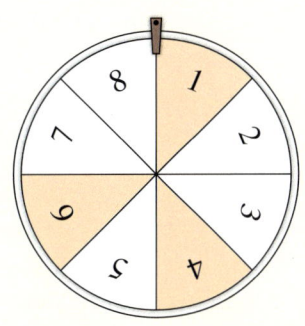

**BEACHTE**
Die Lösungen zu den Aufgaben auf dieser Seite sowie dazu passende Trainingsaufgaben findest du ab Seite 186.

## 2 Summenregel

**a)** Die Wahrscheinlichkeit, mit dem Glücksrad oben ein oranges Feld zu drehen, ist $\frac{3}{5}$.

**b)** Die Wahrscheinlichkeit, mit dem Glücksrad eine Primzahl zu drehen, liegt bei 50 %.

**c)** Die Wahrscheinlichkeit, mit dem Glücksrad ein weißes Feld mit gerader Zahl zu drehen, ist genauso groß wie die Wahrscheinlichkeit für ein oranges Feld mit gerader Zahl.

**d)** Da beim Glücksrad die Wahrscheinlichkeit für ein weißes Feld $\frac{5}{8}$ ist und für die „2" die Wahrscheinlichkeit $\frac{1}{8}$ beträgt, ist die Wahrscheinlichkeit für die „2" oder ein weißes Feld $\frac{5}{8} + \frac{1}{8} = \frac{6}{8} = \frac{3}{4}$.

## 3 Wahrscheinlichkeiten nutzen und deuten

Die Regenwahrscheinlichkeit in Holidorf wird für den Monat März mit 20 % angegeben. Familie Weyers wird in Holidorf einen 14-tägigen Urlaub verbringen.

**a)** Während des Urlaubs wird es an mindestens einem Tag regnen.

**b)** Familie Weyers muss mit etwa drei Regentagen rechnen.

**c)** Es ist möglich, dass es an allen Urlaubstagen in Holidorf regnet.

# Zusammenfassung

→ Seite 70

## Zufallsexperimente und Wahrscheinlichkeiten

Zufallsexperimente, bei denen alle Ergebnisse gleich wahrscheinlich sind, nennt man **Laplace-Experimente**.
Die Wahrscheinlichkeit für das Eintreten eines Ergebnisses $e$ ist dann

$$P(e) = \frac{1}{\textit{Anzahl aller möglichen Ergebnisse}}$$

Kann man nicht davon ausgehen, dass die Wahrscheinlichkeiten für die Ergebnisse gleich sind, so müssen die Wahrscheinlichkeiten experimentell bestimmt werden. Die relative Häufigkeit eines Ergebnisses nähert sich bei einer großen Anzahl von Versuchen einem Wert an.

Diesen Wert nennt man **statistische Wahrscheinlichkeit** eines Ergebnisses.

Das Drehen dieses Glücksrades ist ein Laplace-Experiment. Die Wahrscheinlichkeit, die „3" zu drehen, beträgt $\frac{1}{8}$.

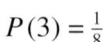

$P(3) = \frac{1}{8}$

Das Würfeln mit einem Filmdöschen ist kein Laplace-Experiment. Um die Wahrscheinlichkeiten der drei Ergebnisse zu bestimmen, wurde die Dose 100-mal geworfen.

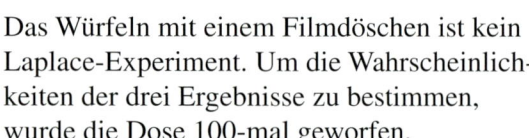

| mögliche Positionen | | | |
|---|---|---|---|
| Anzahl | 4 | 90 | 6 |
| Wahrscheinlichkeiten | $\frac{4}{100} = 4\%$ | $\frac{90}{100} = 90\%$ | $\frac{6}{100} = 6\%$ |

→ Seiten 74

## Summenregel

Bei Zufallsexperimenten gilt die **Summenregel** zur Berechnung von Wahrscheinlichkeiten.
Setzt sich ein Ereignis $E$ aus mehreren Ergebnissen zusammen, so berechnet man die Wahrscheinlichkeit dieses Ereignisses $E$, indem man die Wahrscheinlichkeiten der einzelnen Ergebnisse addiert.
Da bei Laplace-Experimenten die Wahrscheinlichkeiten für alle Ergebnisse gleich groß sind, gilt:

$$P(E) = \frac{\textit{Anzahl der günstigen Ergebnisse}}{\textit{Anzahl der möglichen Ergebnisse}}$$

Man gewinnt beim Drehen des Glücksrades, wenn eine ungerade Zahl gedreht wird.
$P(\text{ungerade}) = P(1) + P(3) + P(5) + P(7)$

$$= \frac{1}{8} + \frac{1}{8} + \frac{1}{8} + \frac{1}{8} = \frac{4}{8}$$
$$= \frac{1}{2}$$

Alternativ kann man auch so rechnen:
günstige Ereignisse: 1; 3; 5, 7
Anzahl der günstigen Ergebnisse: 4
Anzahl der möglichen Ergebnisse: 8

$P(\text{ungerade Zahl}) = \frac{4}{8} = \frac{1}{2}$

→ Seiten 78

## Wahrscheinlichkeiten nutzen und deuten

Wahrscheinlichkeitsaussagen lassen sich nur auf eine große Anzahl von Versuchen anwenden und sind für die Vorhersage von Einzelergebnissen nicht geeignet.

Die Regenwahrscheinlichkeit im Tyrrhenischen Meer beträgt im Sommer 7 %.
Bei drei Wochen Urlaub muss man mit 1 – 2 Regentagen rechnen. Es ist aber ebenso möglich, dass es gar nicht oder an mehr als zwei Tagen regnet.

# Zinsrechnung

In Frankfurt am Main sind die wichtigsten
Finanzunternehmen angesiedelt.
Jede große Bank hat hier ein Bürohaus.
Wenn du Geld bei einer Bank „sparst",
kann die Bank für einen bestimmten
Zeitraum mit deinem Geld arbeiten.
Dafür bekommst du Zinsen
als Leihgebühr.

In diesem Kapitel lernst du, wie du auf unterschiedliche
Weise Zinsen, Kapital und den Zinssatz berechnen kannst
und welche Rolle die Zeit dabei spielt. Dabei kann der
Umgang mit einer Tabellenkalkulation nützlich sein.

## Noch fit?

**1** Zeichne für jede Teilaufgabe ein Quadrat mit der Seitenlänge $a = 5$ cm auf Karopapier. Färbe jeden Flächenanteil mit einer anderen Farbe.

a) 1 %, 10 %, 20 %, 25 %     b) 5 %, 50 %     c) 75 %, 100 %

↻088-1
Unter diesem Webcode gibt es eine interaktive Übung zum Zuordnen von Prozentwerten zu Brüchen und Dezimalbrüchen.

**2** Ergänze die Tabelle.

|  | a) | b) | c) | d) | e) | f) |
|---|---|---|---|---|---|---|
| Dezimalbruch | 0,25 |  | 0,60 |  |  | 0,05 |
| Bruch | $\frac{25}{100} = \frac{1}{4}$ | $\frac{1}{10}$ |  |  |  |  |
| in Prozent | 25 % |  |  |  | 100 % |  |
| Anteil | 25 von 100 |  |  | 12,5 von 100 |  |  |

**3** Schreibe in Prozent.

a) $\frac{25}{100}$     b) $\frac{7}{10}$     c) $\frac{18}{36}$     d) $\frac{20}{80}$     e) $\frac{55}{250}$     f) $\frac{6}{15}$

**4** Berechne im Kopf.

a) 3 % von 400 m     b) 5 % von 60 kg     c) 120 % von 50 €
d) 1 % sind 10 €. 100 % sind …     e) 5 % sind 15 kg. 100 % …     f) 0,5 % sind 0,2 g. 100 % …
g) 1 € von 100 € sind …     h) 250 g von 1 kg sind …     i) 50 € von 400 € sind …

**5** Fülle die Tabelle im Heft aus.

|  | a) | b) | c) | d) | e) | f) |
|---|---|---|---|---|---|---|
| Prozentwert |  | 720 ℓ | 16 € |  | 48 kg | 0,24 |
| Grundwert | 2400 m |  | 20 € | 2500 km | 120 kg |  |
| Prozentsatz | 2 % | 40 % |  | 40 % |  | 50 % |

**6** Gib jeweils an, ob du Grundwert, Prozentwert oder Prozentsatz berechnest. Berechne dann.

a) Ein PC-Spiel kostet 25 €. Es wird um 30 % reduziert. Wie viel kostet es jetzt?

b) Im Jahr 2013 wurden in Deutschland 2 952 400 neu zugelassene Personenkraftwagen gemeldet. Damit liegt der Anteil der Neufahrzeuge bei etwa 7 %.
   Wie hoch war der ungefähre Bestand an Personenkraftwagen 2013?

c) Im Jahr 1950 lebten in Mexiko-City 3,1 Mio. Menschen. Bis zum Jahr 2009 stieg die Einwohnerzahl um 5,7 Mio. Menschen. Um wie viel Prozent ist die Einwohnerzahl gestiegen?

**7** Manuel kauft eine Sondermünze für 5 €. Nach einem Jahr verkauft er sie für 12 € an einen Sammler. Wie hoch war sein Gewinn in Prozent?

### BUNT GEMISCHT

1. Ida hat 16 Geldmünzen. Darunter sind genau 8 Münzen zu je 1 € und nur 2 Münzen zu je 1 ct. Welche Geldsumme ergibt das höchstens (mindestens)?

2. Berechne mit Hilfe der binomischen Formeln geschickt im Kopf: $49^2$ und $27 \cdot 33$.

3. Gib den vierten Teil eines Kubikmeters in Kubikdezimeter ($dm^3$) an.

4. Sind 25 % von 80 das gleiche wie 80 % von 25? Begründe.

# Begriffe der Zinsrechnung

## Erforschen und Entdecken

**1** Lies den folgenden Satz:

*Tom legt 2500 Euro auf einem Sparbuch zu 0,5% an.*
*Er erhält nach einem Jahr 12,50 Euro dazu.*

a) Gib den Prozentwert, den Grundwert und den Prozentsatz an.
b) Im Finanzwesen verwendet man statt Prozentwert, Grundwert und Prozentsatz die Begriffe

| **Zinsen** | **Kapital** | **Zinssatz** |
|---|---|---|

Ordne die Begriffe zu.

**2** Informiert euch bei Banken über verschiedene Zinssätze
und wofür sie gelten.
Diskutiert dann untereinander:
Warum bekommt man Zinsen?
Wann und warum muss man Zinsen zahlen?
Warum sind Zinsen unterschiedlich hoch?
Womit verdienen Banken ihr Geld?

**3** Um Kunden zu werben, locken Banken und Kreditgeber oft mit Anzeigen in der Zeitung.

| Anzeige |
|---|
| Attraktive Zinsen bei der **Sparbank**<br>Legen Sie Ihr Gespartes nicht unter die<br>Federn Ihres Kissens!<br>Legen Sie es lieber ganz leicht, aber fest,<br>für ein Jahr an.<br>Nur bei uns, exklusiv für SIE bieten wir<br>3 % Zinsen.<br>Rufen Sie an: 0123/43443 |

| Anzeige |
|---|
| Sie brauchen GELD –<br>und das sofort?<br>**WIR**<br>sind für Sie da –<br>einfach anrufen,<br>Kredithöhe angeben<br>→ Sofortkredite bis **50 000 €**<br>(Aktueller Zinssatz bei uns nur 18 %)<br><br>ELSTER & HAI Tel.: 0123/9876 |

a) Klärt untereinander die Begriffe und Angaben, die unverständlich sind.
b) Vergleicht die Angebote, findet also Gemeinsamkeiten und Unterschiede.

**4** Finja und Felix berechnen 3 % von 50 000 €.

Finja rechnet:

| | Anteil | Betrag (in €) |
|---|---|---|
| | 100 % | 50 000 |
| | 1 % | 500 |
| | 3 % | 1500 |

: 100 · 3      : 100 · 3

Felix rechnet:
Zinsen $(Z)$ = Kapital $(K)$ · Zinssatz $(p\,\%)$
$Z = K \cdot \frac{p}{100}$
$Z = 50\,000\,€ \cdot \frac{3}{100}$
$Z = 1500\,€$

a) Erkläre ihre Vorgehensweisen. Wo liegen die Unterschiede?
b) Überlege dir einen passenden Sachzusammenhang.

**NACHGEDACHT**
Recherchiert die Bedeutung der Begriffe Dispositionskredit, Überziehungszinsen, Kredit, Sollzinsen, Habenzinsen, Hypothek, Ratenkredit, Ratensparen und erstellt eine Übersicht.

**BEACHTE**
Der Zinssatz wird grundsätzlich pro Jahr angegeben. Manchmal steht zusätzlich p. a. hinter dem Zinssatz, das bedeutet per anno und ist lateinisch für jährlich.

**BEACHTE**
$p\,\% = \frac{p}{100}$

# Lesen und Verstehen

Leonie hat vor einem Jahr 420 € zu 2 % angelegt. Wie viel Zinsen erhält sie?
Die Zinsrechnung ist eine Anwendung der Prozentrechnung bezogen auf den Geldverkehr und unterscheidet sich nur durch die Einführung der Zeit als neuen Wert.
Die bekannten Begriffe bekommen einen neuen Namen.

↻ 090-1
Hier findest du ein Arbeitsblatt zu den Begriffen der Zinsrechnung.

| Begriffe der Prozentrechnung | Prozentsatz $p\,\%$ | Grundwert $G$ | Prozentwert $W$ | |
|---|---|---|---|---|
| Begriffe der Zinsrechnung | Zinssatz $p\,\%$ | Kapital $K$ (Guthaben, Kredit) | Zinsen $Z$ | Zeit $t$ (Laufzeit, Ausleihzeit) |
| BEISPIEL | 2 % von | 420 € | sind 8,40 € | Laufzeit: ein Jahr |

Zur Berechnung von Zinsen, Kapital und Zinssatz für ein Jahr geht man genauso vor wie in der Prozentrechnung zur Berechnung von Prozentwert, Grundwert und Prozentsatz.

**BEACHTE**
Die Formel $Z = K \cdot \frac{p}{100}$ leitet sich aus dem Dreisatz ab. Ersetzt man im Beispiel die einzelnen Zahlenwerte durch Variablen, so kann man erkennen, wie die Werte mit Hilfe einer Formel berechnet werden können.

| Anteil | Anzahl |
|---|---|
| 100 % | $K$ |
| ↓ : 100 | ↓ : 100 |
| 1 % | $\frac{K}{100}$ |
| ↓ · p | ↓ · p |
| p % | $\frac{K}{100} \cdot p = Z$ |

Sind das Kapital und der Zinssatz bekannt, kann man die **Jahreszinsen** mit dem Dreisatz oder mit der Zinsformel berechnen.

$$Z = K \cdot \frac{p}{100}$$

**BEISPIEL 1**
Berechnung der Zinsen von Leonie (s. oben)

| | Anteil | Betrag (in €) | |
|---|---|---|---|
| : 100 | 100 % | 420 | : 100 |
| · 2 | 1 % | 4,20 | · 2 |
| | 2 % | 8,40 | |

$Z = 420\,€ \cdot \frac{2}{100}$
$Z = 8,40\,€$    Die Zinsen betragen 8,40 €.

Sind die Jahreszinsen und der Zinssatz bekannt, kann das **Kapital** mit dem Dreisatz oder mit Hilfe der umgestellten Zinsformel berechnet werden.

$$K = \frac{Z}{p} \cdot 100$$

**BEISPIEL 2**
Der Zinssatz beträgt 8,5 %, das entspricht 340 € Zinsen. Wie hoch ist das Kapital?

| | Anteil | Betrag (in €) | |
|---|---|---|---|
| : 8,5 | 8,5 % | 340 | : 8,5 |
| · 100 | 1 % | 40 | · 100 |
| | 100 % | 4000 | |

$K = \frac{340\,€}{8,5} \cdot 100$
$K = 4000\,€$    Das Kapital beträgt 4000 €.

Sind Kapital und Jahreszinsen bekannt, kann der **Zinssatz** mit dem Dreisatz oder mit Hilfe der umgestellten Zinsformel berechnet werden.

$$p\,\% = \frac{Z}{K}$$

Der Zinssatz wird für ein Jahr angegeben.

**BEISPIEL 3**
800 € erbringen nach einem Jahr 20 € Zinsen. Wie hoch ist der Zinssatz?

| | Betrag (in €) | Anteil | |
|---|---|---|---|
| : 80 | 800 | 100 % | : 80 |
| · 2 | 10 | 1,25 % | · 2 |
| | 20 | 2,5 % | |

$p\,\% = \frac{20\,€}{800\,€}$       Der Zinssatz
$p\,\% = 0,025 = 2,5\,\%$    beträgt 2,5 %.

## Basisaufgaben

**1** Ordne jeweils die Begriffe Zinssatz, Zinsen und Kapital zu.
a) 50 € von 2000 € sind 2,5 %.
b) 4 % sind 112 € von 2800 €.
c) 2 % von 600 € sind 12 €.

**2** Berechne im Kopf die Jahreszinsen für das Kapital bei einem Zinssatz von 5 %.
a) 1000 €  b) 2500 €  c) 4200 €
d) 6500 €  e) 8420 €  f) 3860 €

**3** Berechne die Jahreszinsen im Kopf.
a) 10 % von 600 €    b) 5 % von 600 €
c) 2 % von 600 €     d) 7 % von 1500 €
e) 1 % von 535 €     f) 1,5 % von 7000 €

**4** Berechne die Jahreszinsen.

|          | a)     | b)     | c)     | d)      |
|----------|--------|--------|--------|---------|
| Zinssatz | 4,5 %  | 3,5 %  | 8,5 %  | 12,5 %  |
| Kapital  | 3000 € | 5400 € | 9000 € | 12 000 €|

**5** Berechne den Zinssatz.

|         | a)    | b)     | c)     | d)      |
|---------|-------|--------|--------|---------|
| Kapital | 250 € | 1000 € | 1500 € | 12 000 €|
| Zinsen  | 5 €   | 10 €   | 75 €   | 1320 €  |

**6** Berechne das Kapital bei 1000 € Zinsen zu folgendem Zinssatz.
a) 0,5 %   b) 2 %   c) 5 %   d) 0,05 %

**7** Ordne die entsprechenden Angaben zu.
a) Jahreszinsen: ① 900 € ② 1200 € ③ 600 €
    8 % von 7500 €      2 % von 60 000 €
    4 % von 22 500 €    6 % von 15 000 €
    3 % von 40 000 €    4 % von 15 000 €
b) Zinssatz: ① 4 % ② 2 % ③ 8 %
    80 € von 2000 €     160 € von 2000 €
    4 € von 100 €       2 € von 100 €
    40 € von 2000 €     80 € von 1000 €
c) Kapital: ① 2000 € ② 100 000 €
    ③ 10 000 €
    4 % sind 80 €       4 % sind 400 €
    2 % sind 40 €       2 % sind 2000 €
    4 % sind 4000 €     5 % sind 5000 €

**8** Berechne den Zinssatz.

|    | Kapital K | Jahreszinsen Z | Zinssatz p % |
|----|-----------|----------------|--------------|
| a) | 750 €     | 60 €           |              |
| b) | 1250 €    | 75 €           |              |
| c) | 3000 €    | 150 €          |              |
| d) | 7450 €    | 1341 €         |              |
| e) | 21 000 €  | 2079 €         |              |
| f) | 35 600 €  | 2848 €         |              |
| g) | 200 000 € | 18 000 €       |              |

**9** Lea erhält auf ihrem Sparbuch 0,75 % Zinsen im Jahr. Sie hat 1230 € Guthaben auf ihrem Sparbuch.
Berechne die Jahreszinsen und das neue Kapital.

**10** Für ein Kapital von 1250 € erhält Max nach einem Jahr 37,50 € Zinsen.
Wie hoch ist der Zinssatz?

**11** Wie hoch ist das Kapital?
a) Philipp erhält bei einem Zinssatz von 2 % 80 € Zinsen.
b) Lena werden bei einem Zinssatz von 0,4 % Zinsen in Höhe von 12 € gutgeschrieben.
c) Anja bekommt 15 € Zinsen im Jahr. Ihr Geld ist zu einem Zinssatz von 1,5 % angelegt.

**12** ➡ Der höchste Einzelgewinn im Lotto ging am 7. Oktober 2006 mit 37 688 291,80 € an einen Spieler aus Nordrhein-Westfalen. Er legte 90 % seines Lottogewinns bei seiner Bank mit einer Verzinsung von 3 % an.
Formuliere Fragen zur Aufgabe, die du dann in Partnerarbeit berechnest und löse sie.

**BEACHTE**
Guthabenzinsen zahlt eine Bank, wenn Kapital bei ihr angelegt wird. Sie liegen zurzeit zwischen 0,5 % und 2,6 % p.a. Kreditzinsen zahlt man an die Bank, wenn man sich dort Geld leiht. Sie sind in der Regel deutlich höher als Guthabenzinsen. Die Banken machen also mit dem Verleihen von Geld Gewinn.

↻ 091-1
Unter diesem Webcode befinden sich interaktive Übungen zum Zuordnen von Jahreszinsen.

**BEACHTE**
zu Aufgabe 12:
Eine Eigentumswohnung kostet etwa ab 100 000 €, ein Haus ungefähr 300 000 €.
Ein Auto kostet von 10 000 € (Kleinwagen) bis 220 000 € (Sportwagen).
Eine Kreuzfahrt (8 Tage) kostet etwa 2000 € pro Person, für eine Weltreise (6 Monate) zahlt man ungefähr 50 000 €.

## Methode: Prozent- und Zinsrechnung mit dem Taschenrechner

**BEACHTE**
Die Tasten-
bezeichnungen
sind häufig
Abkürzungen.

STO: to store
= speichern

RCL: to recall
= zurückrufen

M1, M2, M3:
Memory
= Gedächtnis

Nicht alle Taschenrechner arbeiten gleich. Die Bedienungsanleitung jedes Taschenrechners gibt genauere Hinweise für das jeweilige Modell.

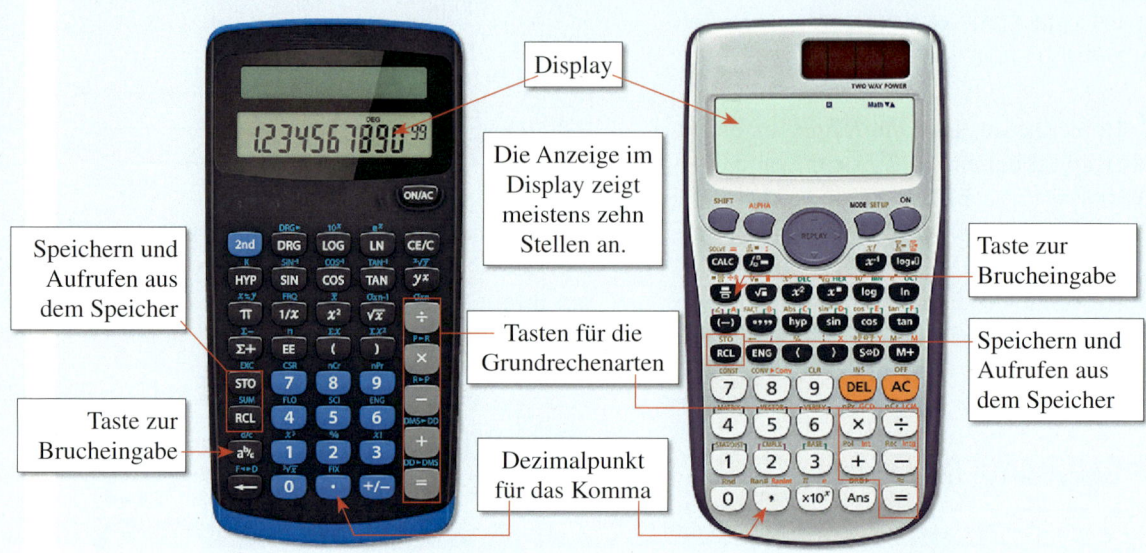

**BEACHTE**
Statt der Taste
[STO] haben
manche Rechner
die Taste(n)
[Min], [M+]
oder [MR]. Lies
in diesem Fall in
deiner Anleitung
nach, wie du den
Speicher benutzt.

Statt der Taste
[2nd] haben
manche Taschen-
rechner die Taste
[Shift] oder [INV].

Aufgaben wie „2 % von 800 €" können mit dem Dreisatz leicht im Kopf berechnet werden: 800 : 100 · 2 = 16, also gilt: 2 % von 800 € sind 16 €.

Da bei Bankgeschäften eher Zinssätze wie 0,05 %, 0,15 %, …, 1,35 % vorkommen, hilft ein Taschenrechner beim schnelleren Berechnen.

Taschenrechner haben eine Taste zur **Prozentrechnung**. Bei vielen Modellen bewirkt die Prozenttaste [%] das gleiche wie „: 100", denn Prozent bedeutet Hundertstel.

**BEISPIEL**
Berechnung des Prozentwertes:
2 % von 98      98 · 2 [2nd] [%] → 1,96
Berechnung des Grundwertes:
45 sind 15 %    45 : 15 [2nd] [%] → 300
Berechnung des Prozentsatzes:
35 von 200    35 : 200 [2nd] [%] → 17,5 %

**13** Berechne den Prozentwert mit dem Taschenrechner.
a) 0,4 % von 2750 €
b) 11,5 % von 3200 €
c) 1,25 % von 470 €

**14** Berechne den Grundwert mit dem Taschenrechner.
a) 0,25 % sind 4,80 €.
b) 11,5 % sind 2585 €.
c) 2,1 % sind 350 €.

**15** Berechne den Prozentsatz mit dem Taschenrechner.
a) 45 € von 750 €
b) 572,50 € von 4580 €
c) 10 860 € von 244 000 €

**16** Überprüfe deinen Taschenrechner.

a) Gib ein: 3 %
Wenn dein Taschenrechner 0,03 angibt, rechnet er bei Druck auf die Prozent-taste % „: 100".

b) Berechne den Prozentwert:
15,4 % von 400. Gib ein: 400 · 15,4 %.
Im Display müsste 61,6 stehen.

c) Berechne den Prozentwert: 5 % von 60.
Notiere deine Eingaben.

d) Berechne den Grundwert:
16,2 sind 20 %. Gib ein: 16,2 : 20 %.
Im Display müsste 81 stehen.

e) Berechne den Grundwert: 2,3 sind 4 %.

**17** Berechne mit Hilfe des Speichers.
**BEISPIEL** 8 % von 32 (44, 92)
Eingabe in den Taschenrechner:

`0 . 0 8 STO 1 × 3 2 =` 2,56
`RCL 1 × 4 4 =` 3,52
`RCL 1 × 9 2 =` 7,36

a) Erkläre die einzelnen Schritte im Beispiel.

b) Berechne 8 % von 60; 95; 108; 121; 220

c) 19 % von 45; 76; 83; 91; 144; 213

d) 32 % von 70; 99; 312; 424; 724; 1030

e) 59 % von 18; 27; 29; 148; 193; 293; 500

f) 72 % von 37; 283; 382; 391; 401; 862

**18** Berechne die Prozentwerte.
**BEISPIEL** 25 · 5 % = 1,25

a) 5 % von 25; 35; 80; 120; 330; 400

b) 7,5 % von 789; 564; 352; 3 215

c) 16 % von 63; 180; 246; 333; 1851

d) 29 % von 17; 261; 378; 3492; 6209

e) 32,5 % von 603; 970; 10540; 23 344

f) 42 % von 5 778; 13 359; 24 943; 59 872

**19** Berechne die Grundwerte.
**BEISPIEL** 13 % sind 65 €.
65 : 13 % = 500

a) 0,4 % sind 36; 48,80; 120; 180; 5000

b) 0,9 % sind 63; 76,68; 81; 108; 1305

c) 1,25 % sind 10; 21,25; 56,63; 97,5; 125

d) 4,50 % sind 27; 40,5; 54; 162; 405

e) 16,5 % sind 49,5; 82,5; 165; 198; 742,5

f) 7,8 % sind 17; 47,5; 139,9; 583,09; 1000,1

g) 24,07 % sind 32,7; 240,7; 500,3; 1010,24

h) 5,55 % sind 0,0501; 0,49; 7,999; 10,032

**20** Berechne den Prozentsatz mit dem Taschenrechner. Achte auf die Einheiten. Runde auf eine Stelle nach dem Komma.

a) 400 m von 42 km   b) 325 cm von 7 m
c) 425 mm von 3 m   d) 450 g von 8 kg
e) 720 kg von 38 t   f) 375 mg von 6 g

**21** Ergänze die Tabelle. Runde entsprechend der vorgegebenen Werte sinnvoll.

|    | Grundwert | Prozentsatz | Prozentwert |
|----|-----------|-------------|-------------|
| a) | 38 €      | 20 %        |             |
| b) |           | 8 %         | 2,44 m      |
| c) | 15,6 g    |             | 3,9 g       |
| d) |           | 17 %        | 8 cm        |

**22** Berechne mit dem Taschenrechner.

a) Ein Fahrrad kostet 868 €. Dazu kommen noch 19 % Mehrwertsteuer.
Wie hoch ist der Betrag für die Mehrwert-steuer? Wie hoch ist der Endpreis?

b) Beim Kauf eines Heimtrainers wird der Verkaufspreis von 218 € um 3,5 % verrin-gert. Um wie viel Euro ist dadurch der Preis gesenkt worden?

**23** ⇨ Schätze die Lösungen und begründe deinen Lösungsweg.

a) Wie viele Taschenrechner besitzen die Familien der Schülerinnen und Schüler deiner Schule insgesamt?

b) Wie groß wäre die Fläche, die damit ausgelegt werden könnte? Reicht dein Klassenraum?

c) Wie viele Taschenrechner besitzen alle Haushalte in Deutschland zusammen?

**24** Berechne die Jahreszinsen mit dem Dreisatz und trage das neue Kapital ein.

|    | Zinssatz $p\%$ | Kapital K (alt) | Jahres-zinsen Z | Kapital (neu) |
|----|----------|---------|------|------|
| a) | 0,5 %    | 5000 €  | 25 € |      |
| b) | 1,25 %   | 4200 €  |      |      |
| c) | 5,7 %    | 1830 €  |      |      |
| d) | 4,5 %    | 3950 €  |      |      |
| e) | 8,1 %    | 4200 €  |      |      |
| f) | 7 %      | 4350 €  |      |      |

**BEACHTE**
Die Lösungen zum neuen Kapi-tal in Aufgabe 24 ergeben in der richtigen Reihen-folge den Namen eines Landes. Auf welchem Kontinent liegt dieses Land?
1934,31 € (G);
4127,75 € (0);
4252,50 € (N);
4540,20 € (L);
4654,50 € (A);
5025 € (A)

**25** Berechne jeweils das Kapital.

|     | Jahreszinsen $Z$ | Zinssatz $p\,\%$ | Kapital $K$ |
|-----|------------------|------------------|-------------|
| a)  | 360 €            | 12 %             |             |
| b)  | 40,50 €          | 9 %              |             |
| c)  | 3,32 €           | 4 %              |             |
| d)  | 9,75 €           | 7,5 %            |             |
| e)  | 106,95 €         | 23 %             |             |

**26** Frau Griese nimmt einen Kredit über 25 000 € auf. Nach einem Jahr muss sie 2875 € Zinsen zahlen.
Wie hoch war der Zinssatz?

**27** Nach einem heftigen Sturm muss Familie Berns das Dach reparieren lassen. Sie nehmen für ein Jahr einen Kredit über 6000 € auf und zahlen nach einem Jahr 6420 € zurück. Zu welchem Zinssatz hatte Familie Berns den Kredit erhalten?

**28** Frau Sturm möchte nach Ablauf eines Jahres 2150 € Zinsen erhalten.
Die Bank bietet einen Zinssatz von 4,3 %.
Wie viel muss Frau Sturm einzahlen?

**29** Zum Bau eines Hauses ist ein Kredit von 180 000 € nötig. Die Sparkasse gewährt einen Zinssatz von 1,8 %.
Wie hoch ist die Zinsbelastung im ersten Jahr? Rechne um auf einen Monat.

**30** Seit 1901 erfolgt jährlich am 10. Dezember in Schweden die Nobelpreisverleihung. Alfred Nobel hat ein Vermögen hinterlassen, aus dessen Zinsen fünf Nobelpreise finanziert werden.
Seit 2012 beträgt das Preisgeld ca. 4,2 Mio. € für die fünf Preise. Dazu kommen weitere jährliche Kosten von 9,8 Mio. €.
Von welchem Vermögen kann man ausgehen, wenn der Zinssatz 4 % beträgt?

**31** Ein Lottogewinn von 1 000 000 € soll für 2 Jahre angelegt werden.
Es liegen drei Angebote vor:
① im 1. Jahr Zinssatz 2 %, im 2. Jahr 4 %
② im 1. Jahr 1 %, im 2. Jahr 5 %
③ im 1. Jahr 3 %, im 2. Jahr 3 %
Wie hoch ist der Betrag, der maximal erzielt werden kann?

**BEACHTE**
zu Aufgabe 30:
Alfred Nobel (1833–1896) war ein schwedischer Chemiker und Erfinder. Unter anderem erfand er das Dynamit und wurde dadurch sehr reich. Im Testament verfügte er, dass mit seinem Vermögen eine Stiftung gegründet werden sollte. Die Zinsen aus seinem Vermögen sollten als Preise (Nobelpreise) vergeben werden.

## Weiterführende Aufgaben

↻ 094-1
Unter diesem Webcode befindet sich eine interaktive Übung zu Kapital, Zinsen und Zinssatz.

**32** ➡ Anlageformen einer Bank:

> Zinssätze für Guthabenzinsen bei…
> **Start-Girokonto** (bis 17 Jahre): 0,2 %
> **Geldmarktkonto** (max. 6000 €): 0,1 %
> **Festzinssparen für 1 Jahr:** 0,3 %;
> (Mindestanlage 5000 €)

a) Berechne für ein Kapital von 7000 € (1200 €; 5500 €) die Zinsen, die man jeweils nach einem Jahr erhält.
b) Welche Vor- und Nachteile haben die einzelnen Anlageformen?

**33** ➡ Familie Cunsolo will für einen Garagenbau einen Kredit aufnehmen. Die jährlichen Zinsen sollen höchstens 550 € betragen. Berechne mit dem Taschenrechner mindestens drei mögliche Kombinationen aus Kredithöhe und Zinssatz.

**34** Ergänze die Tabelle.

|     | Zinssatz $p\,\%$ | Kapital $K$ (alt) | Jahreszinsen $Z$ | Kapital $K$ (neu) |
|-----|------------------|-------------------|------------------|-------------------|
| a)  | 2,5 %            | 2150 €            |                  |                   |
| b)  |                  | 3300 €            | 198 €            |                   |
| c)  | 4 %              |                   | 296,40 €         |                   |
| d)  |                  | 1850 €            |                  | 1887 €            |
| e)  |                  | 2340 €            |                  | 2562,30 €         |

**35** Wie verändert sich der Zinssatz mit der Höhe des Kredits? Finde Gründe dafür.

e nicht
ndungen
farbigen
echnisch
Lage, zu
n eine
anweist.
f dem
stellen.
gel der

■ **KLEINKREDITE-**
**besonders günstig**

Sofortige Auszahlung, Rückzahlung
nach einem Jahr mit kleinem Aufpreis

| für 500 €  | 62,50 €  | Jahreszinsen |
|------------|----------|--------------|
| für 1000 € | 150,00 € | Jahreszinsen |
| für 1500 € | 850,00 € | Jahreszinsen |

zeige
imme
wie g
oder
geseh
glätt
Anwe
darzu
der F
auf w

# ■ Tageszinsen und Zinseszinsen berechnen

## Erforschen und Entdecken

**1** Alicia hat zu Jahresbeginn 600 € auf ihrem Sparbuch.
Der Zinssatz beträgt 0,75 %.

a) Wie viel Zinsen gibt die Bank, wenn sich
Alicia ihr Geld nach $\frac{1}{2}$ Jahr auszahlen lässt?

b) Wie viel Zinsen bekommt Alicia, wenn sie
sich das Geld am 1. März auszahlen lässt?

c) Wie viel Zinsen ergeben sich, wenn das
Geld nach 82 Tagen ausgezahlt wird?

Überlege zuerst allein. Besprecht euch
untereinander. Diskutiert anschließend
in der Klasse über eure Lösungswege und
Ergebnisse.

**2** Martin sagt zu Paula:
„Ob du nun 7 % oder 7,5 % zahlen musst – 0,5 % machen bei einem Kredit fast nichts aus."
Was meinst du dazu? Begründe mit Hilfe einer Rechnung.

**3** Robin und Lars legen 10 Jahre lang 10 000 € zu einem Zinssatz von 1,60 % an.

| Lars holt die Zinsen jedes Jahr vom Konto ab und kauft sich etwas Schönes. | Robin lässt die Zinsen über die gesamte Zeit auf dem Konto. |
| --- | --- |

a) Lege jeweils eine Tabelle an für den Guthabenstand (in €) nach 1, 2, …, 10 Jahren.

b) Stelle ausgehend von der Tabelle den Zusammenhang zwischen den Jahren und dem
Guthabenstand in einem Punktdiagramm dar (siehe unten).

c) Wie hoch sind die Gesamtzinsen, wenn sie erst nach 10 Jahren bzw. wenn sie jedes Jahr
abgehoben werden? Vergleiche.

**4** Felia möchte sparen und möglichst viele Zinsen erhalten.
Sie informiert sich bei einer Bank und erhält eine Werbe-
broschüre, die das Anwachsen des Kapitals zeigt.
Wie steigen die Zinsen von Jahr zu Jahr?
Liegen die Kreuze auf einer Geraden? Begründe.

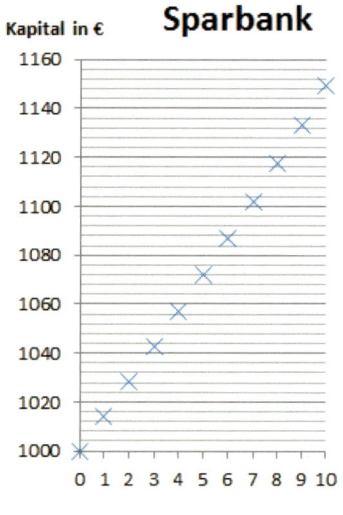

## Lesen und Verstehen

Herr Müller hat sein Girokonto vom 06.05. bis zum 29.11. mit 1500 € überzogen.
Die Bank verlangt für den **Dispositionskredit** einen Zinssatz von 13 %.
Wie viele Zinsen muss er zahlen?

Volljährige können ein Girokonto überziehen, also mehr abheben, als Guthaben vorhanden ist.
Dafür bieten die Banken den sogenannten Dispositionskredit an. Es werden hohe Zinsen fällig,
die taggenau berechnet werden.

Beim Berechnen der Zinstage zählt der Auszahlungstag mit, der Einzahlungstag jedoch nicht.

**BEISPIEL 1**

Herr Müller überzog sein Konto am 06.05. (Tag wird nicht mitgezählt) und glich es am 29.11. (Tag wird mitgezählt) wieder aus.

| Mai | 06.05. bis 30.05. | 30 Tage – 6 Tage | 24 Tage |
|---|---|---|---|
| fünf Monate | 01.06. bis 30.10. | 5 · 30 Tage | 150 Tage |
| November | 01.11. bis 29.11. | 29 Tage | 29 Tage |
| | | Insgesamt: | $t = 203$ Tage |

Werden Zinsen nicht genau für ein Jahr berechnet, so muss man die Zeitdauer berücksichtigen.
Die Jahreszinsen werden mit dem Zeitfaktor $t$ multipliziert.

Als Vereinfachung gilt: 1 Monat = 30 Tage, 1 Jahr = 12 Monate = 360 Tage.
Ein Tag entspricht dann dem Zeitfaktor $t = \frac{1}{360}$ und $d$ Tage entsprechen $t = \frac{d}{360}$.
Ein Monat entspricht $t = \frac{1}{12}$ und $m$ Monate entsprechen $t = \frac{m}{12}$.

Die Zinsen für Teile eines Jahres kann man berechnen, indem man das Kapital mit dem Zinssatz multipliziert und mit dem Bruchteil eines Jahres multipliziert.
$Z = K \cdot p\% \cdot t$

**BEISPIEL 2**
Zinsen ($Z$) = Kapital ($K$) · Zinssatz ($p\%$) · Zeitfaktor ($t$)

$$Z = 1500 € \cdot 13\% \cdot \frac{203}{360}$$
$$Z = 1500 € \cdot \frac{13}{100} \cdot \frac{203}{360}$$
$$Z \approx 109,96 €$$

Herr Müller muss 109,96 € Zinsen zahlen.

Herr Müller hat zu Beginn des Jahres sein altes Auto verkauft und dafür 1500 € erhalten.
Das Geld legt er für 4 Jahre in einem Sparbrief an. Er berechnet das Guthaben für die
ersten 2 Jahre.

Werden Zinsen am Jahresende zum jeweiligen Kapital hinzugefügt und im folgenden Jahr mit verzinst, so spricht man von **Zinseszinsen**.

**BEISPIEL 3**
Herr Müller möchte 1500 € für 2 Jahre in einem Sparbrief zu 0,4 % anlegen.

1. Jahr: $Z = 1500 € \cdot \frac{0,4}{100} = 6 €$
Kapital nach einem Jahr: 1500 € + 6 € = 1506 €

2. Jahr: $Z = 1506 € \cdot \frac{0,4}{100} \approx 6,02 €$
Kapital nach 2. Jahr: 1506 € + 6,02 € = 1512,02 €

## Basisaufgaben

**1** Schreibe als Bruchteil eines „Zinsjahres".
**BEISPIEL** 10 Tage sind $\frac{10}{360} = \frac{1}{36}$
a) 30 Tage    b) 60 Tage    c) 90 Tage
d) 180 Tage   e) 16 Tage    f) 45 Tage
g) 54 Tage    h) 5 Monate   i) 7 Monate

**2** Bestimme die Anzahl der Zinstage.
a) 2 Monate    b) 7 Monate    c) 5 Monate
d) 6 Monate 12 Tage    e) $3\frac{1}{2}$ Monate

**3** Berechne die Zinstage für folgende
Zeiträume. Der erste Tag zählt nicht mit.
**BEISPIEL** Vom 17.07. bis zum 23.11. sind es
$(30 - 17) + 3 \cdot 30 + 23 = 126$ Zinstage.
a) 31.05. – 30.09.    b) 31.01. – 18.05.
c) 04.02. – 13.08.    d) 10.07. – 24.10.

**4** Berechne die Zinsen im Kopf.
a) 5 % auf 4000 € für $\frac{1}{2}$ Jahr
b) 2 % auf 3000 € für $\frac{1}{3}$ Jahr
c) 4 % auf 8000 € für 3 Monate
d) bei 2 % auf 60 000 € pro Monat

**5** Lars überzieht sein Girokonto für 37 Tage
um 239 €. Die Bank gibt ihm einen Dispositionskredit zu einem Zinssatz von 12,5 %.
Wie viel Zinsen muss Lars zahlen?

**6** Berechne die Zinsen für einen Kredit.
a) 4723 € zu 10,25 % für 40 Tage
b) 8500 € zu 11,1 % für 120 Tage
c) 3780 € zu 12,25 % für 50 Tage
d) 8200 € zu 11,0 % für 200 Tage

**7** Berechne die Zinsen für die Kredite.
a) 4500 € zu 9,3 % vom 20.12. bis 07.02.
b) 8300 € zu 11,5 % vom 24.03. bis 03.07.
c) 7000 € zu 9,73 % vom 05.07. bis 25.12.

**8** Eric leiht sich von seinem Freund 10 €,
die er einen Monat später mit 0,50 € Zinsen
zurückzahlt. Seine Mutter ist entsetzt, aber
Eric meint: „Das sind doch nur 5 %."

**9** Ein Profisportler will von den Zinsen
seines Vermögens leben. Wie viel muss er bei
4 % anlegen, damit er monatlich 3500 € hat?

**10** „Ich stifte die Zinsen meines Vermögens,
das zu einem Zinssatz von 2,5 % angelegt ist,
dem Tierheim am Ort.
Das Kapital bleibt unangetastet. Es werden
nur die Zinsen ausbezahlt. Das Tierheim erhält somit pro Tag einen Zuschuss von 50 €."

**BEACHTE**
Die Lösungen
zu Aufgabe 3
ergeben in der
richtigen Reihen-
folge den Namen
eines Landes.
Auf welchem
Kontinent liegt
dieses Land?
104 (S); 108 (A);
120 (L); 189 (0)

**11** ➡ Zahlt man bei einer Bank Geld für
eine fest vereinbarte Zeit ein, so spricht man
von Festgeld.

| Laufzeit | 5000 € bis unter 15 000 € | 15 000 € bis unter 50 000 € |
|---|---|---|
| 30 – 89 Tage | 0,0 % | 0,5 % |
| 90 – 179 Tage | 0,0 % | 0,5 % |
| 180 – 269 Tage | 1,0 % | 1,0 % |
| 270 – 360 Tage | 2,0 % | 2,0 % |

a) Berechne die Zinsen für 6 Monate,
   wenn 25 000 € angelegt wurden.
b) Formuliert zu zweit eigene Aufgaben zur
   obigen Tabelle und löst diese.
c) Warum wird in der Regel für Festgeld ein
   höherer Zinssatz gewährt als für normale
   Sparkonten?

**12** Ordne zu. Ergänze die fehlenden
Einheiten.

① Berechne die Zinsen von
2400 € zu $6\frac{1}{4}$ % für 120 Tage.

② Welches Kapital bringt in $\frac{1}{4}$ Jahr
bei 6,4 % 120 € Zinsen?

③ Berechne den Zinssatz, wenn 25 000 €
in 10 Tagen 100 € Zinsen bringen.

④ In wie vielen Tagen ergeben
100 € bei 3 % 1 € Zinsen?

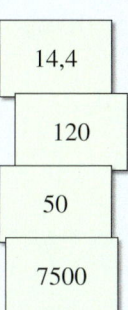

14,4

120

50

7500

## Weiterführende Aufgaben

**13** Bestimme die Zeit in Tagen.

|  | a) | b) | c) | d) |
|---|---|---|---|---|
| Kapital in € | 8526 | 12 320 | 16 540 | 10 020 |
| Zinsen in € | 28,42 | 45,43 | 405,23 | 521,04 |
| Zinssatz | 3,75 % | 2,95 % | 12,25 % | 7,8 % |

**14** Ein Kredit in Höhe von 7000 € läuft bei einem Zinssatz von 9,5 % über 10 Monate. Die Bearbeitungsgebühr beträgt 30 €. Wie hoch sind die Kosten für den Kredit?

**15** 🔁 Erkläre in eigenen Worten, wie Zinseszinsen entstehen. Schreibe die Erklärung in dein Lerntagebuch oder in dein Heft.

**16** Berechne im Heft jeweils das Kapital nach zwei Jahren. Runde auf ganze Cent.

|  | a) | b) | c) | d) |
|---|---|---|---|---|
| Kapital K | 190 € | 320 € | 570 € | 60 € |
| Zinssatz p % | 1,5 % | 2,2 % | 3,1 % |  |
| Zinsen für das 1. Jahr |  |  |  | 1,50 € |
| Kapital zu Beginn des 2. Jahres | 192,85 € |  |  |  |
| Zinsen für das 2. Jahr |  |  |  |  |
| Kapital nach 2 Jahren |  |  |  |  |

**BEACHTE**
Willst du das neue Kapital (also altes Kapitel plus Zinsen) in einem Schritt berechnen, so musst du das alte Kapital mit $(1 + p)$ multiplizieren.

**17** Wie viel Geld wurde nach der angegebenen Laufzeit angespart?
**BEISPIEL** 2000 € bei 11 %, $t$ = 3 J.
    1. Jahr: 2000 € · 1,11 = 2220 €
    2. Jahr: 2220 € · 1,11 = 2464,20 €
    3. Jahr: 2464,20 € · 1,11 ≈ 2735,26 €
a) $K = 3500$ €, $p$ % = 10 %, $t$ = 4 Jahre
b) $K = 10\,000$ €, $p$ % = 9,5 %, $t$ = 2 Jahre
c) $K = 1100$ €, $p$ % = 12 %, $t$ = 3 Jahre

**18** Petra legt 2500 € fest an bei einem Zinssatz von 3,7 %. Die anfallenden Jahreszinsen werden mitverzinst. Auf welches Kapital ist ihr Vermögen nach vier Jahren angewachsen?

**19** Frau Quasten hat Geld aus einer Lebensversicherung für 7 Monate bei einem Zinssatz von 3,4 % festgelegt. Welchen Betrag hat sie angelegt, wenn sie am Ende 892,50 € Zinsen erhält?

**20** Wie hoch ist der Zinssatz?

KAPITALMARKT
TOP-ANGEBOT
FÜR IHREN URLAUB
z.B. 1500 € in 12 kleinen Raten Zinsen nur 20 € pro Monat
BARGELD – sofort
Blitz – Finanz ☎ 0291 / 987231

**21** Berechne die Gesamtkosten für jeden Kredit bei einer Laufzeit von einem Jahr. Welches Angebot ist am günstigsten?

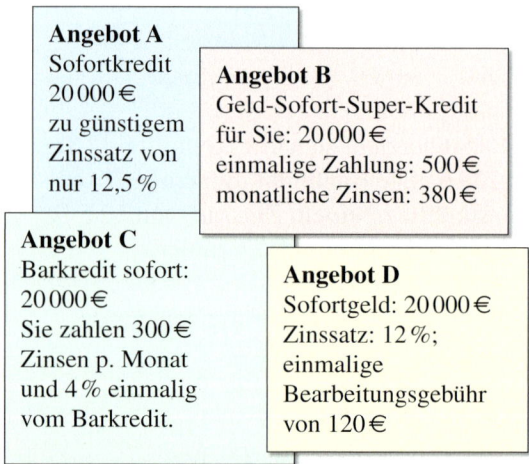

**Angebot A**
Sofortkredit 20 000 € zu günstigem Zinssatz von nur 12,5 %

**Angebot B**
Geld-Sofort-Super-Kredit für Sie: 20 000 € einmalige Zahlung: 500 € monatliche Zinsen: 380 €

**Angebot C**
Barkredit sofort: 20 000 € Sie zahlen 300 € Zinsen p. Monat und 4 % einmalig vom Barkredit.

**Angebot D**
Sofortgeld: 20 000 € Zinssatz: 12 %; einmalige Bearbeitungsgebühr von 120 €

**22** 🔁 Erstelle zu den Werten ein Diagramm, das den Kunden einen größeren Vermögensanstieg vortäuscht. Lasse dazu die $y$-Achse (Kapital in €) nicht bei Null beginnen.

| Jahr | 0 | 2 | 4 | 6 | 8 |
|---|---|---|---|---|---|
| Kapital | 100,00 | 121,00 | 146,00 | 177,15 | 214,35 |
| Jahr | 10 | 12 | 14 | 16 |  |
| Kapital | 259,35 | 313,85 | 379,75 | 459,50 |  |

**23** Wann hat sich ein Kapital von 20 000 € verdoppelt, das zu 9 % (zu 10,5 %) angelegt wurde?

# Rund um das Girokonto

## Zehnte Klasse und keine Ahnung

(…) Laut der Umfrage des Meinungsforschungsinstituts Forsa (…) glaubt beispielsweise jeder fünfte Zehntklässler, ein Girokonto richte man ein, „um angemessene Zinsen auf Ersparnisse zu erhalten". Weitere 19 Prozent glauben, es sei generell zum Ansparen geeignet. Jeder Zehnte hat überhaupt keine Ahnung, was ein Girokonto ist. (…)
*(Daniela Kuhr, Süddt. Zeitung online, 9. 11. 2010)*

Viele Banken und Sparkassen bieten schon für Jugendliche ein Girokonto an.
Oft ist dieses Konto kostenlos und du bekommst geringe Zinsen.

**1** Erkundigt euch, zu welchen Bedingungen ihr ein Jugendgirokonto eröffnen könnt.
Findet Vorteile und Nachteile.

**2** Anne will sich ein neues Notebook für ihre Ausbildung kaufen. Es kostet 1450 €.
Genau in einem Jahr wird sie Geld von Oma zum 21. Geburtstag bekommen.
Sie überlegt, wie sie diese Zeit am besten überbrückt.
Soll sie den Dispositionskredit (11,5 %) nehmen?
Was ist eigentlich ein Dispokredit?

**3** Jonas hat sein Girokonto mit 1000 € überzogen. Der Zinssatz für den Dispositionskredit beträgt 12 %. Wie entwickeln sich seine Schulden über mehrere Jahre, wenn kein Geld mehr auf das Konto eingezahlt wird und Jonas sich nicht mehr darum kümmert?
**a)** Berechne und schreibe deine Ergebnisse übersichtlich auf. Zeichne ein Diagramm.
Legt in der Klasse fest, ob ihr dazu ein Tabellenkalkulationsprogramm verwendet.
**b)** Wann haben sich die Schulden verdoppelt?

**4** Herr Becker hat seinen Dispositionskredit für den Kauf eines Fernsehers in Anspruch genommen und sein Konto 10 Tage lang um 290 € überzogen.
**a)** Berechne die Höhe der anfallenden Kosten, wenn der Soll-Zinssatz bei 14,5 % bei einem Dispositionsrahmen von 2000 € liegt.
**b)** Wenn Herr Becker sein Konto 100 Tage lang überzieht, wie viel müsste er dann insgesamt für den Fernseher von 290 € zahlen?
**c)** Welche Alternativen zum Dispokredit fallen dir ein?
Findest du noch andere Lösungen?
**d)** Wie findest du es, etwas auf Dispositionskredit zu kaufen?
Was spricht für und was spricht gegen eine solche Finanzierung?

**5** Wie viel muss ein Kunde bezahlen, wenn er sein Konto 15 Tage mit 3500 € überzieht und die Bank 13,5 % Überziehungszinsen verlangt?

# Methode: Raten berechnen mit einer Tabellenkalkulation

Ida bekommt von Verwandten zu Feiertagen und zum Geburtstag oft Geld geschenkt. Sie zahlt 10 Jahre lang jeweils zu Beginn eines Jahres 240 € auf eine besonderes Konto ein. Das Geld wird mit einem Zinssatz von 3 % verzinst. Die Zinsgutschrift erfolgt immer am 1. Januar des Folgejahres. Die Zinsen werden jeweils addiert und mit angelegt. Das nennt man **Ratensparen**, der jährlich eingezahlte Betrag heißt **Rate**.

Der Kundenberater der Bank zeigt Ida eine Tabelle:

=0+$B$2

=B5*C$2

=D5+$B$2

=B5+C5

=B6+C6

|  | A | B | C | D |
|---|---|---|---|---|
| 1 | Ida spart | Kapital | Zinssatz |  |
| 2 |  | 240 € | 3,00% |  |
| 3 |  |  |  |  |
| 4 | Jahr | Kapital am Jahresanfang | Jahreszinsen | Kapital am Jahresende |
| 5 | 1 | 240,00 | 7,20 | 247,20 |
| 6 | 2 | 487,20 | 14,62 | 501,82 |
| 7 | 3 | 741,82 | 22,25 | 764,07 |
| 8 | 4 | 1004,07 | 30,12 | 1034,19 |
| 9 | 5 | 1274,19 | 38,23 | 1312,42 |
| 10 | 6 | 1552,42 | 46,57 | 1598,99 |
| 11 |  |  |  |  |

**BEACHTE**
Durch Betätigen der F4-Taste erzeugst du die Dollarzeichen zum Fixieren einer Zelle.

**Der absolute Zellbezug**

Möchte man bei einer Kopie die Adresse „festhalten", muss man absolut adressieren. Dazu muss in der Adresse vor der Spalten- und der Zeilenangabe das Zeichen $ (Dollarzeichen) schreiben.
Es ist möglich, die Spalte (z.B. $B2), die Zeile (z.B. B$2) oder die gesamte Zelle zu fixieren (z.B. $B$2).

**Der relative Zellbezug**

In Zelle **D5** verwendet das Programm die Formel **=B5+C5**, in Zelle **D6** die Formel **=B6+C6** und so weiter. Das Programm „merkt" sich nicht die tatsächliche Position der Zelle, sondern nur den Weg zu der Zelle, die adressiert wird und addiert weiterhin die beiden benachbarten Zellen. Dies nennt man relativen Zellbezug.

**1** Betrachte die Tabelle zu Idas Ratensparplan.
a) Beschreibe, was in der Tabelle dargestellt ist.
b) Welche Zelleninhalte verändern sich, wenn man die Eingabe in Zelle B2 ändert? Warum?
c) In welchem Feld steht die Formel **=B6*$C$2**? Erkläre diese Formel.
d) Beschreibe, wie man die Werte in der Tabelle errechnet hat.
   Überprüfe deine Vermutung, zum Beispiel durch Nachrechnen der Zeilen 5 bis 7.
e) Wie kann man das Kapital nach 10 Jahren berechnen? Erkläre mögliche Lösungswege bei der Berechnung im Heft und bei der Berechnung mit einer Tabellenkalkulation.

**2** Idas Bruder spart mit einem Ratensparplan über 10 Jahre für eine Wohnung. Würdest du ihm bei einer monatlichen Einzahlung von 400 € Plan A oder Plan B empfehlen? Begründe.

**A:** gleichbleibender Zinssatz von 2,5 %

**B:** jährlich steigender Zinssatz um 0,2 %, beginnend ab 1,9 %

$$\dfrac{x+y}{2}$$

**3** Hier siehst du einen Ratensparplan:

| ⏴ | A | B | C | D |
|---|---|---|---|---|
| 1 | | Kapital (jährlich) | Zinsatz | |
| 2 | | 500 € | 3,00% | |
| 3 | | | | |
| 4 | Jahr | Kapital am Jahresanfang | Jahreszinsen | Kapital am Jahresende |
| 5 | 1 | 500,00 | 15,00 | 515,00 |
| 6 | 2 | 1015,00 | 30,45 | 1045,45 |
| 7 | 3 | 1545,45 | 46,36 | 1591,81 |
| 8 | 4 | 2091,81 | 62,75 | 2154,57 |
| 9 | 5 | 2654,57 | 79,64 | 2734,20 |
| 10 | 6 | 3234,20 | 97,03 | 3331,23 |

a) In der Zelle **D5** steht die Formel **=B5+C5**. Was bedeutet das?

b) Warum ist es sinnvoll, in Zelle **B5** einen Bezug zu Zelle **B2** zu schaffen?

c) In der Zelle **C5** steht die Formel **B5*$C$2**. Erkläre, was das $-Zeichen bewirkt.

d) Welche Formeln sollten in den Zellen **D6**, **C6** und **B6** stehen?

**4** Berechne das Kapital der Ratensparpläne. Nutze ein Tabellenblatt.

| | jährliche Einzahlung | Zinssatz | Laufzeit |
|---|---|---|---|
| a) | 200 € | 2,3 % | 5 Jahre |
| b) | 500 € | 1,8 % | 3 Jahre |
| c) | 1000 € | 3,25 % | 10 Jahre |
| d) | 1200 € | 4,5 % | 18 Jahre |

**5** Bernds Mutter hört Silvester mit dem Rauchen auf und spart das Geld für die Zigaretten (5 € am Tag). Am Ende des Jahres legt sie das Geld mit 2,75 % an.
Wie viel Geld hat sie nach 10 Jahren gespart?

**6** Was ist hier dargestellt? Finde in Zeitungen oder im Internet ähnliche Angebote.

| ⏴ | A | B | C | D | E |
|---|---|---|---|---|---|
| 1 | | Wachsender Zinssatz | | | |
| 2 | | | | | |
| 3 | Kapital | 25.000,00 € | | | |
| 4 | | | | | |
| 5 | | | | | |
| 6 | Jahr | Zinssatz | Kontostand (Saldo) | Zinsen | |
| 7 | 1 | 3,50% | 25.000,00 € | 875,00 € | |
| 8 | 2 | 4,00% | 25.875,00 € | 1.035,00 € | |
| 9 | 3 | 4,50% | 26.910,00 € | 1.210,95 € | |
| 10 | 4 | 5,00% | 28.120,95 € | 1.406,05 € | |
| 11 | 5 | 5,50% | 29.527,00 € | 1.623,98 € | |
| 12 | 6 | 6,00% | 31.150,98 € | 1.869,06 € | |
| 13 | 7 | 6,50% | 33.020,04 € | 2.146,30 € | |
| 14 | 8 Abschluss | | 35.166,34 € | | |
| 15 | | | | | |
| 16 | | | Zinssumme | 10.166,34 € | |

a) Erkläre, wie man die Zahlen in den Zellen der Tabelle errechnet hat.

b) Erstelle das Tabellenblatt selbst.

c) ⏵ Entwirf ein passendes Werbeinserat für eine Zeitung. Erstelle dafür Diagramme.

**7** Frau A hat mit 18 Jahren begonnen, jährlich 2000 € einzuzahlen. Das hat sie sieben Jahre lang getan. Herr B hat erst mit 25 Jahren angefangen, jährlich 2000 € einzuzahlen. Er hat 15 Jahre lang eingezahlt. Trotzdem hat Frau A an ihrem 40. Geburtstag mehr Kapital als Herr B.

a) Beschreibe, was auf dem Tabellenblatt unten dargestellt ist.

b) Erstelle selbst diese Tabelle bis zu einem Alter von 65 Jahren.

c) Wie viel Geld haben beide Anleger eingezahlt? Wie hoch ist jeweils der Nettogewinn?

d) In welchem Verhältnis stehen Nettogewinn und investierter Betrag?

**BEACHTE**
Der **Nettogewinn** ist die Summe, die mit dem eingesetzten Kapital erwirtschaftet wird. Um den Nettogewinn zu ermitteln, wird also vom Kapital am Ende der Laufzeit das Anfangskapital abgezogen.

| ⏴ | A | B | C | D | E | F | G | H |
|---|---|---|---|---|---|---|---|---|
| 1 | | | | | | | | |
| 2 | | Kapital (jährlich) | Zinssatz | | | | | |
| 3 | | 2 000 € | 10% | | | | | |
| 4 | | | | | | | | |
| 5 | Alter | Frau A | | | Herr B | | | |
| 6 | | Kapital (Jahresanfang) | Zinsen | Kapital (Jahresende) | Kapital (Jahresanfang) | Zinsen | Kapital (Jahresende) | |
| 7 | 16 | | | | | | | |
| 8 | 17 | | | | | | | |
| 9 | 18 | 2.000,00 € | 200,00 € | 2.200,00 € | | | | |
| 10 | 19 | 4.200,00 € | 420,00 € | 4.620,00 € | | | | |
| 11 | 20 | 6.620,00 € | 662,00 € | 7.282,00 € | | | | |
| 12 | 21 | 9.282,00 € | 928,20 € | 10.210,20 € | | | | |
| 13 | 22 | 12.210,20 € | 1.221,02 € | 13.431,22 € | | | | |
| 14 | 23 | 15.431,22 € | 1.543,12 € | 16.974,34 € | | | | |
| 15 | 24 | 18.974,34 € | 1.897,43 € | 20.871,78 € | | | | |
| 16 | 25 | | | 22.958,95 € | 2.000,00 € | 200,00 € | 2.200,00 € | |
| 17 | 26 | | | 25.254,85 € | 4.200,00 € | 420,00 € | 4.620,00 € | |

# Methode: Kredite und Tilgung mit Tabellenkalkulation

Herr Ott hat für ein neues Auto einen Kredit über 25 000 € aufgenommen.
Er hat einen **Tilgungsplan** erstellt.
Dort wird festgehalten, wie ein Kredit in Raten abgezahlt werden kann. Restschuld und Zinsen werden jährlich addiert und ergeben zusammen die zu tilgende Summe. Davon wird die Tilgungsrate abgezogen. Die neue Restschuld ist die Differenz aus zu tilgender Summe und Tilgungsrate.

## Tilgungsplan

| | A | B | C | D | E | F |
|---|---|---|---|---|---|---|
| 1 | **Tilgungsplan** | | | | | |
| 2 | | | | | | |
| 3 | Darlehen | 25.000,00 € | Zinssatz | 6% | Raten (jährlich) | 1.000,00 € |
| 4 | | | | | | |
| 5 | | | | | | |
| 6 | Jahr | Restschuld | Zinsen | Restschuld+ Zinsen | Tilgungsrate | Restschuld nach Tilgung |
| 7 | 1 | 25000,00 | 1500,00 | 26500,00 | 1000,00 | 25500,00 |
| 8 | 2 | 25500,00 | 1530,00 | 27030,00 | 1000,00 | 26030,00 |
| 9 | 3 | 26030,00 | 1561,80 | 27591,80 | 1000,00 | 26591,80 |
| 10 | 4 | 26591,80 | 1595,51 | 28187,31 | 1000,00 | 27187,31 |
| 11 | 5 | 27187,31 | 1631,24 | 28818,55 | 1000,00 | 27818,55 |
| 12 | | | | | | |

**1** Betrachte das Tabellenblatt zu Herrn Otts Tilgungsplan.
a) Welche Restschuld hat Herr Ott nach Ablauf von zwei Jahren?
b) Beschreibe, wie der Zelleninhalt **F7**, **F8**, **F9**, … zustande kommt.
c) Nach wie vielen Raten ist er schuldenfrei?
   Stelle für Herrn Ott einen vollständigen Tilgungsplan auf.

**2** Das Tabellenblatt zeigt einen Tilgungsplan für einen Kredit über 9000 €.

| | A | B | C | D | E | F |
|---|---|---|---|---|---|---|
| 1 | **Tilgungsplan** | | | | | |
| 2 | | | | | | |
| 3 | Darlehen | 9000,00 | Zinssatz | 6% | Raten (jährlich) | 1000,00 |
| 4 | | | | | | |
| 5 | | | | | | |
| 6 | Jahr | Restschuld | Zinsen | Restschuld+ Zinsen | Tilgungsrate | Restschuld nach Tilgung |
| 7 | 1 | 9000,00 | 540,00 | 9540,00 | 1000,00 | 8540,00 |
| 8 | 2 | 8540,00 | 512,40 | 9052,40 | 1000,00 | 8052,40 |
| 9 | 3 | 8052,40 | 483,14 | 8535,54 | 1000,00 | 7535,54 |
| 10 | 4 | 7535,54 | 452,13 | 7987,68 | 1000,00 | 6987,68 |
| 11 | 5 | 6987,68 | 419,26 | 7406,94 | 1000,00 | 6406,94 |
| 12 | | | | | | |

a) Wie hoch ist die jährliche Rate? Zu welchem Zinssatz wird der Kredit verzinst?
b) Welche Restschuld ist nach fünf Jahren noch zu tilgen?
c) Warum steht in Feld **C7** die Formel =B7*$D$3?
d) Welche Formel sollte in Feld **F7** stehen?

**3** Sascha möchte sich neue Möbel für sein Zimmer für 1250 € kaufen und über eine Laufzeit von 7 Jahren mit jährlichen Raten von 250 € und einem Zinssatz von 6,5 % abbezahlen. Entwirf dazu ein Tabellenblatt. Beurteile, ob Sascha sinnvoll mit seinem Geld umgeht.

**4** Ein Kredit über 1000 € zu einem Zinssatz von 5 % wird mit jährlichen Raten von 200 € abbezahlt. Lege dazu ein Tabellenblatt an.
a) Wann ist der Kredit vollständig getilgt?
b) Untersuche, wie die Tilgungsdauer von der Rate abhängt.
   Wähle dazu Tilgungsraten von 50 €, 100 €, 150 €, …, 500 €.

**5** In einem Kaufhaus kostet eine Stereoanlage 189 €, eine Spielkonsole 249 € und ein Laptop 899 €. Entscheide dich für einen Gegenstand und eine Anzahl von Monatsraten.
a) Lege ein Tabellenblatt an und bestimme die Summe, die insgesamt gezahlt wird. Es wird monatlich abgerechnet.
b) Was bedeuten die Laufzeiten für den Preis?
   Vergleicht eure Ergebnisse.

> **FINANZKAUF**
>
> Zahlen Sie in 3, 6 oder 12 bequemen Monatsraten.
>
> Jahreszins nur 4,99 %

**6** Herr und Frau Fels haben ein Haus gekauft. Sie zahlen monatliche Raten von 1200 € für ihren Kredit über 110 000 €, der zu 4,8 % verzinst wird. Fünf Jahre nach Aufnahme des Kredits wird Herr Fels arbeitslos. Die Bank erklärt sich damit einverstanden, dass nur noch 600 € im Monat abbezahlt werden.
Nach wie vielen Jahren sind die beiden schuldenfrei? Erstelle einen Tilgungsplan.

**7** Erstelle mit einem Tabellenkalkulationsprogramm einen Schuldenplan. Kreditsumme, Zinssatz und jährliche Rate sollen frei wählbar sein und werden vom Nutzer eingegeben. Alle weiteren Eintragungen sollen sich daraus berechnen lassen. Die Höhe der Tilgung ergibt sich aus der jährlichen Rate abzüglich der Zinsen.

So könnte die Tabelle aussehen:

| ⊿ | A | B | C | D | E | F |
|---|---|---|---|---|---|---|
| 1 | **Tilgungsplan** | | | | | |
| 2 | | | | | | |
| 3 | | Darlehen | | Zinssatz | Tilgungssatz | Raten (jährlich) |
| 4 | | 75.000 € | | 6% | 2% | 6.000,00 € |
| 5 | | | | | | |
| 6 | | | | | | |
| 7 | Jahr | Restschuld | Zinsen | Restschuld+ Zinsen | Tilgung | neue Schulden |
| 8 | 1 | 75000 | 4500 | 79500 | 6000 | 73500,00 |
| 9 | 2 | 73500 | 4410 | 77910 | 6000 | 71910,00 |
| 10 | 3 | 71910 | 4315 | 76225 | 6000 | 70224,60 |
| 11 | 4 | 70225 | 4213 | 74438 | 6000 | 68438,08 |
| 12 | 5 | 68438 | 4106 | 72544 | 6000 | 66544,36 |

a) Nach wie vielen Jahren hätte man im angegebenen Beispiel seinen Kredit abgezahlt? Wie viele Zinsen wurden insgesamt an die Bank gezahlt?
b) Überprüfe die folgenden Aussagen:
   – Verdoppelt sich die Höhe des Darlehens (bei gleichem Zinssatz und gleichem Tilgungssatz), so benötigt man doppelt so lange, um einen Kredit abzuzahlen.
   – Verdoppelt sich der Zinssatz (bei gleicher Darlehenshöhe und gleichem Tilgungssatz), so benötigt man doppelt so lange, um einen Kredit abzuzahlen.
   – Verdoppelt sich der Tilgungssatz (bei gleichem Zinssatz und gleicher Darlehenshöhe), so benötigt man doppelt so lange, um einen Kredit abzuzahlen.
c) Überprüfe, welchen Einfluss Darlehenshöhe, Zinssatz und Tilgungssatz auf die insgesamt zu zahlenden Zinsen haben.
d) Warum werden Kredite z. B. für den Bau eines Hauses aufgenommen?

# Vermischte Übungen

**1** Berechne die Jahreszinsen im Kopf.
a) Kapital 100 €, Zinssatz 5 %
b) Kapital 200 €, Zinssatz 5 %
c) Kapital 500 €, Zinssatz 3 %
d) Kapital 200 €, Zinssatz 2 %
e) Kapital 200 €, Zinssatz 4 %
f) Kapital 250 €, Zinssatz 5 %
g) Kapital 110 €, Zinssatz 2 %
h) Kapital 321 €, Zinssatz 10 %

**2** Herr Fest legt für ein Jahr 2500 €
zu einem Zinssatz von 3,5 % an.
Wie hoch ist sein Guthaben am Ende
des Jahres?

**3** Berechne jeweils die Zinsen für ein Jahr.

|     | Kapital | Zinssatz |
|-----|---------|----------|
| a)  | 110 €   | 3 %      |
| b)  | 1000 €  | 4,25 %   |
| c)  | 174 €   | 1,9 %    |
| d)  | 37,50 € | 2 %      |
| e)  | 620 €   | 2,5 %    |
| f)  | 2500 €  | 4,5 %    |
| g)  | 3250 €  | 5,2 %    |
| h)  | 4316 €  | 1,7 %    |

**BEACHTE**
Die Lösungen
zu Aufgabe 3
ergeben in der
richtigen Reihen-
folge den Namen
eines Landes.
Auf welchem
Kontinent liegt
dieses Land?
0,75 € (I);
3,30 € (S);
3,31 € (R);
15,50 € (N);
42,50 € (U);
73,37 € (E);
112,50 € (A);
169 € (M)

**4** Was fällt dir auf? Formuliere je eine Regel.
a)

| $p$ % | 2 %    | 4 %    | 6 %    | 8 %    | 10 %   |
|-------|--------|--------|--------|--------|--------|
| $K$   | 5000 € | 5000 € | 5000 € | 5000 € | 5000 € |
| $Z$   |        |        |        |        |        |

b)

| $p$ % | 3 %   | 3 %    | 3 %     | 3 %     | 3 %     |
|-------|-------|--------|---------|---------|---------|
| $K$   | 100 € | 500 €  | 1000 €  | 2000 €  | 5000 €  |
| $Z$   |       |        |         |         |         |

**5** Vervollständige.
a) Bleibt der Zinssatz gleich, so sind bei
doppeltem Kapital die Zinsen ▢ so hoch
und bei zehnfachem Kapital die Zinsen
▢ so hoch.
b) Bleibt das Kapital gleich, so sind bei
doppeltem Zinssatz die Zinsen ▢ so hoch
und bei fünffachem Zinssatz die Zinsen
▢ so hoch.

**6** Berechne das Kapital im Kopf.
a) 2 % sind 40 €      b) 25 % sind 8 €
c) 10 % sind 120 €    d) 80 % sind 48 €
e) 3 % sind 9 €       f) 45 % sind 270 €

**7** Mister Wucher leiht Hänschen 3 € für
10 Tage. Dafür verlangt er 20 Cent Zinsen.

a) Hänschen kann seine Schulden erst nach
5 Monaten (nach einem Jahr) zurückzahlen.
Welchen Betrag müsste er zahlen?
b) Eine Bank bietet für Kredite einen Zinssatz
von 13 % an. Sollte Hänschen lieber dieses
Angebot annehmen?

**8** Oliver zahlt 10 € auf ein Sparbuch ein,
das mit 2 % verzinst wird.
Wie viel Zinsen bekommt er
a) für ein Jahr,
b) für ein halbes Jahr,
c) für einen Monat,
d) für 8 Monate und 13 Tage,
e) für 10 Monate und 20 Tage?

**9** Berechne die Zinsen für den Zeitraum.

|     | Kapital | Tage | Zinssatz |
|-----|---------|------|----------|
| a)  | 785 €   | 37   | 2,2 %    |
| b)  | 619 €   | 84   | 1,9 %    |
| c)  | 926 €   | 244  | 4,3 %    |
| d)  | 1035 €  | 315  | 4,5 %    |

**10** Ein Gewinn von 18 500 € wird
4 Monate lang auf einem Konto angelegt,
das mit 3,9 % verzinst wird.
Welchen Geldbetrag bekommt man nach
dieser Zeit ausgezahlt?

**11** Berechne die Anzahl der Tage für diesen Zeitabschnitt.
a) 01.02. bis 01.05.  b) 10.02. bis 09.05.
c) 16.05. bis 14.08.  d) 02.11. bis 16.12.
e) 07.02. bis 24.03.  f) 28.09. bis 20.12.

**12** Berechne die Zinsen für den Zeitraum.
a) 837 € zu 1,85 % vom 01.10. bis 03.12.
b) 1328 € zu 3,9 % vom 28.09. bis 30.10.
c) 1450 € zu 5,5 % vom 18.05. bis 03.10.
d) 613 € zu 3,75 % vom 05.07. bis 05.08.

**13** Die Tabelle zeigt verschiedene Kontostände während eines Jahres. Vervollständige im Heft bei einem Zinssatz von 1,85 %.

| Datum | Tage | Guthaben | Zinsen |
|---|---|---|---|
| 01.01. | 90 | 256 € | |
| 01.04. | | 631 € | |
| 20.06. | | 791 € | |
| 01.12. | 30 | 41 € | |
| 31.12. | Zinsen für das Jahr gesamt | | |

**14** Berechne die fehlenden Angaben. Die Anlagedauer beträgt jeweils ein Jahr.

| | Kapital | Zinssatz | Zinsen |
|---|---|---|---|
| a) | 412 € | 4,5 % | |
| b) | 840 € | | 29,40 € |
| c) | 5500 € | 12,5 % | |
| d) | | 3,4 % | 30,60 € |
| e) | 3000 € | | 399 € |
| f) | 712 € | 4,25 % | |
| g) | | 11 % | 385 € |

**15** Ein Darlehen von 15 000 € soll nach einem Jahr einschließlich Zinsen zurückgezahlt werden. Die Bank fordert 16 650 €.
a) Wie viel Euro Zinsen müssen für das Darlehen gezahlt werden?
b) Welchen Jahreszins berechnete die Bank?

**16** Wie hoch ist der Zinssatz?
a) Für ein Guthaben von 1890 € werden 94,50 € Jahreszinsen ausgezahlt.
b) Für ein Guthaben von 1258 € werden nach einem Jahr 81,77 € gutgeschrieben.

**17** Frau Grün kauft ein Haus für 295 000 €. Aus dem Mieteinnahmen verbleiben nach Abzug der Nebenkosten 11 800 €. Das sind ihre Zinsen für das eingesetzte Kapital. Wie hoch ist ihr Zinssatz?

**18** Berechne die fehlenden Angaben.

| | Kapital | Zinssatz | Laufzeit | Zinsen | Jahreszinsen |
|---|---|---|---|---|---|
| a) | 3000 € | 11,5 % | 4 Monate | | |
| b) | 500 € | 2,5 % | 180 Tage | | |
| c) | 1000 € | | | 25 € | 75 € |
| d) | 400 € | 2,5 % | | 3,50 € | |
| e) | 13 000 € | 3,5 % | 144 Tage | | |

**19** Frau Ohnesorg hat als Kapitalanlage Wertpapiere im Wert von 4250 € gekauft. Am Jahresende erhält sie 318,75 € Zinsen. Wie viel Geld erhält sie, wenn sie das Kapital mit Zinsen für ein weiteres Jahr zu den gleichen Bedingungen anlegen könnte?

**20** Herr Bahr muss eine Rechnung über 650 € innerhalb von 30 Tagen zahlen. Bei Zahlung innerhalb von 8 Tagen erhält er 2 % Skonto.
a) Welcher Betrag wird gespart, wenn Herr Bahr am 8. Tag die Rechnung begleicht?
b) Lohnt es sich für Herrn Bahr, wenn er am 8. Tag die Rechnung begleicht, dabei aber sein Konto um diesen Betrag überzieht? Der Zinssatz beträgt 12,5 %. Begründe.

**21** Alexa leiht Lars 800 € für einen Computer. Nach drei Jahren möchte Alexa das Geld zurück haben. Sie einigen sich auf einen Zinssatz von 7 % im Jahr. Wie viel Geld erhält Alexa insgesamt von Lars?

**22** Frau Wiese muss 380 € für einen Monat leihen. Sie kann entweder einen Kredit aufnehmen oder ihr Konto überziehen. Bei dem Kredit muss sie 10 € Bearbeitungsgebühr und 410 € zurückzahlen. Für das Überziehen wird ein Zinssatz von 12,5 % im Monat erhoben. Wofür sollte sie sich entscheiden? Begründe.

**ERINNERE DICH**
Der oder das **Skonto** ist ein Preisnachlass auf den Rechnungsbetrag, der bei Zahlung innerhalb einer bestimmten Zeit gewährt wird.

**23** ➡ „Die deutschen Sparer verschenken Jahr für Jahr Milliarden Euro an Zinserträgen." Darauf weist Klaus Müller, Vorstand der Verbraucherzentrale Nordrhein-Westfalen, aus Anlass des Weltspartags (30. 10.) hin. Was meint Herr Müller? Recherchiere und äußere dich zu dieser Aussage.

**24** Marvin verleiht 10 €. Er verlangt täglich 1 ct Zinsen. Berechne den jährlichen Zinssatz.

**25** Von Wucherzinsen spricht man, wenn Zinsen mehr als doppelt so hoch sind wie die sonst üblichen Zinsen.
Die Grafik verdeutlicht, wie sich unterschiedlich hohe Zinssätze auf den Schuldenaufbau auswirken. Es wird von Schulden in Höhe von 1 € ausgegangen.

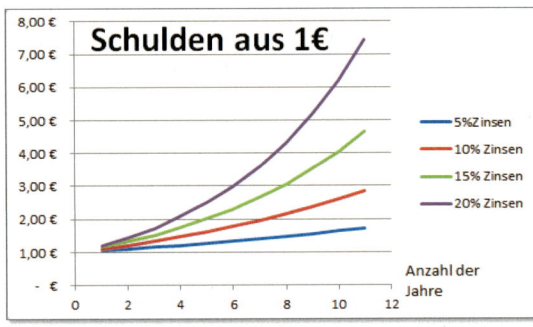

a) Vergleiche, was aus 1 € Schulden nach 10 Jahren geworden ist, wenn man 5 %, 10 %, 15 % oder 20 % Zinsen zugrunde legt.
b) Vergleiche anhand der Grafik die Schuldenentwicklung bei unterschiedlichen Zinssätzen im Laufe der Zeit. Formuliere Sätze.

**26** Berechne den Wucherzinssatz.

Thailand – Am Mittwoch, den 3. September klickten für Chatchan A. (35) und sechs weiteren Komplizen in der Provinz Chiang Mai die Handschellen. Chatchan (…) gewährte hauptsächlich an Markthändler Kredite, worauf er Wucherzinsen verlangte. (…) Wer sich Bares im Wert von 5000 bis 10 000 Baht von ihm und seinen Komplizen auslieh, bezahlte täglich einen Verzugszins von 200 Baht, was auf den Monat gerechnet ca. 6000 Baht ergeben.

*(aus: Wochenblitz)*

**27** Paula kauft sich einen PC. Zwei Drittel des Kaufpreises von 1989 € hat sie gespart. Den Rest möchte sie für ein Jahr leihen. Ein Freund bietet ihr eine vierteljährliche Rückzahlung von 180 € an.
Ihr Chef will am Ende des Jahres den geliehenen Betrag plus 55 € zurückhaben. Wie hoch ist der Zinssatz des günstigeren Angebots?

**28** Ein Handwerksbetrieb braucht für ein Jahr einen Kredit über 18 000 €. Es liegen drei Angebote vor:

**A** 15 000 € zu 4,5 %; weitere 3000 € zu 6,35 %

**B** 12 000 € zu 4,5 %; 6000 € zu 6,5 %

**C** 8500 € zu 4,9 %; 9500 € zu 5,1 %

Wie viel kostet das günstigste Angebot?

**29 Nur kein Geld verschenken!!!**
Laut Statistik der Deutschen Bundesbank haben die deutschen Privatpersonen rund 836 Milliarden € als täglich verfügbares Geld angelegt – und das zu einem Zins von durchschnittlich 0,6 %.
Wie viel Geld „verschenken" die deutschen Sparer Jahr für Jahr? Nutze zur Berechnung die folgenden Werbetexte:

**Gold-Girokonto – Mehr als ein Konto**
- kostenlose Kontoführung
- **1,1** % Guthabenverzinsung
- No-Risk-Garantie

**Ihr Geld liegt ungenutzt auf Ihrem zinslosen Girokonto?**
Das muss nicht sein!
Bei der Bank *Viersterne* warten die Extra Konten, die Ihnen satte 2,5 % Zinsen im Jahr einbringen.
Und Ihr Geld bleibt trotzdem täglich verfügbar!

## Tabellenkalkulationsaufgaben

**30** Erstelle mit einem Tabellenkalkulationsprogramm einen Tilgungsplan für einen Kredit über 17 000 € zu einem Zinssatz von 5,9 %. Die jährlichen Raten betragen 3000 €.
a) Nach wie vielen Jahren ist der Kredit abbezahlt?
b) Nach wie vielen Jahren ist der Kredit bei jährlichen Raten von 2500 € abbezahlt?
c) Erstelle ein Säulendiagramm, in dem man die Kredithöhe für jedes Jahr ablesen kann.

**31** Julian legt 975 € für 8 Jahre an. Im ersten Jahr bekommt er 1,5 % Zinsen, im zweiten Jahr 2,0 %, im dritten Jahr 2,5 % usw.
Wie hoch ist sein Endkapital? Um wie viel Prozent ist sein Anfangskapital angewachsen?

**32** Anne hat ihr Girokonto mit 1000 € überzogen. Der Zinssatz für den Dispositionskredit beträgt 12 %. Wie entwickeln sich über mehrere Jahre ihre Schulden, wenn kein Geld mehr auf das Konto eingezahlt wird und sie sich nicht mehr darum kümmert?
a) Berechne und schreibe deine Ergebnisse übersichtlich auf. Zeichne ein Diagramm. Nutze dazu ein Tabellenkalkulationsprogramm.
b) Wann haben sich die Schulden verdoppelt?

**33** Erstelle mit einem Tabellenkalkulationsprogramm ein Tabellenblatt zur Berechnung der Tageszinsen in einem angegebenen Zeitraum (hier: 7. 2. – 28. 6.). Nutze die Starthilfe.

a) Wie heißt die Formel zur Berechnung der Tageszinsen, wenn Laufzeit, Kapital und Zinssatz gegeben sind?
b) Gib je ein Beispiel für eine relative und eine absolute Adressierung an.
c) Gib die Formeln in den Zellen **B10**, **B12** und **B13** an.
d) Erkläre den Eintrag in **B11**: =(G7−D7−1)*30
e) Entwickle eine Formel zur Kontrolle der Zinsen für die Zelle **D14**.

| D13 | ▼ | fx =SUMME(D10:D12) | | | | | |
|---|---|---|---|---|---|---|---|
| | A | B | C | D | E | F | G |
| 1 | | **Berechnung von Tageszinsen** | | | | | |
| 2 | | | | | | | |
| 3 | | | **Kapital** | **Zinssatz** | | | |
| 4 | | | **2.500 €** | **2,75%** | | | |
| 5 | | | | | | | |
| 6 | | | **Tag** | **Monat** | | **Tag** | **Monat** |
| 7 | | **für die Zeit von** | 7 | 2 | bis | 28 | 6 |
| 8 | | | | | | | |
| 9 | | **Anzahl der Tage** | | **Zinsen** | | | |
| 10 | 1. Monat | 23 | | 4,39 € | | | |
| 11 | volle Monate | 90 | | 17,19 € | | | |
| 12 | letzter Monat | 28 | | 5,35 € | | | |
| 13 | insgesamt: | 141 | **Gesamtzinsen:** | 26,93 € | | | |
| 14 | | | **Gesamtzinsen Kontrolle:** | 26,93 € | | | |
| 15 | | | | | | | |

↻ 107-1
Unter diesem Webcode befindet sich das Tabellenblatt zu Aufgabe 33.

**34** Markos Eltern sind beide 40 Jahre alt und verfügen über ein gemeinsames Netto-Jahreseinkommen von 89 000 €. Sie benötigen für einen Hauskauf einen Kredit über 146 000 € und wollen ihn bei 4,5 % Zinssatz mit jährlichen Raten von 12 000 € tilgen.
a) Erstelle mit Hilfe eines Tabellenkalkulationsprogramms einen Tilgungsplan.
Wie lange läuft der Kredit, bis er abbezahlt ist?
b) Was wird passieren, wenn das Jahreseinkommen nach 10 Jahren sinkt und als maximale Tilgungsrate nur noch 9000 € in Frage kommen? Ermittle die Restschuld nach Ablauf des 10. Jahres. Erstelle mit dieser Restschuld einen neuen Finanzierungsplan (Tilgungsrate 9000 €).

**Sparen für den Führerschein**

Die Kosten für den Erwerb des Autoführerscheins sind von Ort zu Ort sehr verschieden. Jan, Mara und Emma rechnen mit etwa 2000 €. Sie überlegen, wie sie diese Summe am besten ansparen können.

a) Jan findet das Angebot, das im Tabellenblatt dargestellt ist.

Er staunt, dass die angelegten 500 € nach 10 Jahren um mehr als 20 % angewachsen sind. Um wie viel Prozent sind die 500 € nach 2 Jahren und nach 5 Jahren gewachsen?

| | A | B | C | D |
|---|---|---|---|---|
| 1 | | **Zinseszinsen** | | |
| 2 | | | | |
| 3 | Kapital | 500,00 € | Zinssatz in % | 2,00 |
| 4 | | | | |
| 5 | Jahr | Kapital am 01.Januar | Zinsen | Kapital am 31.Dezember |
| 6 | 1 | 500,00 € | 10,00 € | 510,00 € |
| 7 | 2 | 510,00 € | 10,20 € | 520,20 € |
| 8 | 3 | 520,20 € | 10,40 € | 530,60 € |
| 9 | 4 | 530,60 € | 10,61 € | 541,22 € |
| 10 | 5 | 541,22 € | 10,82 € | 552,04 € |
| 11 | 6 | 552,04 € | 11,04 € | 563,08 € |
| 12 | 7 | 563,08 € | 11,26 € | 574,34 € |
| 13 | 8 | 574,34 € | 11,49 € | 585,83 € |
| 14 | 9 | 585,83 € | 11,72 € | 597,55 € |
| 15 | 10 | 597,55 € | 11,95 € | 609,50 € |
| 16 | | | | |

b) Jan meint, seine Eltern sollten für ihn 1000 € zu den Bedingungen wie auf dem Tabellenblatt anlegen. Dann hätte er nach 10 Jahren das Geld für den Führerschein zusammen. Was meinst du? Begründe.

c) Jans Eltern wollen für ihn ein Führerschein-Sparkonto zu diesen Bedingungen einrichten: *Ansparen bis 3000 € möglich, Einzahlung 120 € im Jahr, Zinssatz 2 % p. a.*
Im ersten Jahr wollen sie 1000 € als Startkapital einzahlen. Ab dem zweiten Jahr soll Jan die jährlichen Zahlungen übernehmen. Wie groß wäre der Sparbetrag nach 1, 2, …, 10 Jahren? Wann müsste Jan mit dem Ansparen beginnen?

d) Mara hat einen größeren Geldbetrag geschenkt bekommen. Sie möchte davon 1000 € bei einer Bank anlegen, damit sie in 5 Jahren ihren Führerschein finanzieren kann. Sie findet drei Angebote für junge Sparer:

| **Brief-Bank** | **Acker-Bank** | **Spaß-Kasse** |
|---|---|---|
| Wachsender Zins! | Hol dir deine Prämie! | Dein Geld spart für dich! |
| 1 % Zinsen im 1. Jahr und jedes Jahr 0,5 % Zinsen mehr! | 1,5 % Zinsen p. a. | Einzahlung: 1000 € |
| Laufzeit für Zinsen und Kapital: 5 Jahre | Laufzeit: 5 Jahre | Du erhältst nach 5 Jahren 1100 € zurück! |
| | Sparprämie nach 5 Jahren: 25 % von den Zinsen! | |

Welches Angebot ist das günstigste?
Beschreibe die Rechnungen, die du durchgeführt hast.

e) Lege ein Tabellenblatt an, mit dem du die Zinsen von der Brief-Bank und der Acker-Bank für verschiedene Kapitalbeträge berechnen kannst. Wie viel Euro müsste Mara jeweils anlegen, damit sie nach 5 Jahren das Geld für den Führerschein zusammen hat?

f) Emma hat ihre Ersparnisse für ein Jahr fest angelegt. Sie erhält am Jahresende 100 € Zinsen. Wie viel Zinsen hätte sie erhalten …
 – bei doppelt so hohen Ersparnissen und doppelt so hohem Zinssatz?
 – bei doppelt so hohen Ersparnissen und halb so hohem Zinssatz?
 – für die Hälfte der Ersparnisse und halb so hohem Zinssatz?

# Alles klar?

Entscheide, ob die Aussagen richtig oder falsch sind.
Begründe deine Entscheidung im Heft und korrigiere gegebenenfalls.

## 1 Begriffe der Zinsrechnung

a) Der Grundwert $G$ entspricht in der Zinsrechnung den Zinsen $Z$.

b) Bei einem Kapital von 120 € und dem Zinssatz 4,5 % betragen die Jahreszinsen 5,40 €.

c) Mehmet erhält 4,80 € Jahreszinsen für einen festen Betrag zu 3,5 %. Das sind 137,14 €.

d) Für 3000 € sind 320 € Jahreszinsen zu zahlen. Der Zinssatz beträgt 8 %.

## 2 Tageszinsen und Zinseszinsen berechnen

a) Die Summe der Zinstage vom 18.03. – 12.11. eines Jahres betragen 235 Tage.

b) Die Tageszinsformel lautet $Z = K \cdot p\% \cdot t$.

c) Aus den gegebenen Größen $K = 825$ €; $p\% = 3{,}75\%$ und einer Laufzeit vom 13.08. bis zum 28.12. ergeben sich die gesuchten Größen $t = 135$ Zinstage und $Z = 21{,}60$ €.

d) 15 000 € ergeben nach 48 Tagen 50 € Zinsen. Der Zinssatz war also 2,5 %.

e) Marie überzieht ihr Konto um 80 € vier Monate lang bei einem Zinssatz von 10,2 %. Sie muss dafür 10,20 € bezahlen.

f) Herr Gräfe zahlt 2000 € auf ein Konto ein, das mit 2,5 % verzinst wird. Nach zwei Jahren hat er ein Kapitel von 2025 €, wenn die Zinsen mitverzinst werden.

g) Herr Hesse zahlt 2400 € in seinen Bausparvertrag ein. Er hat nach 3 Jahren bei einem gleich bleibenden Zinssatz von 3,5 % ein Kapital von 2660,92 €. Die Zinsen werden mit verzinst.

**BEACHTE**
Die Lösungen zu den Aufgaben auf dieser Seite sowie dazu passende Trainingsaufgaben findest du ab Seite 188.

## 3 Tabellenkalkulation

Mit einem Tabellenkalkulationsprogramm wurde ein Tilgungsplan für einen Kredit über 32 000 € zu einem Zinssatz von 4,9 % erstellt.

a) Die jährliche Rate beträgt 5500 €.

b) Der Kredit ist nach sieben Jahren abbezahlt.

c) In Zelle **E7** kann die Formel =$F$3 stehen. Es wird immer der Wert aus der Zelle **F3** verwendet.

d) Mit der Formel =B7+$C$7 wird in **D7** die Restschuld plus Zinsen berechnet.

e) Mit der Formel =B10*$D$3 in **C10** berechnet man die Zinsen nach dem vierten Jahr.

| | A | B | C | D | E | F |
|---|---|---|---|---|---|---|
| 1 | **Tilgungsplan** | | | | | |
| 2 | | | | | | |
| 3 | Darlehen | 32.000,00 € | Zinssatz | 4,9% | Raten (jährlich) | 5.500,00 € |
| 4 | | | | | | |
| 5 | | | | | | |
| 6 | Jahr | Restschuld | Zinsen | Restschuld+ Zinsen | Tilgungsrate | Restschuld nach Tilgung |
| 7 | 1 | 32000 | 1568 | 33568 | 5500 | 28068 |
| 8 | 2 | 28068 | 1375 | 29443 | 5500 | 23943 |
| 9 | 3 | 23943 | 1173 | 25117 | 5500 | 19617 |
| 10 | 4 | 19617 | 961 | 20578 | 5500 | 15078 |
| 11 | 5 | 15078 | 739 | 15817 | 5500 | 10317 |
| 12 | 6 | 10317 | 506 | 10822 | 5500 | 5322 |
| 13 | 7 | 5322 | 261 | 5583 | 5500 | 83 |
| 14 | 8 | 83 | 4 | 87 | 5500 | -5413 |
| 15 | | | | | | |

# Zusammenfassung

→ Seite 90

## Begriffe der Zinsrechnung

| Begriffe der Prozentrechnung | Prozentsatz $p\%$ | Grundwert $G$ | Prozentwert $W$ | |
|---|---|---|---|---|
| Begriffe der Zinsrechnung | Zinssatz $p\%$ | Kapital $K$ (Guthaben, Kredit) | Zinsen $Z$ | Zeit $t$ (Laufzeit, Ausleihzeit) |
| BEISPIEL | 2% von | 420 € | sind 8,40 € | Laufzeit: ein Jahr |

Um die **Jahreszinsen** zu berechnen, kann man den Dreisatz nutzen oder die Zinsformel.

$$Z = K \cdot \frac{p}{100}$$

85 € werden mit 12% verzinst. Wie hoch sind die Zinsen?

| Anteil | Betrag (in €) |
|---|---|
| 100% | 85 |
| 1% | 0,85 |
| 12% | 10,20 |

$: 100$  $\cdot 12$   $: 100$  $\cdot 12$

Die Zinsen betragen 10,20 €.

$$Z = 85 \cdot \frac{12}{100} = 10,2$$

Sind die Jahreszinsen und der Zinssatz bekannt, kann das **Kapital** mit dem Dreisatz oder mit Hilfe der umgestellten Zinsformel berechnet werden.

$$K = Z \cdot \frac{100}{p}$$

32% Zinsen sind 80 €. Wie hoch ist das Kapital?

| Anteil | Betrag (in €) |
|---|---|
| 32% | 80 |
| 1% | 2,50 |
| 100% | 250 |

$: 32$  $\cdot 100$   $: 32$  $\cdot 100$

Das Kapital beträgt 250 €.

$$K = 80 \cdot \frac{100}{32} = 250$$

Sind Kapital und Jahreszinsen bekannt, kann der **Zinssatz** mit dem Dreisatz oder mit Hilfe der umgestellten Zinsformel berechnet werden.

$$p\% = \frac{Z}{K}$$

125 € Kapital ergeben 6 € Zinsen. Wie hoch ist der Zinssatz?

| Betrag (in €) | Anteil |
|---|---|
| 125 | 100% |
| 1 | 0,8% |
| 6 | 4,8% |

$: 125$  $\cdot 6$   $: 125$  $\cdot 6$

Der Zinssatz beträgt 4,8%.

$$p\% = \frac{6}{125} = 0,048 = 4,8\%$$

→ Seite 96

## Tageszinsen und Zinseszinsen berechnen

Die **Zinsen für Teile eines Jahres** kann man berechnen, indem man das Kapital mit dem Zinssatz multipliziert und mit dem Bruchteil eines Jahres multipliziert.

$$Z = K \cdot p\% \cdot t$$

1400 € werden für 3 Monate zu 2,2% angelegt. Wie hoch sind die Zinsen?
$$Z = 1400\,€ \cdot 2,2\% \cdot \frac{90}{360}$$
$$= 1400\,€ \cdot 2,2\% \cdot \frac{1}{4}$$
$$= 7,70\,€$$

**Zinseszinsen** entstehen, wenn Zinsen angelegt werden und wieder Zinsen erbringen.

1400 € werden zu 2,2% angelegt. Wie hoch sind die Zinsen nach 2 Jahren?

Nach 1 Jahr: $Z = 1400\,€ \cdot \frac{2,2}{100} = 30,80\,€$

Nach 2 Jahren: $Z = 1430,80\,€ \cdot \frac{2,2}{100} = 31,48\,€$

# Dreiecke und Vierecke

„The Cinesphere" ist ein Kino mit einer sechs Stockwerke hohen dreidimensionalen Leinwand. Seine Oberfläche ist ein Netz aus Dreiecken. Man kann aber auch Rauten, Parallelogramme und Trapeze erkennen. „The Cinesphere" liegt im Freizeit- und Unterhaltungspark Ontario Place in Toronto in Kanada.

In diesem Kapitel lernst du, wie du Umfang und Flächen- inhalt von Dreiecken und Vierecken berechnest. Außerdem erfährst du, was die einzelnen Vierecksarten gemeinsam haben und was sie voneinander unterscheidet.

## Noch fit?

**1** Zeichne ein beliebiges Rechteck und ein beliebiges Quadrat in dein Heft.
a) Gib jeweils die Seitenlängen an und berechne den Umfang und den Flächeninhalt.
b) Gib die jeweiligen Formeln an.
c) Beschreibe den Unterschied zwischen Umfang und Flächeninhalt in eigenen Worten möglichst genau.

**2** Berechne den Umfang und den Flächeninhalt der angegebenen Figur.
a) Rechteck: $a = 4$ cm,     b) Quadrat: $a = 5$ cm     c) Rechteck: $a = 5,8$ cm,
         $b = 3$ cm                                                  $b = 4,1$ cm

**3** Zeichne das Dreieck $ABC$. Fertige zunächst eine Planfigur an.
Gib an, wie du vorgehen willst.
a) $b = 3,8$ cm, $c = 4,4$ cm, $\alpha = 47°$       b) $a = 3$ cm, $b = 4,6$ cm, $c = 5,5$ cm
c) $a = 3,4$ cm, $\beta = 38°$, $\gamma = 129°$       d) $a = 2,7$ cm, $c = 5,1$ cm, $\gamma = 101°$
e) $a = 3$ cm, $b = 4$ cm, $c = 5$ cm          f) $a = 3,6$ cm, $\gamma = 70°$, $b = 2$ cm
g) $c = 4$ cm, $\alpha = 15°$, $\beta = 138°$         h) $a = 2,9$ cm, $b = 4,8$ cm, $c = 3,4$ cm

**4** Übertrage die Zeichnungen ins Heft und spiegle sie an der Spiegelachse $g$.

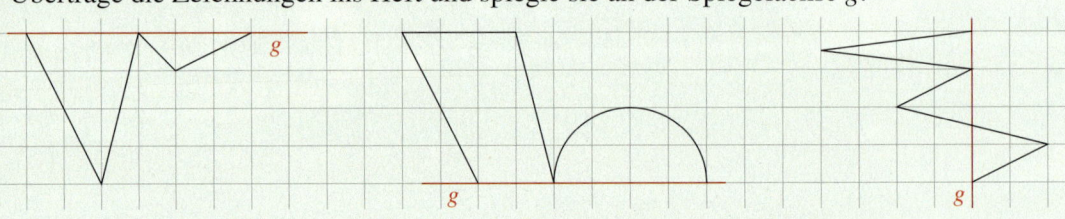

**5** Übertrage die Zeichnungen in dein Heft und drehe die Figuren um $S$ mit 180°.

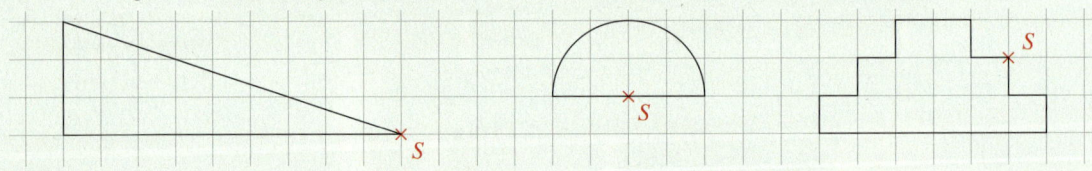

**6** Berechne.
a) $74 \cdot 35$           b) $1,4 \cdot 2,8$         c) $3,4 \cdot 0,07$        d) $65 \cdot 1,08$
e) $33$ cm $\cdot 47$ cm     f) $2,53$ m $\cdot 0,8$ m    g) $345$ cm $\cdot 1,2$ m    h) $3$ m $\cdot 22$ mm

### BUNT GEMISCHT

1. Fasse zusammen: $a + b + a + 2a - b$
2. Berechne: $(6 + 7) \cdot 12 - 9$
3. Das Distributivgesetz lautet …
4. Martin Luther, der die Bibel ins Deutsche übersetzte und Urheber der Reformation war, wurde MCDLXXXIII geboren und starb MDXLVI.
5. Von ihren 16 € Taschengeld hat Lena schon 70 % ausgegeben. Wie viel bleibt ihr noch?
6. „Vor 143 Tagen hatte Bea Geburtstag, das war am 26. November 2015."
   Gib das Datum des Tages an, an dem das gesagt wurde.

# ■ Umfänge und Flächeninhalte von Dreiecken

## Erforschen und Entdecken

**1** Übertrage die Dreiecke ins Heft.

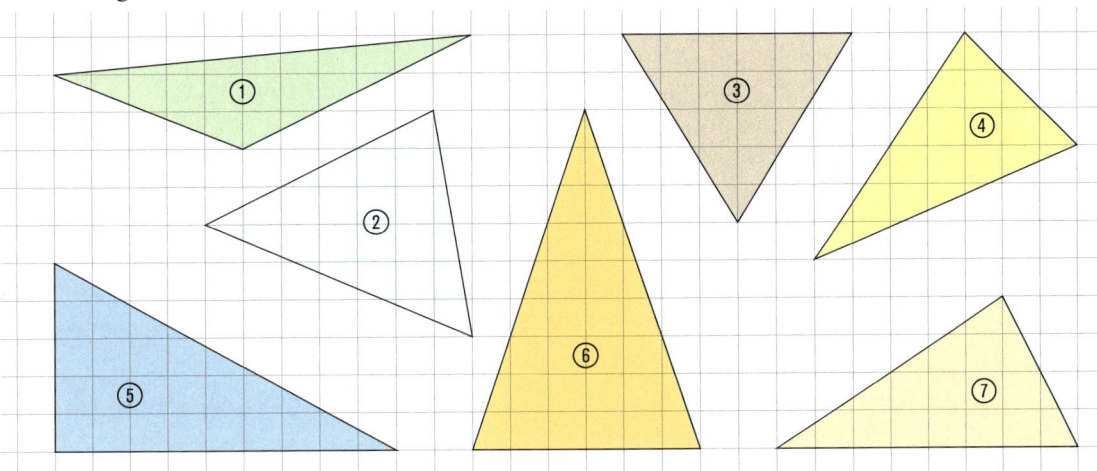

a) Miss die Seitenlängen und berechne jeweils den Umfang der Dreiecke.

b) Wie bist du bei der Berechnung vorgegangen?

c) Beschrifte die Dreiecke im Heft. Bezeichne dabei gleich lange Seiten mit derselben Variable.
Wie könnten die jeweiligen Formeln zur Umfangsberechnung lauten?
Vergleicht und besprecht untereinander eure Ergebnisse.

**2** Nimm ein quadratisches oder rechteckiges Stück Papier.

• Falte es ähnlich wie im Bild, sodass drei Dreiecke entstehen.

• Schneide sorgfältig entlang der Faltkanten.

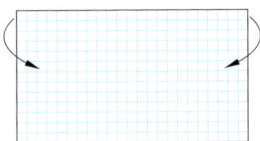 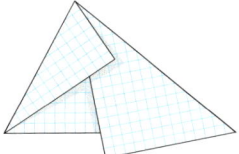 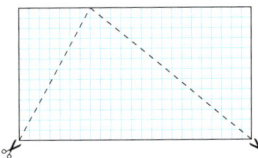

Lege die kleineren Dreiecke zu einem großen Dreieck zusammen.
Was fällt dir auf? Erkläre deine Beobachtungen.

**3** Übertrage die Dreiecke ⑤, ⑥ und ⑦ aus Aufgabe 1 in dein Heft und umgebe sie mit einem kleinstmöglichen Rechteck.

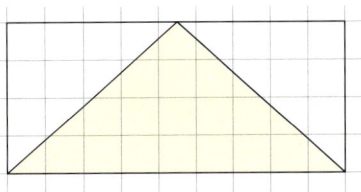

a) Ermittle die Flächeninhalte der drei Rechtecke.
Wie kann dir das dabei helfen, die Flächeninhalte der Dreiecke zu bestimmen?

b) Bezeichne die Seiten der Dreiecke wie üblich. Gib eine Formel für die Flächenberechnung des rechtwinkligen Dreiecks ⑤ an.

c) Diskutiert eure Vorgehensweisen und Ergebnisse in der Klasse.

## Lesen und Verstehen

In einem Projekt stellt die Klasse 8 b drei-eckige Sonnensegel für den Schulhof her.
Für das Segel an sich benötigen sie festen Stoff sowie einen Saum, der gegen das Ausreißen schützt.
Wie viel m² Stoff und wie viel Meter Saum müssen sie einplanen, wenn das Segel die Maße 6 m, 5 m und 4 m haben soll?

> Der Umfang eines Dreiecks ist die Summe aller Seitenlängen.
>
> $u_{Dreieck} = a + b + c$

**BEISPIEL 1**

Berechnung der Länge des Saums:
Der Saum führt einmal ganz um das Segel herum. Alle Seitenlängen werden addiert.

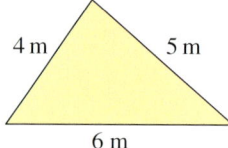

$$u_{Dreieck} = (4 + 5 + 6)\,m$$
$$= 15\,m$$

Um die benötigte Stoffmenge zu ermitteln, muss der Flächeninhalt des Sonnensegels berechnet werden. Der Flächeninhalt des Dreiecks entspricht dem halben Flächeninhalt des umgebenden Rechtecks.

Für die Flächeninhaltsberechnung eines Dreiecks benötigt man die Länge einer der drei Dreiecksseiten (**Grundseite $g$**) und die Länge der zugehörigen **Höhe $h_g$**.

> Für den **Flächeninhalt eines Dreiecks** gilt:
>
> $A = \frac{g \cdot h_g}{2}$

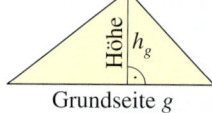

**BEISPIEL 2**

Das umgebende Rechteck hat den doppelten Flächeninhalt des Dreiecks.

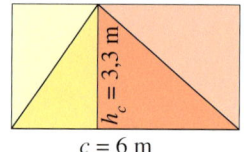

$$A = \frac{6 \cdot 3,3}{2}\,m^2 = 9,9\,m^2$$

Für das Sonnensegel werden 9,9 m² Stoff benötigt.

Je nachdem, wie breit der gewünschte Stoff liegt und wie das Segel aus einzelnen Stücken zusammengenäht wird, müssen die Schüler jedoch deutlich mehr Quadratmeter Stoff kaufen.

Bei rechtwinkligen Dreiecken vereinfacht sich die Berechnung des Flächeninhalts, wenn man die beiden senkrecht aufeinander stehenden Seiten als Grundseite und Höhe nutzt.

**BEISPIEL 3**

gegeben: rechtwinkliges Dreieck mit $b = 3,5\,cm$, $c = 6\,cm$ und $b \perp c$

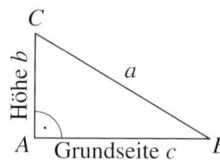

$$A = \frac{b \cdot c}{2}$$
$$A = \frac{3,5 \cdot 6}{2}\,cm^2$$
$$A = 10,5\,cm^2$$

# Basisaufgaben

**1** Zeichne die Dreiecke in dein Heft und ermittle den Umfang.

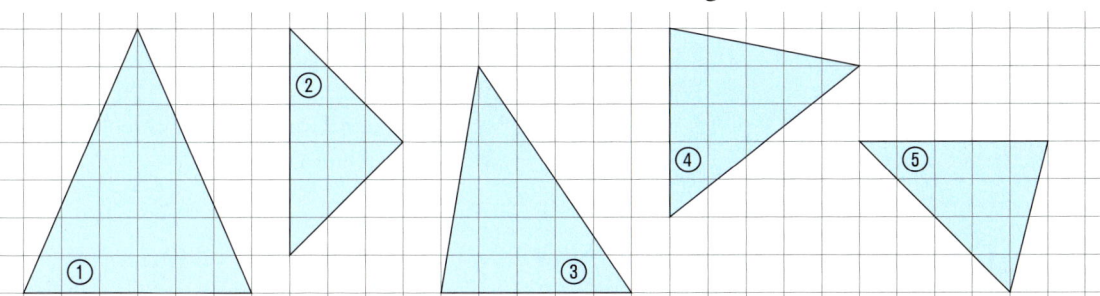

**2** Berechne den Umfang des Dreiecks $ABC$.
a) $a = 3,4\,\text{cm}$, $b = 4\,\text{cm}$, $c = 2,7\,\text{cm}$
b) $a = 2,8\,\text{cm}$, $b = 3,1\,\text{cm}$, $c = 3,9\,\text{cm}$
c) $a = 34\,\text{mm}$, $b = 4,5\,\text{cm}$, $c = 0,6\,\text{dm}$
d) gleichschenkliges Dreieck mit Basis $c$:
   $a = 3,3\,\text{cm}$, $c = 4,1\,\text{cm}$
e) gleichseitiges Dreieck: $a = 5,6\,\text{cm}$

**3** Berechne die fehlende Seitenlänge des Dreiecks $ABC$.
a) $u = 7,8\,\text{cm}$, $b = 3\,\text{cm}$, $c = 2,7\,\text{cm}$
b) $u = 10,5\,\text{cm}$, $a = 3,6\,\text{cm}$, $b = 4,7\,\text{cm}$
c) $u = 2\,\text{dm}$, $a = 8,2\,\text{cm}$, $c = 7,9\,\text{cm}$
d) gleichschenkliges Dreieck mit Basis $c$ und
   $u = 22\,\text{cm}$, $a = 7,4\,\text{cm}$
e) gleichseitiges Dreieck mit $u = 11,1\,\text{cm}$

**4** Finde jeweils eine Formel für den Umfang eines gleichschenkligen Dreiecks und eines gleichseitigen Dreiecks.

**5** Zeichne die rechtwinkligen Dreiecke in dein Heft. Berechne ihren Flächeninhalt.

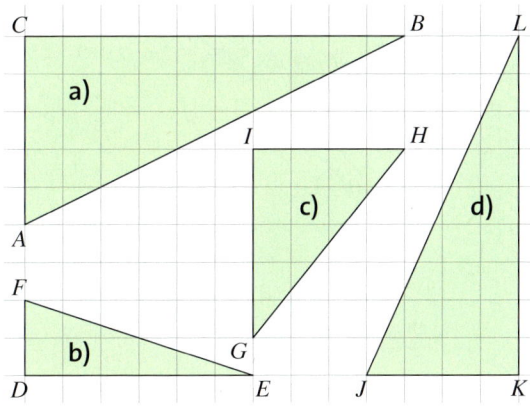

**6** Zeichne die Dreiecke aus Aufgabe 1 in dein Heft. Wähle Grundseite und Höhe und berechne den Flächeninhalt.

**7** Berechne den Flächeninhalt des Dreiecks.
a) $g = 26\,\text{m}$, $h_g = 7,5\,\text{m}$
b) $g = 18,2\,\text{cm}$, $h_g = 10,4\,\text{cm}$
c) $g = 803\,\text{mm}$, $h_g = 1042\,\text{mm}$

**8** ▥ Arbeitet zu dritt. Jeder wählt aus dem Dreieck eine Seite und die zugehörige Höhe.
a) Messt jeweils die Längen und berechnet den Flächeninhalt.
b) Vergleicht eure Ergebnisse untereinander. Was fällt euch auf? Begründet.

**9** Ermittle den Flächeninhalt der Dreiecke. Miss die benötigten Größen in der Zeichnung. Notiere die passende Formel.

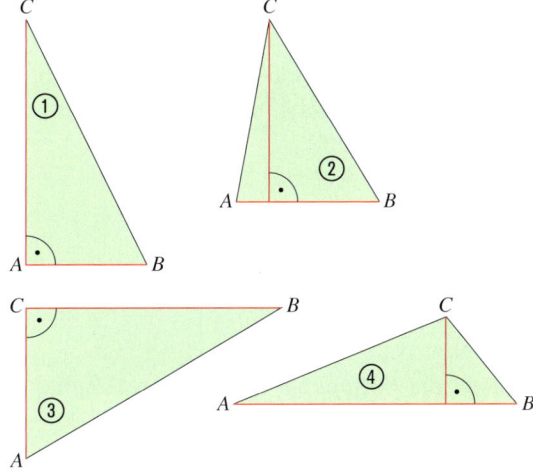

**BEACHTE**
Die Lösungen
zu Aufgabe 10
ergeben in der
richtigen Reihen-
folge den Namen
eines Landes.
Auf welchem
Kontinent liegt
dieses Land?
3,675 (A); 8,28 (I);
12,035 (I); 14 (H);
19,14 (T)

**10** Berechne den Flächeninhalt des
Dreiecks $ABC$.
a) $c = 4\,cm$, $h_c = 7\,cm$
b) $c = 3{,}5\,cm$, $h_c = 2{,}1\,cm$
c) $a = 4{,}6\,cm$, $h_a = 36\,mm$
d) $b = 0{,}58\,dm$, $h_b = 6{,}6\,cm$
e) $a = 2{,}9\,cm$, $h_a = 0{,}083\,m$

**11** ➡ Arbeitet zu zweit. Zeichnet mehrere
Dreiecke mit dem Flächeninhalt $12\,cm^2$.
a) Beschreibt, wie ihr vorgegangen seid.
Vergleicht eure Vorgehensweise
untereinander.
b) Vergleicht den Umfang der Dreiecke.
Was fällt euch auf?

## Weiterführende Aufgaben

**12** Konstruiere das Dreieck $ABC$.
Miss die benötigten Längen und berechne
Umfang und Flächeninhalt. Konstruiere dann
eine Figur, die den doppelten Flächeninhalt
besitzt.
a) $b = 3{,}8\,cm$, $c = 4{,}4\,cm$, $\alpha = 60°$
b) $a = 4{,}7\,cm$, $\beta = 22°$, $\gamma = 88°$
c) $a = 3\,cm$, $b = 4\,cm$, $c = 5\,cm$

**13** Berechne den Inhalt der roten Fläche im
Dreieck. (Zwei Kästchen sind 1 cm lang.)
Beschreibe deine Vorgehensweise.

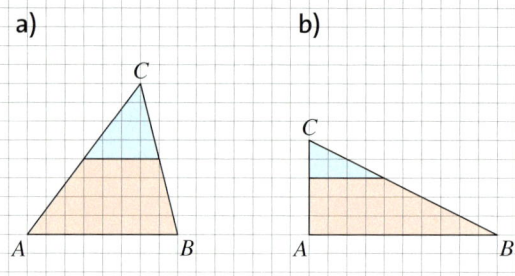

a)

b)

**14** ➡ Zeichne ein Dreieck mit einem
Flächeninhalt von $18\,cm^2$ und der Länge
einer Seite von 5 cm.

**15** Von den Dreiecken sind der Flächeninhalt
und entweder die Höhe oder die Länge der
Grundseite bekannt.
a) Berechne die fehlende Höhe bzw. die
fehlende Länge der Grundseite.
　① $A = 12\,cm^2$, $h_g = 4\,cm$
　② $A = 6\,cm^2$, $h_g = 3\,cm$
　③ $A = 40\,m^2$, $g = 50\,dm$
b) Beschreibe, wie du vorgegangen bist.
c) Stelle die Formel zur Flächenberechnung
eines Dreiecks entsprechend um.

**16** ➡ Zeichne ein stumpfwinkliges Dreieck
so wie unten abgebildet ins Heft.

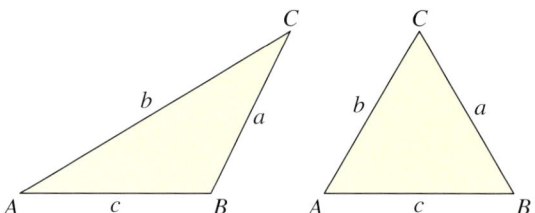

Wie berechnet sich sein Flächeninhalt
von der Grundseite $c$ aus? Stelle eine
Vermutung auf. Begründe anhand der
beiden Zeichnungen. Berechne dann.
a) Überprüfe deine Vermutung:
Berechne dazu den Flächeninhalt
des Dreiecks von einer anderen
Grundseite aus.

**17** Ein Haus soll vor der Erstellung eines
Energiepasses wärmegedämmt werden.
Wie viel Quadratmeter Dämmstoff werden
für das Haus inklusive Dach benötigt?

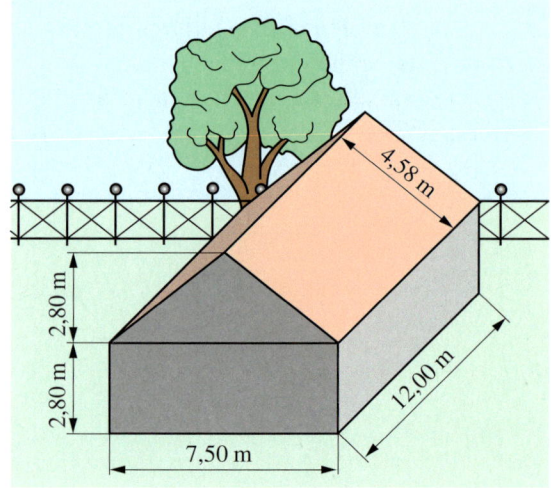

# ■ Vierecke charakterisieren und benennen

## Erforschen und Entdecken

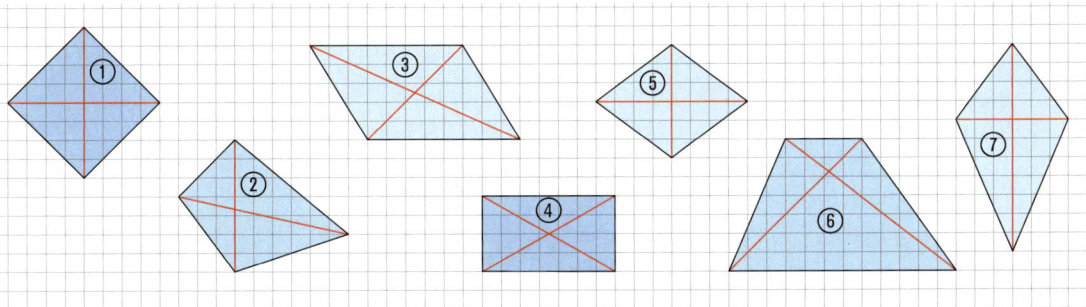

**1** Übertrage die Vierecke mit ihren Nummern und die Tabelle in dein Heft.

|  | ① | ② | ③ | ④ | ⑤ | ⑥ | ⑦ |
|---|---|---|---|---|---|---|---|
| Benachbarte Seiten stehen senkrecht aufeinander. | | | | | | | |
| Gegenüberliegende Seiten sind parallel zueinander. | | | | | | | |
| Gegenüberliegende Seiten sind gleich lang. | | | | | | | |
| Benachbarte Seiten sind gleich lang. | | | | | | | |
| Alle Seiten sind gleich lang. | | | | | | | |
| Die Diagonalen stehen senkrecht aufeinander. | | | | | | | |
| Die Diagonalen halbieren sich. | | | | | | | |
| **Bezeichnung des Vierecks** | | | | | | | |

a) Kreuze die zutreffenden Eigenschaften der Vierecke an.
b) Für welche Vierecke treffen besonders viele bzw. besonders wenige Eigenschaften zu?
c) Ordne die Bezeichnungen der Vierecke richtig zu und trage sie in deine Tabelle ein:

> Raute          Parallelogramm          Trapez
>       Rechteck                Quadrat
>   Drachen              unregelmäßiges Viereck

**2** Zeichne ein Viereck von jeder Vierecksart in dein Heft. Du kannst dich an der Abbildung oben orientieren (ohne Diagonalen).
a) Zeichne sämtliche Symmetrieachsen ein.
b) Überprüfe alle Vierecke auf Punktsymmetrie. Markiere den oder die Drehpunkte und gib an, um wie viel Grad gedreht werden kann.
c) Übertrage die Tabelle in dein Heft und trage die Bezeichnungen der Vierecke an entsprechender Stelle ein.

| achsensymmetrisch | punktsymmetrisch | ohne Symmetrie |
|---|---|---|
| | | |

d) Welche Vierecke sind sowohl achsen- als auch punktsymmetrisch?

## Lesen und Verstehen

Im Haus der Vierecke werden die Vierecke hinsichtlich ihrer Seitenlängen, der Lage der Seiten und ihrer Winkel geordnet.
Das Quadrat hat die meisten Eigenschaften. Bei darunterliegenden Vierecken werden die Eigenschaften immer allgemeiner.

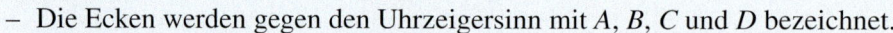

Ein Viereck wird wie folgt bezeichnet:
–  Die Ecken werden gegen den Uhrzeigersinn mit *A*, *B*, *C* und *D* bezeichnet.
–  Als Seite *a* wird die Strecke $\overline{AB}$, als Seite *b* die Strecke $\overline{BC}$, … bezeichnet.
–  Die Diagonale $\overline{AC}$ wird mit *e*, die Diagonale $\overline{BD}$ wird mit *f* bezeichnet.

Ein **Quadrat** hat vier gleich lange Seiten. Alle Winkel sind rechte Winkel.

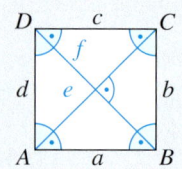

Die Diagonalen in einem Quadrat halbieren einander, sie sind gleich lang und stehen senkrecht aufeinander.

Bei einem **Rechteck** sind gegenüberliegende Seiten gleich lang und parallel. Alle Winkel sind rechte Winkel.

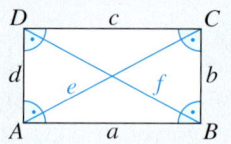

Bei Rechtecken halbieren die Diagonalen einander und sind gleich lang.

Bei einer **Raute (Rhombus)** sind alle Seiten gleich lang. Gegenüberliegende Winkel sind gleich groß.

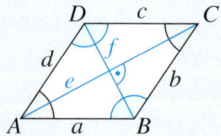

Die Diagonalen in einer Raute halbieren einander und stehen senkrecht aufeinander.

Bei einem **Parallelogramm** sind gegenüberliegende Seiten gleich lang und gegenüberliegende Winkel gleich groß.

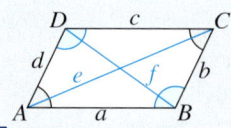

Bei Parallelogrammen halbieren die Diagonalen einander.

Ein **Trapez** hat zwei zueinander parallele Seiten.

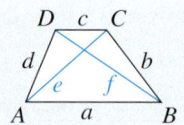

Sonderfall: Bei einem gleichschenkligen Trapez sind zusätzlich die nicht parallelen Seiten gleich lang.

Ein **Drachen** hat zwei Paar gleich langer Nachbarseiten. Ein Paar gegenüberliegender Winkel ist gleich groß.

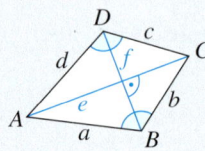

Bei einem Drachen stehen die Diagonalen senkrecht aufeinander. Eine Diagonale wird halbiert.

# Basisaufgaben

**1** Wo findest du in deiner Umgebung Quadrate, Rechtecke, Rauten, Parallelogramme, Drachen oder Trapeze?

**2** Gib jeweils alle Drachen, alle Quadrate, alle Rechtecke und alle Rauten an. Begründe deine Auswahl.

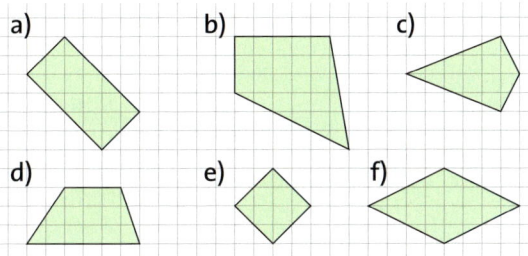

**3** Für welche Vierecke gilt die Aussage immer? Gibt es mehrere Möglichkeiten?
**a)** Die Diagonalen sind gleich lang und stehen senkrecht aufeinander.
**b)** Mindestens zwei Seiten des Vierecks sind gleich lang.
**c)** Genau drei Seiten sind gleich lang.
**d)** Mindestens zwei gegenüberliegende Winkel sind gleich groß.
**e)** Benachbarte Seiten sind gleich lang.
**f)** Mindestens zwei gegenüberliegende Seiten sind parallel zueinander.

**4** Welche zwei Antworten sind richtig?

> ## Jedes Rechteck ist ein Trapez
>
> **Peinlicher Fehler in Jauchs Show „Wer wird Millionär"**
>
> In Günther Jauchs beliebter Fernsehsendung „Wer wird Millionär" verließ am Freitagabend Kandidatin Astrid mit 8000 Euro Gewinnsumme das Studio. Kein ungewöhnlicher Vorgang.
>
> Doch tatsächlich war die Frau an einer Quiz-Frage gescheitert, die regelwidrig gestellt worden war: Von den vier Vorschlägen waren nämlich zwei richtig – nicht nur einer. Verblüffender noch, dass bis heute offenbar niemand die Panne bemerkt zu haben scheint. Selbst auf der entsprechenden Homepage von RTL konnte man noch gestern lesen, welche Antwort hier angeblich die einzig richtige war.
>
> Die 16 000-Euro-Frage lautete:
>
> Jedes Rechteck ist ein/eine …?
> A: Raute          B: Quadrat
> C: Trapez         D: Parallelogramm
>
> (Berliner Morgenpost, 03. 02. 2003)

**5** Schaue dir das Haus der Vierecke an. Überlege dir Sätze wie diesen: „Ein Quadrat ist auch ein Parallelogramm." Tragt eure Sätze in der Klasse zusammen.

↻ **119-1** Unter diesem Webcode befindet sich eine interaktive Übung zum Erkennen von Vierecken.

# Weiterführende Aufgaben

**6** Übertrage die gegebenen Seiten eines Vierecks mehrmals in dein Heft. Ergänze jeweils durch zwei weitere Seiten zu möglichst vielen besonderen Vierecken.

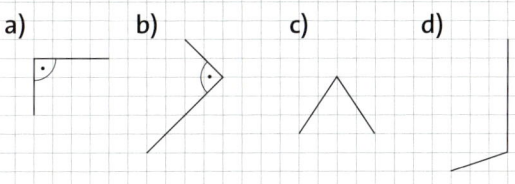

**7** Zeichne drei Trapeze, zwei Parallelogramme und einen Drachen. Wie viele Vierecke musst du mindestens zeichnen? Begründe.

**8** Stellt die Zeichnung einen Drachen dar? Begründe.

**9** Welche Vierecke sind gemeint? Findest du mehrere Möglichkeiten?
**a)** Ein Viereck mit genau zwei Symmetrieachsen ist ▨.
**b)** Ein punktsymmetrisches Viereck, das um 90°, um 180° und um 270° gedreht werden kann, ist ▨.
**c)** Ein achsen- und punktsymmetrisches Viereck ist ▨.

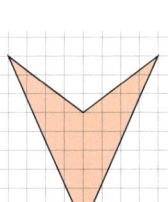

↻ **119-2** Unter diesem Webcode findest du eine Kopiervorlage mit den Figuren aus Aufgabe 6.

# Methode: Besondere Vierecke konstruieren

Was muss gegeben sein, um ein spezielles Viereck, z. B. eine Raute, konstruieren zu können? Je nach Art des Vierecks benötigt man für eine eindeutige Konstruktion eine unterschiedliche Anzahl an Informationen über Seitenlängen oder Winkelgrößen. Dabei wird bei der Konstruktion von Vierecken auf die verschiedenen Konstruktionstypen beim Dreieck (meistens *SWS*) zurückgegriffen. Für den Überblick ist es immer sinnvoll, zuerst eine Planfigur anzufertigen.

## Konstruktion eines Quadrats

Schon mit der Angabe einer Seitenlänge kann man ein Quadrat konstruieren. Alle weiteren Eigenschaften der Seitenlängen und Winkelgrößen kennt man.

gegeben: $a = 4{,}5$ cm

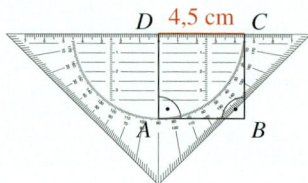

## Konstruktion von Rechteck oder Raute

Für die **Konstruktion eines Rechtecks** genügt die Angabe zweier Seitenlängen, da man alle weiteren Eigenschaften der Seitenlängen und Winkelgrößen kennt.

gegeben: $a = 6{,}8$ cm, $b = 5{,}3$ cm

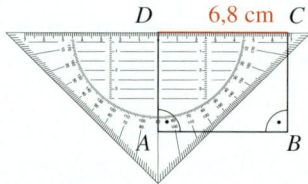

**Konstruktion einer Raute (1)**
Für die Konstruktion einer Raute genügen zwei Angaben: eine Seitenlänge und eine Winkelgröße, da man weiß, dass alle Seiten gleich lang sind, gegenüberliegende Seiten parallel zueinander und gegenüberliegende Winkel gleich groß sind.

gegeben: $a = 1{,}8$ cm, $\alpha = 30°$

  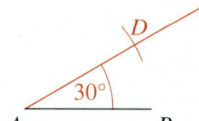 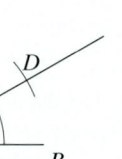 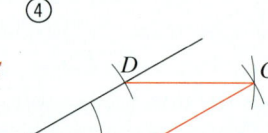

Bei den Schritten ③ und ④ können die letzten beiden Seiten mit dem Zirkel oder durch eine Parallelverschiebung mit dem Geodreieck konstruiert werden.

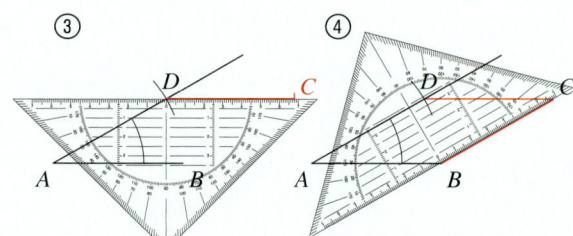

## Konstruktion einer Raute (2)

Eine Raute kann auch über die Angaben ihrer Diagonalen konstruiert werden, da sie senkrecht aufeinander stehen und sich halbieren.

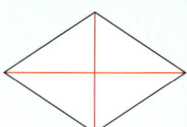

gegeben: $e = 2{,}4\,\text{cm}$, $f = 1{,}8\,\text{cm}$

 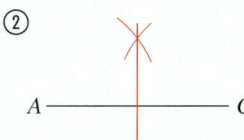 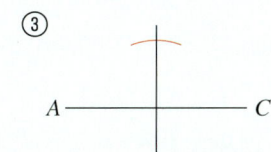 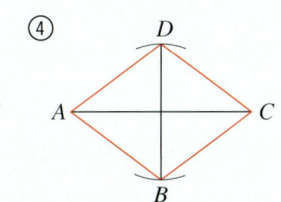

**BEACHTE**
Bei Schritt ③ beträgt der Radius die Hälfte der Diagonale $e$, also $\frac{e}{2}$.

# Konstruktion von Parallelogramm oder Drachen

## Konstruktion eines Parallelogramms

Für die Konstruktion eines Parallelogramms benötigt man drei Angaben: zwei Seitenlängen und eine Winkelgröße, da gegenüberliegende Seiten gleich lang sind sowie parallel zueinander liegen und gegenüberliegende Winkel gleich groß sind.

gegeben: $a = 1{,}7\,\text{cm}$, $b = 1{,}25\,\text{cm}$, $\alpha = 60°$

 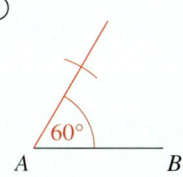 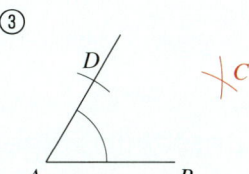 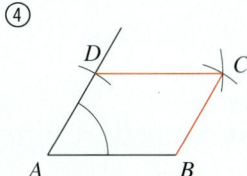

Die letzten beiden Seiten können mit dem Zirkel (siehe Zeichnung) oder durch eine Parallelverschiebung mit dem Geodreieck konstruiert werden (wie bei der Raute).

## Konstruktion eines Drachens (1)

Für die Konstruktion eines Drachens benötigt man drei Angaben: zwei Seitenlängen und eine Winkelgröße, da man weiß, dass je zwei benachbarte Seiten gleich lang sind und ein Paar gegenüberliegender Winkel gleich groß ist.

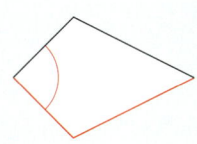

gegeben: $a = 1\,\text{cm}$, $b = 1{,}2\,\text{cm}$, $\alpha = 60°$

 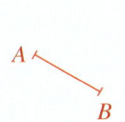 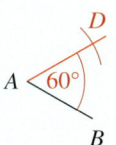 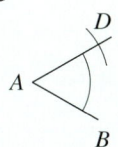 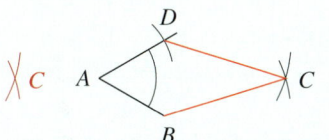

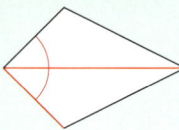

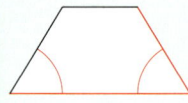

## Konstruktion eines Drachens (2)

Ein Drachen kann auch eindeutig konstruiert werden, wenn eine Seitenlänge, eine Diagonale und eine Winkelgröße gegeben sind.

gegeben: $a = 1\,\text{cm}$, $e = 2,6\,\text{cm}$, $\alpha = 60°$

Schritte ① und ② wie vorne

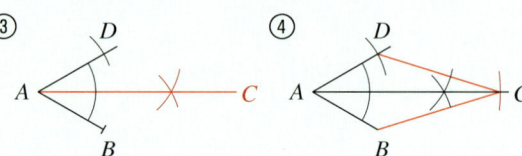

## Konstruktion eines Trapezes

Weiß man, welche gegenüberliegenden Seiten parallel zueinander liegen, benötigt man für die Konstruktion eines Trapezes vier Angaben: zwei Seitenlängen und zwei Winkelgrößen oder drei Seitenlängen und eine Winkelgröße.

gegeben: $a = 2,8\,\text{cm}$, $b = 1,5\,\text{cm}$, $\alpha = 70°$, $\beta = 55°$; $a \parallel c$

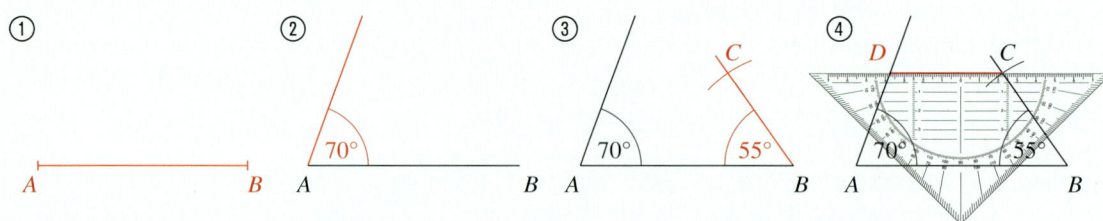

Die Konstruktion ist auch möglich, wenn die Höhe bei den vier Angaben enthalten ist.

## Konstruktion eines unregelmäßigen Vierecks

Für die Konstruktion eines unregelmäßigen Vierecks benötigt man fünf Angaben, z. B. vier Seitenlängen und eine Winkelgröße, da man keine Eigenschaften vorher kennt.

**1** Konstruiere die Rauten. Zeichne zuerst eine Planfigur.
a) $a = 5\,\text{cm}$; $\alpha = 50°$    b) $a = 2,4\,\text{cm}$; $\alpha = 35°$    c) $e = 2\,\text{cm}$; $f = 5\,\text{cm}$    d) $b = 4\,\text{cm}$; $\delta = 70°$

**2** Konstruiere die Parallelogramme mit den angegebenen Maßen.
a) $a = 4\,\text{cm}$; $b = 2,6\,\text{cm}$; $\alpha = 55°$      b) $a = 3,2\,\text{cm}$; $b = 5,3\,\text{cm}$; $\beta = 45°$
c) $c = 7\,\text{cm}$; $d = 2\,\text{cm}$; $\beta = 110°$      d) $a = 5\,\text{cm}$; $h_a = 2\,\text{cm}$; $\alpha = 40°$

**3** Konstruiere die Drachen.
a) $a = 5,2\,\text{cm}$; $b = 3\,\text{cm}$; $\alpha = 50°$      b) $a = 4\,\text{cm}$; $b = 7\,\text{cm}$; $\beta = 120°$
c) $d = 4,8\,\text{cm}$; $e = 7,5\,\text{cm}$; $\alpha = 110°$      d) $a = 4,2\,\text{cm}$; $b = 3\,\text{cm}$; $e = 6,4\,\text{cm}$

**4** Konstruiere die Trapeze.
a) $a = 6,4\,\text{cm}$; $b = 4,3\,\text{cm}$; $\alpha = 55°$; $\beta = 64°$      b) $c = 5\,\text{cm}$; $h_c = 2,5\,\text{cm}$; $\gamma = 50°$; $\delta = 80°$

**5** Konstruiere das unregelmäßige Viereck mit $a = 5\,\text{cm}$; $b = 7\,\text{cm}$; $c = 6\,\text{cm}$; $d = 4\,\text{cm}$; $\alpha = 50°$.
Konstruiere ein Viereck mit den gleichen Seitenlängen und dem Winkel $\beta = 50°$. Vergleiche.

# Umfänge und Flächeninhalte von Vierecken

## Erforschen und Entdecken

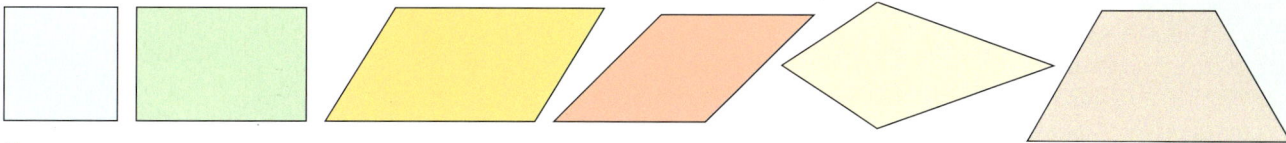

**1** Übertrage die Tabelle unten in dein Heft.
a) Miss die Seitenlängen der sechs Vierecke und berechne jeweils den Umfang.
b) Finde möglichst einfache Formeln für den Umfang. Welche Formeln sind gleich?

| | Quadrat | Rechteck | Parallelogramm | ... | ... | ... |
|---|---|---|---|---|---|---|
| **Seitenlängen** | $a = 1{,}5\,\text{cm}$ | | | | | |
| **Umfang** | $u =$ | | | | | |
| **Formel für den Umfang** | $u = a + a + a + a$ <br> $u = 4a$ | $u = a + a + b + b$ <br> $u = 2a + 2b$ | $u = \ldots$ | | | |

**2** Nadine hat zu Hause einen Stapel Notizzettel. Seine Fläche vorn ist 4,5 cm breit und 4 cm hoch. Verschiebt sie den Stapel seitlich, ergibt die vordere Fläche ein Parallelogramm. Es besitzt immer noch eine Höhe von 4 cm. Die schrägen Seiten sind nun aber 5 cm lang.

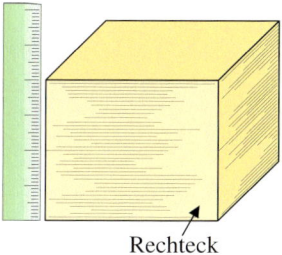
Rechteck

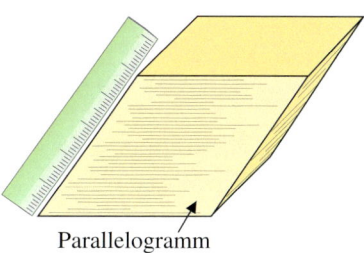
Parallelogramm

Vergleiche ohne Rechnung die Flächeninhalte der vorderen Fläche des Stapels, wenn er gerade steht und wenn er seitlich verschoben ist. Begründe und berechne nun.

**3** Betrachte die beiden Abbildungen rechts in der Randspalte.
a) Gib jeweils den Flächeninhalt der Drachen an.
   Berechne den Flächeninhalt des gesamten Rechtecks.
   Was fällt dir auf, wenn du ihn mit dem Flächeninhalt der Drachen vergleichst?
b) Beschreibe, wie man den Flächeninhalt eines Drachen berechnen kann, wenn man die Länge der beiden Diagonalen $e$ und $f$ kennt.
c) Zeichne im Heft ein Rechteck wie in der Randspalte. Zeichne eine Raute, die mit allen vier Ecken auf dem Rand des Rechtecks liegt. Berechne ihren Flächeninhalt.

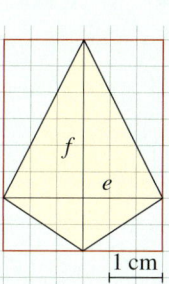
1 cm

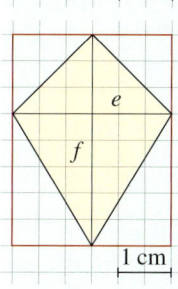
1 cm

**4** In Gruppen- und Besprechungsräumen werden häufig Trapeztische eingesetzt. Ihre Tischfläche stellt ein gleichschenkliges Trapez dar.

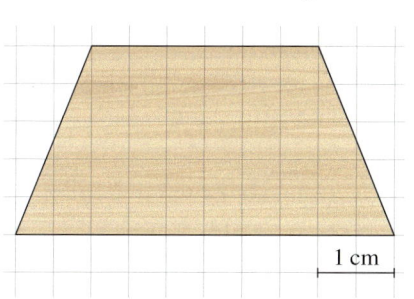
1 cm

a) Welche Vorteile haben Trapeztische gegenüber rechteckigen Tischen?
b) Skizziere im Heft möglichst viele Möglichkeiten, wie man zwei Trapeztische zusammenstellen kann.
c) Nutze deine Ideen aus Teilaufgabe b), um den Flächeninhalt zweier Trapeze zu berechnen. Bestimme dann auch den Flächeninhalt eines Trapezes.
d) Vergleicht untereinander eure Lösungen.

↻ 123-1
Unter diesem Webcode findest du eine Kopiervorlage mit Trapezen zum Ausschneiden.

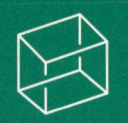

# Lesen und Verstehen

Bauer Poen möchte Land pachten, um dort Kühe zu halten. Er hat die Wahl zwischen verschiedenen viereckigen Formen.
Nun vergleicht er die Größe der Weideflächen (also die Flächeninhalte) und bestimmt die Länge des Zauns, den er aufstellen müsste (also den Umfang).

---

Der **Umfang eines Vierecks** ist die Summe aller Seitenlängen.
$u = a + b + c + d$

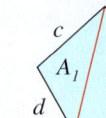

Der **Flächeninhalt eines Vierecks** ist die Summe der Flächeninhalte der Dreiecke.
$A = A_1 + A_2$

**BEISPIEL 1**
$a = 32\,m; b = 32\,m;$
$c = 24\,m; d = 20\,m$
$u = (2 \cdot 32 + 24 + 20)\,m$
$\quad = 108\,m$
$A_1 = 232\,m^2; A_2 = 468\,m^2$
$A = (232 + 468)\,m^2 = 7\,a$

---

Die Flächeninhalte spezieller Vierecke kann man mit einer Formel berechnen.
Sie ergibt sich aus der Zerlegung und Ergänzung des Vierecks zu einem Rechteck.

---

Der **Flächeninhalt eines Parallelogramms** ist das Produkt aus der Grundseite und der darauf stehenden Höhe.
$A_{Parallelogramm} = g \cdot h_g$

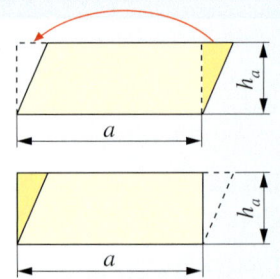

**BEISPIEL 2**
Es gilt: $g = a$ und $h_g = h_a$
Maße der Pachtfläche:
$a = 60\,m$, $h_a = 25\,m$

Ihr Flächeninhalt beträgt
$A = 60\,m \cdot 25\,m = 1500\,m^2$.

---

Der **Flächeninhalt eines Trapezes** wird berechnet, indem man die Summe beider parallelen Seiten mit der Höhe des Trapezes multipliziert und das Ergebnis durch 2 teilt.
$A_{Trapez} = \frac{(a + c) \cdot h}{2}$

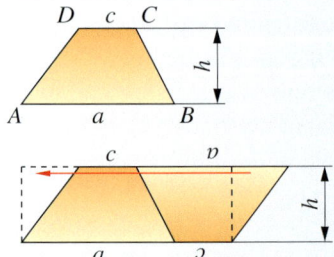

**BEISPIEL 3**
Maße der Pachtfläche:
$a = 40\,m$, $c = 16\,m$,
$h = 55\,m$

Der Flächeninhalt beträgt
$A = \frac{(40 + 16) \cdot 55}{2}\,m^2 = 1540\,m^2$.

---

**BEACHTE**
Eine Raute ist auch ein spezielles Parallelogramm. Ihr Flächeninhalt kann somit auch mit der Formel für das Parallelogramm berechnet werden.

Der **Flächeninhalt eines Drachens** (oder einer Raute) ist die Hälfte des Produkts der Diagonalen.

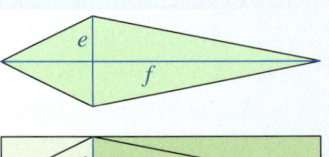
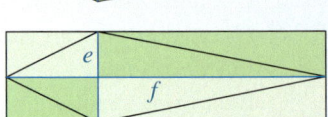

$A_{Drachen} = \frac{e \cdot f}{2}$

**BEISPIEL 4**
Maße der Pachtfläche:
$e = 40\,m$, $f = 60\,m$

Der Flächeninhalt beträgt
$A = \frac{40 \cdot 60}{2}\,m^2 = 1200\,m^2$.

# Basisaufgaben

**1** Bestimme den Umfang der Rechtecke, soweit es möglich ist.

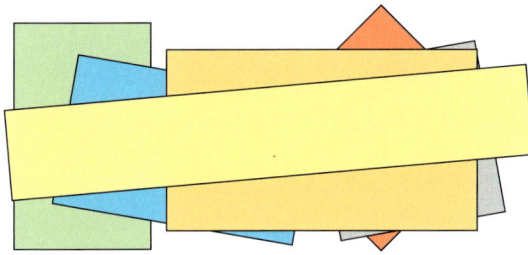

**2** Entnimm die Maße aus den abgebildeten Figuren und berechne jeweils ihren Umfang.

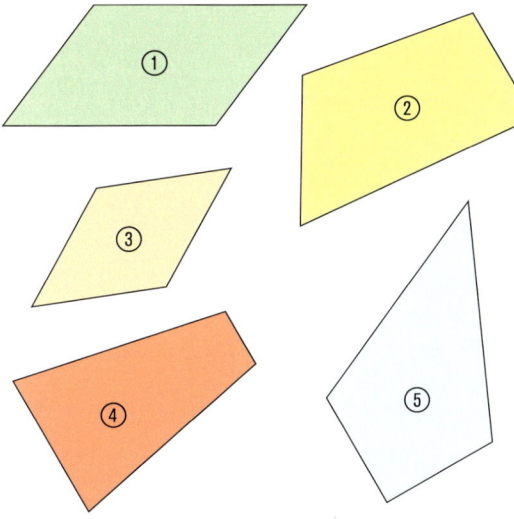

**3** Berechne den Umfang der Vierecke.
a) Raute: $a = 3{,}6$ cm
b) Parallelogramm: $a = 1{,}1$ cm, $b = 3{,}2$ cm
c) Trapez: $a = 4{,}7$ cm, $b = 2{,}9$ cm,
   $c = 3{,}5$ cm, $d = 2{,}1$ cm
d) Drachen: $a = 3{,}3$ cm, $b = 5{,}6$ cm
e) gleichschenkliges Trapez mit a‖c:
   $a = 7{,}1$ cm, $b = 4{,}5$ cm, $c = 5{,}8$ cm

**4** Berechne die fehlende Seite des Vierecks.
a) Parallelogramm: $u = 14{,}6$ cm, $a = 4{,}9$ cm
b) Raute: $u = 22{,}2$ cm
c) Trapez: $u = 35$ cm, $a = 12$ cm, $b = 8{,}5$ cm,
   $c = 7{,}5$ cm
d) Drachen: $u = 24$ cm, $a = 70$ mm
e) Rechteck: $u = 1{,}46$ dm, $a = 58$ mm

**5** Berechne jeweils Umfang und Flächeninhalt der Parallelogramme.

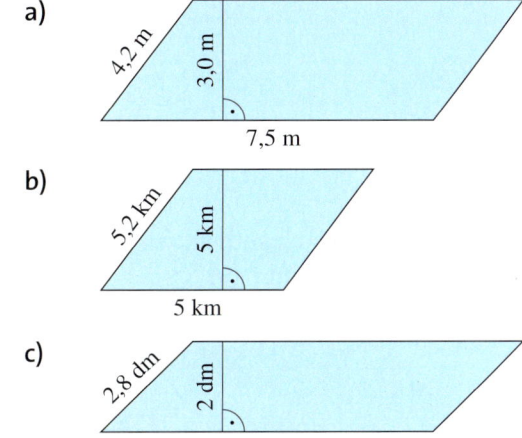

a) 4,2 m; 3,0 m; 7,5 m

b) 5,2 km; 5 km; 5 km

c) 2,8 dm; 2 dm; 9,6 dm

**6** Berechne die fehlenden Größen der Parallelogramme:

|  | $a$ (in m) | $b$ (in m) | $h_a$ (in m) | $u$ (in m) | $A$ (in m²) |
|---|---|---|---|---|---|
| a) | 2,6 | 1,6 | 1,4 |  |  |
| b) | 5,3 | 2,2 |  |  | 18,55 |
| c) |  | 4,1 | 2,4 | 18,2 |  |
| d) | 3,7 |  |  | 12,6 | 6,29 |

**7** Zeichne das Parallelogramm mit den Angaben $a = 4{,}2$ cm, $b = 3{,}1$ cm, $\alpha = 55°$. Berechne Umfang und Flächeninhalt.

**BEACHTE**
Die Lösungen zu Aufgabe 4 ergeben in der richtigen Reihenfolge der Namen eines Landes. Auf welchem Kontinent liegt dieses Land?
1,5 (N); 2,4 (S); 5 (A); 5,55 (U); 7 (D)

**8** Berechne die Flächeninhalte der Parallelogramme. Vergleiche und begründe.

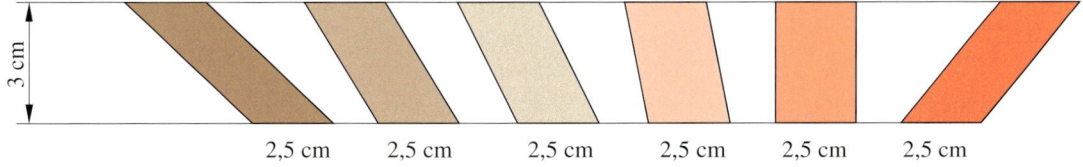

3 cm

2,5 cm    2,5 cm    2,5 cm    2,5 cm    2,5 cm    2,5 cm

**9** Berechne den Flächeninhalt der Trapeze. Die Zeichnungen sind nicht maßstäblich.

a)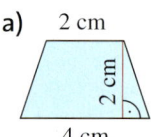

b)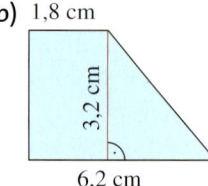

c)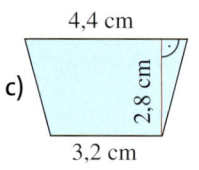

d)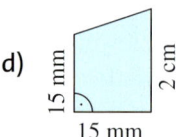

e)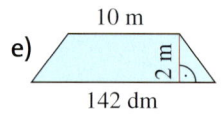

f)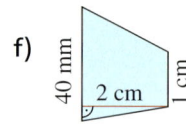

**10** Berechne den Flächeninhalt des trapezförmigen Querschnitts eines Bahndammes.

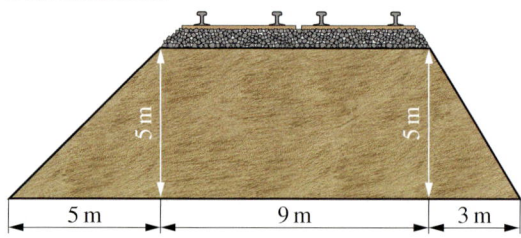

**11** Zeichne ein Trapez mit den angegebenen Maßen und berechne den Flächeninhalt.
a) $a = 5\,cm$, $c = 4\,cm$, $h = 3\,cm$
b) $a = 0,35\,dm$, $c = 0,56\,dm$, $h = 0,48\,dm$
c) $a = 74\,mm$, $c = 0,26\,dm$, $h = 4,5\,cm$
d) $a = 30\,mm$, $c = 3,3\,cm$, $h = 0,33\,dm$
e) $a = 4,5\,cm$, $c = 0,3\,dm$, $h = 51\,mm$

**12** Berechne den Flächeninhalt der Drachen.

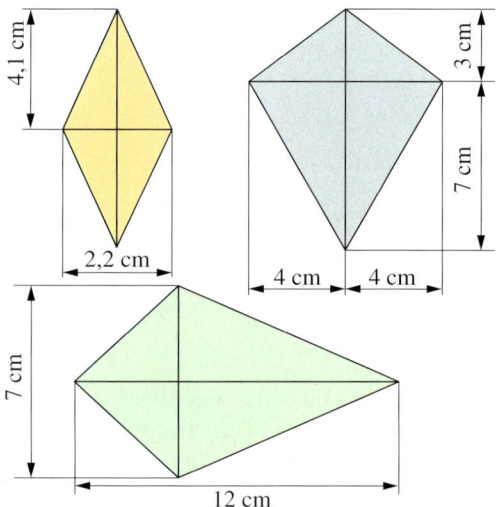

**13** Berechne den Flächeninhalt des Drachens.

| Diagonale | a) | b) | c) | d) |
|---|---|---|---|---|
| $e$ | 6,3 cm | 1,2 m | 6 dm | 60 cm |
| $f$ | 2,8 cm | 4 m | 5 dm | 4 dm |

**14** Zeichne den Drachen nach den angegebenen Maßen und berechne den Flächeninhalt.
a) $a = 7\,cm$, $b = 4,5\,cm$, $\alpha = 65°$
b) $a = 2,5\,cm$, $b = 4\,cm$, $\beta = 125°$
c) $a = 3,4\,cm$, $e = 5\,cm$, $\alpha = 58°$
d) $a = 3,6\,cm$, $b = 5,1\,cm$, $e = 4,4\,cm$

**15** ➡ Rosa bastelt einen Drachen mit $e = 30\,cm$ und $f = 50\,cm$. Zeichne ihn.
a) Wie viel Garn benötigt sie für den Umfang? Vergleicht untereinander.
b) Wie viel Papier braucht sie, wenn sie 3 cm Kleberand einplant?

## Weiterführende Aufgaben

**16** Zeichne je zwei Parallelogramme mit einem Flächeninhalt von …
a) $A = 45\,cm^2$      b) $A = 66\,cm^2$
c) $A = 0,21\,dm^2$      d) $A = 1400\,mm^2$

**17** ➡ Welches Parallelogramm hat einen möglichst großen Flächeninhalt bei möglichst geringem Umfang? Begründe.

**18** Berechne den Flächeninhalt des Parallelogramms.
Zeichne das Parallelogramm mit einem Umfang von $u = 15\,cm$.
a) $a = 4,1\,cm$, $h_a = 3\,cm$
b) $b = 2,3\,cm$, $h_b = 1,7\,cm$
c) $c = 59\,mm$, $h_c = 8\,mm$
d) $b = 0,5\,dm$, $h_a = 0,4\,dm$, $h_b = 0,2\,dm$

**19** Ben hat sich die Formel für den Flächeninhalt eines Trapezes selbst hergeleitet.
Seine Formel lautet:

$A_{\text{Trapez}} = m \cdot h = \frac{(a+c)}{2} \cdot h$

Erläutere die Zeichnungen.
Wie ist Ben auf $m$ gekommen?

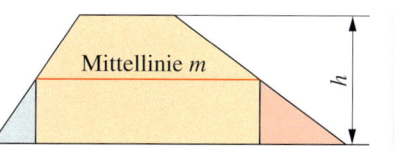
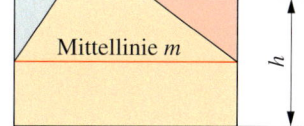

**20** Helena soll Umfang und Flächeninhalt eines Trapezes mit $a \| c$, $a = 6{,}3$ cm, $b = 4{,}8$ cm und $h_a = 5$ cm berechnen. Ist das möglich? Begründe.

**21** Ein Hausdach muss neu gedeckt werden. Der Besitzer möchte sich Kostenvoranschläge einholen. Dafür benötigt er die Größe der Dachfläche.

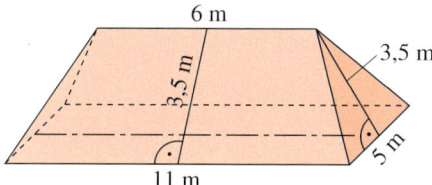

**22** Finde mögliche Maße für $a$, $c$ und $h$ in einem Trapez mit einem Flächeninhalt von …

a) $34 \text{ cm}^2$    b) $96 \text{ cm}^2$    c) $4500 \text{ mm}^2$
d) $25$ ha    e) $330$ a    f) $2520 \text{ mm}^2$

**23** Gegeben sind der Flächeninhalt eines Drachens und die Länge einer Diagonale. Berechne die Länge der zweiten Diagonale. Notiere, wie du die Flächeninhaltsformel für den Drachen umstellst.

a) $A = 15 \text{ cm}^2$, $e = 5$ cm
b) $A = 23 \text{ mm}^2$, $f = 4$ mm
c) $A = 8 \text{ dm}^2$, $e = 3{,}2$ dm
d) $A = 9{,}5 \text{ dm}^2$, $e = 38$ cm

**24** Die Diagonalen eines Drachens und einer Raute sind gleich lang. Haben sie dann auch den gleichen Flächeninhalt und den gleichen Umfang? Begründe.

**25** Alina meint: „Kenne ich die Seitenlänge und die Höhe einer Raute, dann kann ich ihren Flächeninhalt berechnen." Was meinst du dazu? Begründe.

**26** Zeichne mit einer dynamischen Geometriesoftware. Berechne Umfang und Flächeninhalt. Entnimm fehlende Maße dem Programm.

a) Parallelogramm mit $a = 5{,}8$ cm; $h_a = 3{,}7$ cm; $\alpha = 73°$
b) Trapez mit $a = 7{,}4$ cm; $b = 4{,}4$ cm, $\alpha = 65°$ und $\beta = 48°$
c) Drachen mit $a = 6{,}4$ cm, $b = 9{,}0$ cm und $\alpha = 55°$

**27** Berechne den Flächeninhalt der farbigen Fläche. Wie bist du vorgegangen?

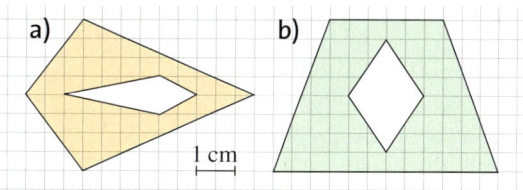

a)    b)
1 cm

**28** Auf einer Dose steht, dass 240 ml Farbe für $2 \text{ m}^2$ reichen. Darin sind $0{,}75$ ℓ Farbe.

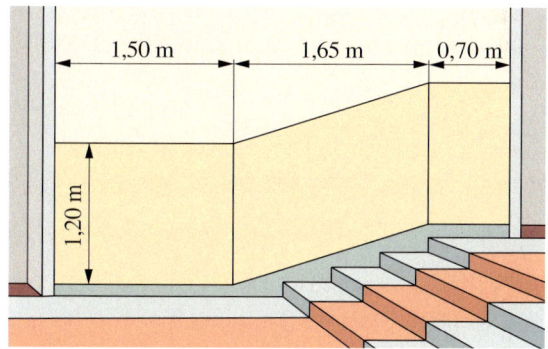

a) Wie viele Dosen werden zum Streichen des dunkelgelben Sockels benötigt?
b) Eine Stufe ist 15 cm hoch. Die Decke ist von der unteren Ebene des Fußbodens 3,40 m hoch und verläuft horizontal. Wie viele Dosen werden zum Streichen der hellgelben Fläche von der Sockelkante bis zur Decke benötigt?

**ZUM WEITERARBEITEN**
Lege in deiner dynamischen Formelsammlung neue Mappen zur Berechnung des Umfangs und des Flächeninhalts von speziellen Vierecken an, ähnlich wie auf Seite 50. Lass z. B. auch eine Seitenlänge berechnen, wenn Flächeninhalt und andere Längen gegeben sind.

# Dreiecke und Vierecke in der Architektur

## Das „Dockland"

Im Herbst 2005 wurde das Bürohaus „Dockland" an der Elbe in Hamburg fertig gestellt. Dieser mit einem Neigungswinkel von 24° bugförmig herausragende Bau soll den Eindruck erwecken, als ob ein Schiff am Kai angelegt hätte.
Jede der sechs Büro-Etagen ist etwa 700 m² groß. Das Gebäude mit seinen parallelogrammförmigen Seiten erstreckt sich insgesamt über 132 Meter Länge und 20 Meter Breite. Es bietet auf sechs Geschossen eine Bruttogeschossfläche von insgesamt 8750 m². Zur Dachterrasse müssen 25 m Höhe überwunden werden – das sind rund 140 Stufen. Der Ausblick von diesem 47 m weit ins Wasser hineinragenden Gebäude ist einmalig.

In der Architektur geht es um den Entwurf und die Gestaltung von Bauwerken. Oft werden dabei auch geometrische Flächen und Körper genutzt.
Häufig verrät die Form etwas über die Funktion des Gebäudes. Zum Beispiel erkennt man Kirchen, Wohnhäuser und Schulen schnell am jeweils typischen Baustil.
In Hamburg wurde direkt am Hafen ein Bürogebäude gebaut, das an ein Schiff erinnert.

**1** Arbeitet in Kleingruppen. Lest den Zeitungsartikel zum Bürogebäude „Dockland". Fertigt zu dem Gebäude eine Skizze an und überprüft, ob die Längenangaben, Winkel und Quadratmeterzahlen stimmen können. Findet bei Unstimmigkeiten mögliche Gründe.

**2** Wie viel Quadratmeter Fensterglas sind ungefähr in der gesamten Hausecke vorhanden?
Arbeitet in der Gruppe. Überlegt euch zuerst, wie ihr an die Aufgabe herangehen könnt. Welche Informationen benötigt ihr und wie könnt ihr sie erhalten? Nutzt dazu euer Alltagswissen, z. B. über Größen.
Protokolliert die Voraussetzungen, Annahmen und Vorgehensweisen, von denen ihr ausgeht.
Stellt eure Ergebnisse und Lösungswege in eurer Klasse vor. Wie weit weichen eure Ergebnisse voneinander ab?

**ZUM WEITERARBEITEN**
Wie viel Meter Rahmen umfassen die Fenster ungefähr?

**3** Entwirf selbst eine Gebäudefront, in der möglichst viele verschiedene Vierecksarten vorkommen. Achte auf einen passenden Maßstab. Berechne den Flächeninhalt.

**Name:** Der schwarze Diamant
**Ort:** Kopenhagen, Dänemark
**Funktion:** Öffentliche Bibliothek
**Höhe:** 29 m
**Fassade:** 80 m breit

**Name:** Hearst Tower
**Ort:** New York, USA
**Funktion:** Verlagshaus
**Höhe:** 182 m
**Höhe jedes Dreiecks:** 16,5 m

**4** Arbeitet zu zweit oder in Kleingruppen. Wählt eines der Gebäude und bearbeitet die unten stehenden Aufgaben dazu gemeinsam.

- Welche geometrischen Flächen gibt es am Gebäude?
- Gibt es an dem Gebäude Symmetrieachsen?
- Gibt es einen Zusammenhang zwischen Aussehen und Nutzung des Gebäudes?
- Zeichnet die Vorderseite des Gebäudes. Achtet auf einen passenden Maßstab.
- Berechnet oder schätzt den Flächeninhalt der Vorderseite des Gebäudes möglichst genau.
- Überschlagt, wie viel Quadratmeter Glas für das gesamte Gebäude verwendet wurde.
- Skizziert oder baut ein Modell des Gebäudes.
- Recherchiert eventuell in der Bibliothek oder im Internet nach weiteren Informationen.
- Gestaltet ein Poster oder eine Folie für den Overheadprojektor zu eurem Gebäude.
  Haltet damit eine Präsentation, in der ihr euren Mitschülerinnen und Mitschülern zeigt, was ihr über euer Gebäude herausgefunden habt.

**Name:** La Grande Arche
**Ort:** Paris, Frankreich
**Funktion:** Sitz des Handels- und Transportministeriums und der Internationalen Stiftung für Menschenrechte
**Höhe:** 110,9 m
**Breite:** 106,9 m
**Länge:** 112 m
**Senkrechte Gebäudeteile:** 19 m breit

**Name:** 30 St Mary Axe
**Ort:** London, Großbritannien
**Funktion:** Bürogebäude
**Grundriss:** Kreis
**Höhe:** 180 m
**Umfang am Boden:** 82,3 m

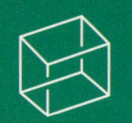

# Vermischte Übungen

**1** Gib den Flächeninhalt der Dreiecke an.
a) $c = 3{,}4$ cm; $h_c = 2{,}8$ cm
b) $a = 6$ cm; $b = 5{,}8$ cm; $h_b = 4{,}5$ cm
c) $b = 6{,}7$ cm; $h_a = 3{,}6$ cm; $h_b = 7$ cm
d) $a = 6{,}9$ cm; $h_a = 0{,}7$ dm

**2** Zeichne ein Dreieck mit $a = 6$ cm, $c = 4{,}5$ cm und $\beta = 52°$. Gib Umfang und Flächeninhalt des Dreiecks an. Entnimm fehlende Längenangaben deiner Zeichnung.

**3** Berechne den Umfang mit einer möglichst einfachen Formel.
a) gleichschenkliges Dreieck mit Basislänge 5,7 cm und Schenkellänge 3,9 cm
b) gleichseitiges Dreieck mit der Seitenlänge $a = 7{,}5$ cm

**4** ⇒ Wie viele Dreiecke mit $A = 10$ cm² und $g = 5$ cm gibt es?
Finde eine Möglichkeit, wie du alle diese Dreiecke ganz einfach zeichnen kannst.

**5** ⇒ Arbeitet zu dritt. Legt mit einer 40 cm langen Schnur verschiedene Dreiecke. Vergleicht ihren Umfang und ihren Flächeninhalt. Was fällt euch auf?

**6** ⇒ Zeichne auf ein DIN-A4-Blatt ein Dreieck mit möglichst großem Flächeninhalt. Welche Maße hat es?

**7** ⇒ Alle Seitenlängen eines Dreiecks werden um 10 % verlängert. Vergrößert sich auch der Flächeninhalt um 10 %? Begründe.

**8** ⇒ Das Sierpiński-Dreieck (siehe Randspalte) ist nach dem polnischen Mathematiker Wacław Sierpiński (1882–1969) benannt.
a) Das Dreieck in Stufe 0 hat eine Seitenlänge von $a = 10$ cm. Wie groß ist sein Flächeninhalt? Zeichne das Dreieck. Entnimm die Höhe deiner Zeichnung.
b) Wie groß ist der Flächeninhalt aller gefärbten Dreiecke in Stufe 1 (2 und 3)?
c) Gib die Summe der Umfänge aller Dreiecke in Stufe 1 (2 und 3) an.

**9** Welche Eigenschaften unterscheiden …
a) eine Raute von einem Parallelogramm?
b) ein beliebiges Trapez von einem Parallelogramm?
c) ein Rechteck und ein gleichschenkliges Trapez?
d) Welche Eigenschaften haben ein beliebiges Trapez und eine Raute gemeinsam?

**10** Erläutere die Abbildung.

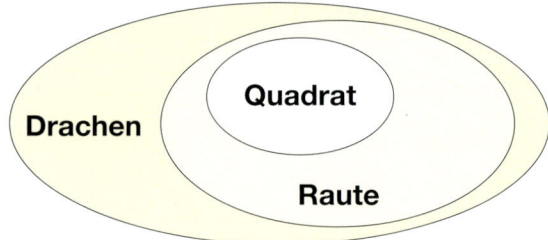

**11** Zeichne eine ähnliche Abbildung wie in Aufgabe 10 in dein Heft. Benutze die Begriffe Trapez, Rechteck und Parallelogramm.

**12** Ordne das Haus der Vierecke nach anderen Kriterien und vergleiche jeweils. Sortiere nach …
a) der Anzahl der Symmetrieachsen.
b) der Länge und der Teilung der Diagonalen.

**13** Zeichne das Parallelogramm. Berechne den Flächeninhalt. Entnimm die fehlenden Maße deiner Zeichnung.
a) $a = 4$ cm, $b = 5$ cm, $\beta = 135°$
b) $a = 3{,}5$ cm, $b = 7{,}4$ cm, $\alpha = 50°$
c) $a = 0{,}53$ dm, $b = 0{,}35$ dm, $\gamma = 76°$

**14** Gegeben ist ein Parallelogramm mit $a = 5$ cm, $b = 3$ cm und $h_a = 2{,}5$ cm. Verändere die gegebenen Größen des Parallelogramms, sodass …
a) der Umfang verdoppelt wird.
b) der Umfang halbiert wird.
c) der Flächeninhalt verdoppelt wird.
d) der Flächeninhalt halbiert wird.
e) der Umfang um 10 % kürzer wird.
f) der Flächeninhalt 150 % des vorherigen einnimmt.

Stufe 0

Stufe 1

Stufe 2

Stufe 3

**15** Berechne den Flächeninhalt der Trapeze.
a) $a = 4,5\,cm$, $c = 3,7\,cm$, $h = 5,1\,cm$
b) $a = 32\,mm$, $c = 48\,mm$, $h = 65\,mm$
c) $a + c = 8,6\,mm$, $h = 2,2\,mm$

**16** ➡ Gegeben ist der Flächeninhalt
eines Trapezes mit $a \parallel c$.
① $A = 42\,cm^2$ ② $A = 54\,cm^2$
③ $A = 760\,mm^2$ ④ $A = 4,8\,dm^2$
⑤ $A = 44\,ha$ ⑥ $A = 1025\,a$
Gib zu jedem Flächeninhalt zwei Möglichkeiten an, wie groß $a$, $c$ und $h$ sein können.

**17** Berechne den Flächeninhalt
der Drachen.
a) $e = 7\,cm$; $f = 3,5\,cm$
b) $e = 5,4\,dm$; $f = 66\,cm$
c) $e = 54\,mm$; $f = 0,37\,dm$

**18** Ein Fliesenhandel
bietet Mosaik-Fliesen
an. Mehrere dieser
Mosaik-Fliesen sind
entweder auf ein
rechteckiges oder
auf ein quadratisches
Netz geklebt und
bilden zusammen ein
großes Mosaik.

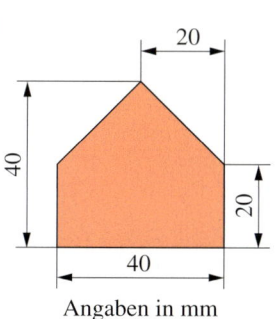

Angaben in mm

a) Berechne den Flächeninhalt einer kleinen
Mosaik-Fliese.
b) Skizziere, wie ein großes Mosaik aussehen
könnte, wenn dieses aus 10 ganzen und
4 halben Mosaik-Fliesen besteht.
c) Die Mosaike werden in einem Karton
verkauft, in den 15 Stück passen.
Wie viel $m^2$ Fliesen enthält ein Karton?

**19** Berechne den Flächeninhalt der Figur
durch geschicktes Zerlegen in Teilfiguren.

a)
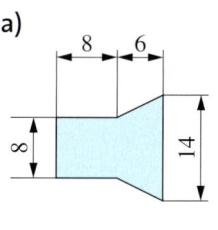

b)
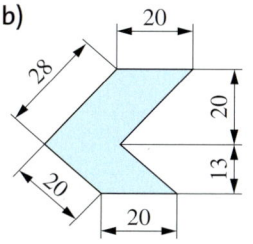

Maße in cm

**20** Die Grundstücke A bis F
werden zum Verkauf angeboten.
a) Bestimme den Flächeninhalt
jedes Grundstücks.
b) Der Grundstückspreis liegt bei
130 € pro $m^2$. Familie Meier
kann maximal 150 000 € für
das Grundstück aufbringen.
Welche Grundstücke könnte
sich die Familie kaufen?
c) Der Besitzer von Grundstück E möchte
sein Grundstück vollständig einzäunen.
Bestimme die Gesamtlänge des Zauns.
d) Rechts von Grundstück C und F liegt ein
80 m langes rechteckiges Grundstück mit
einem Flächeninhalt von 1400 $m^2$.
Wie breit ist es?

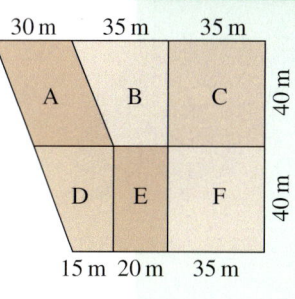

**21** Übertrage die Zeichnungen in dein Heft.
Spiegele die Figuren an der roten Achse $g$
bzw. am Symmetriepunkt $S$.

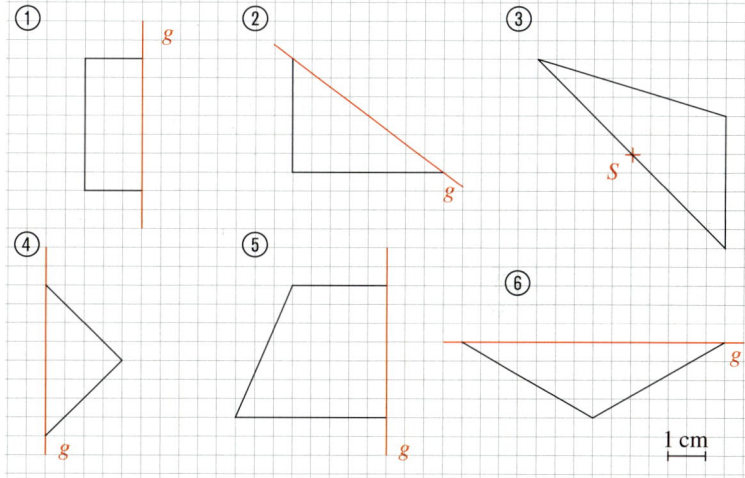

a) Welche Vierecke entstehen?
b) Entnimm die Maße deinen Zeichnungen
und berechne Umfang und Flächeninhalt.
c) Welche speziellen Vierecke können grundsätzlich nicht durch Spiegeln entstehen?
Probiere und begründe.

**22** Konstruiere mit einer dynamischen
Geometriesoftware ein Viereck.
Verbinde seine Seitenmittelpunkte.
Bei welchen Vierecken ist das Mittenviereck
ein besonderes Viereck? Welches?

↻ 131-1
Hier findest du ein
Kreuzworträtsel
zu Vierecken.

### Parkettierungen

Unter einer Parkettierung versteht man eine lückenlose und überlappungsfreie Auslegung einer Fläche durch Teilflächen.
Rechts siehst du einen Parkettboden aus Rauten.

**a)** Zeichne ein Parkett aus mindestens 20 Rauten. Wähle für $e = 2\,cm$ und $f = 4\,cm$.

**b)** Auch aus Quadraten lässt sich eine Parkettierung legen.
Eine quadratische Fliese hat einen Flächeninhalt von $225\,cm^2$.
Wie lang ist jede ihrer Seiten?

**c)** Ein rechteckiger Boden mit den Seitenlängen $3,30\,m$ und $4,50\,m$ soll mit quadratischen Fliesen ausgelegt werden. Sie haben eine Seitenlänge von $15\,cm$.
Wie viele Fliesen werden benötigt?

**d)** Zeichne mit Hilfe eines Zirkels ein Sechseck mit der Seitenlänge $6\,cm$. Berechne seinen Flächeninhalt. Entnimm fehlende Maße deiner Zeichnung.

**e)** Berechne den Flächeninhalt des Ausschnitts aus Sechseckfliesen. Eine Fliese hat eine Seitenlänge von $12\,cm$ und eine Breite von $20,8\,cm$.

**f)** Berechne geschickt den Flächeninhalt der Parkettierung aus Dreiecken und Sechsecken. Das Dreieck hat eine Seitenlänge von $3\,cm$ und eine Höhe von $2,6\,cm$. Beschreibe deinen Lösungsweg und vergleicht untereinander.

**g)** Eine quadratische Fläche von $64\,m^2$ soll mit Rauten ausgelegt werden.
Wie viele Rauten mit $e = 8\,cm$ und $f = 16\,cm$ werden benötigt?

**h)** In Gruppen- und Besprechungsräumen werden häufig Trapeztische eingesetzt. Ihre Tischfläche besteht aus einem gleichschenkligen Trapez (siehe rechts).
Welche Möglichkeiten gibt es, die Tische zu stellen?
Wieso wurden die Maße genau so gewählt?

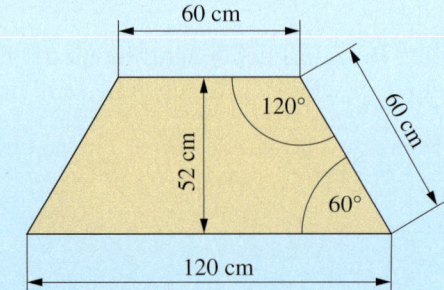

**i)** Eine Bienenarbeiterin ist etwa $12\,mm$ lang. Wie viele Bienenwaben werden dann ungefähr auf den Rahmen eines Bienenstocks mit einer Größe von $50\,cm \times 40\,cm$ gebaut?

# Alles klar?

Entscheide, ob die Aussagen richtig oder falsch sind.
Begründe deine Entscheidung im Heft und korrigiere gegebenenfalls.

## 1 Umfänge und Flächeninhalte von Dreiecken

a) Der Umfang eines Dreiecks wird mit $u = a + b + c$ berechnet.

b) Lässt sich der Umfang eines Dreiecks mit $u = 2a + b$ berechnen, so handelt es sich um ein gleichseitiges Dreieck.

c) Beträgt der Umfang eines Dreiecks 36 cm und sind zwei Seiten jeweils 13 cm lang, so beträgt die Länge der dritten Seite 10 cm.

d) Der Flächeninhalt des grünen Dreiecks beträgt 18 cm².

e) Der Flächeninhalt des blauen Dreiecks berechnet sich aus $A = \frac{5\,cm \cdot 4\,cm}{2} = 10\,cm^2$.

f) Ist in einem Dreieck $A = 30\,cm^2$ und $g = 10\,cm$, so beträgt die Höhe $h_g = 6\,cm$.

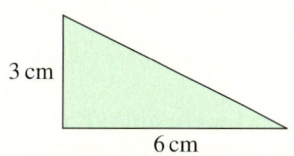

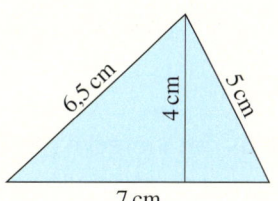

**BEACHTE**
Die Lösungen zu den Aufgaben auf dieser Seite sowie dazu passende Trainingsaufgaben findest du ab Seite 190.

## 2 Vierecke charakterisieren und benennen

a) In der Abbildung kann man zwei Trapeze, zwei Rauten und zwei Rechtecke finden.

b) Sind alle vier Seiten eines Vierecks gleich lang, so handelt es sich immer um ein Quadrat.

c) Ein Rechteck ist auch ein Parallelogramm.

d) Bei einem Parallelogramm stehen die Diagonalen senkrecht aufeinander.

e) Sind die Längen der Diagonalen $e$ und $f$ bekannt, so lässt sich eine Raute konstruieren.

f) Für die Konstruktion eines Trapezes benötigt man mindestens drei Angaben.

## 3 Umfänge und Flächeninhalte von Vierecken

a) Der Umfang des abgebildeten Parallelogramms beträgt 25 cm.

b) Der Flächeninhalt des abgebildeten Parallelogramms beträgt 36 cm².

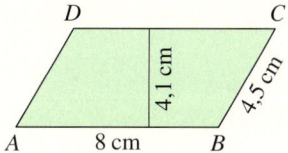

c) Bei einem Parallelogramm betragen $g = 5\,cm$ und $h_g = 4,6\,cm$. Dann ist $A = 23\,cm^2$.

d) Der Flächeninhalt eines Trapezes lässt sich über die Diagonalen $e$ und $f$ berechnen.

e) Die Flächeninhalte einer Raute und eines Parallelogramms lassen sich auf die gleiche Weise berechnen.

f) Ein Drachen mit $e = 1\,m$ und $f = 30\,cm$ hat einen Flächeninhalt von 3000 cm².

g) Der Inhalt der grau eingezeichneten Fensterfläche in dem gleichschenkligen Giebel beträgt 3,675 m².

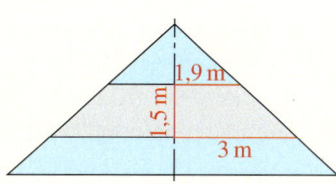

# Zusammenfassung

→ Seite 114

## Umfänge und Flächeninhalte von Dreiecken

Der **Umfang eines Dreiecks** ist die Summe aller Seitenlängen.

$u_{\text{Dreieck}} = a + b + c$

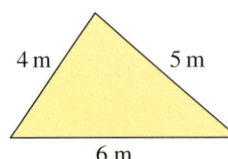

$u_{\text{Dreieck}} = (4 + 5 + 6)\,\text{m}$
$= 15\,\text{m}$

Der **Flächeninhalt eines Dreiecks** ist die Hälfte des Produkts aus einer Dreiecksseite (Grundseite $g$) und der Länge der zugehörigen Höhe $h_g$.

$A = \frac{g \cdot h_g}{2}$

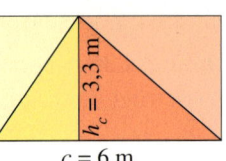

Es gilt: $g = c$ und $h_g = h_c$
$c = 6\,\text{m}$, $h_c = 3{,}3\,\text{m}$

$A = \frac{6 \cdot 3{,}3}{2}\,\text{m}^2 = 9{,}9\,\text{m}^2$

→ Seiten 118, 124

## Haus der Vierecke mit Umfängen und Flächeninhalten von Vierecken

Der Pfeil ⟶ bedeutet:
„… ist auch ein(e) …"

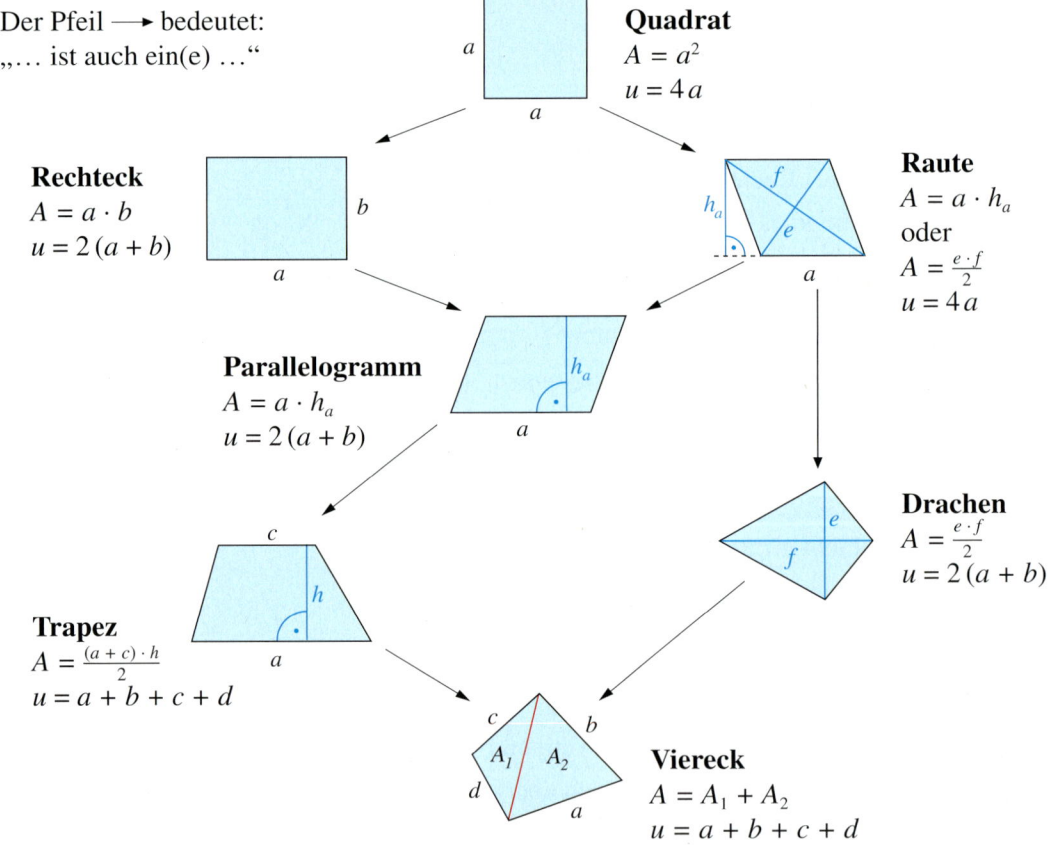

**Quadrat**
$A = a^2$
$u = 4a$

**Rechteck**
$A = a \cdot b$
$u = 2(a + b)$

**Raute**
$A = a \cdot h_a$
oder
$A = \frac{e \cdot f}{2}$
$u = 4a$

**Parallelogramm**
$A = a \cdot h_a$
$u = 2(a + b)$

**Drachen**
$A = \frac{e \cdot f}{2}$
$u = 2(a + b)$

**Trapez**
$A = \frac{(a + c) \cdot h}{2}$
$u = a + b + c + d$

**Viereck**
$A = A_1 + A_2$
$u = a + b + c + d$

Ein Viereck wird wie folgt bezeichnet:
– Die Ecken werden gegen den Uhrzeigersinn mit $A$, $B$, $C$ und $D$ bezeichnet.
– Als Seite $a$ wird die Strecke $\overline{AB}$, als Seite $b$ die Strecke $\overline{BC}$, … bezeichnet.
– Die Diagonale $\overline{AC}$ wird mit $e$, die Diagonale $\overline{BD}$ wird mit $f$ bezeichnet.

# Daten

Wenn eine Schule einen Überblick über ihre Schülerschaft haben möchte, z. B. über die Wahlen der WP-Fächer oder die Religionszugehörigkeit, werden Daten zu diesen Fragen erhoben und ausgewertet. Diese Daten werden überwiegend mit dem Computer erfasst, berechnet und dargestellt.

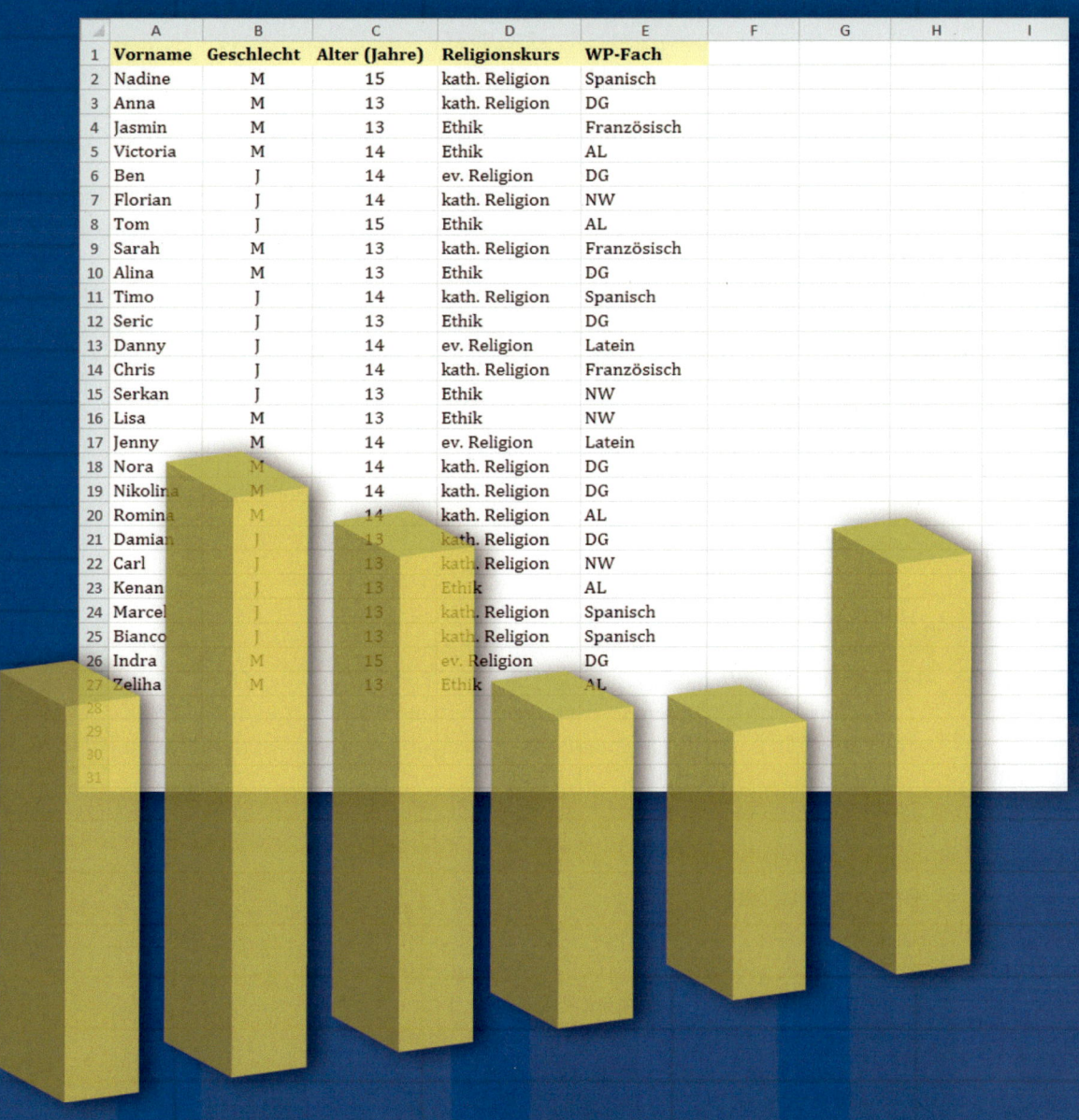

| | A | B | C | D | E | F | G | H | I |
|---|---|---|---|---|---|---|---|---|---|
| 1 | Vorname | Geschlecht | Alter (Jahre) | Religionskurs | WP-Fach | | | | |
| 2 | Nadine | M | 15 | kath. Religion | Spanisch | | | | |
| 3 | Anna | M | 13 | kath. Religion | DG | | | | |
| 4 | Jasmin | M | 13 | Ethik | Französisch | | | | |
| 5 | Victoria | M | 14 | Ethik | AL | | | | |
| 6 | Ben | J | 14 | ev. Religion | DG | | | | |
| 7 | Florian | J | 14 | kath. Religion | NW | | | | |
| 8 | Tom | J | 15 | Ethik | AL | | | | |
| 9 | Sarah | M | 13 | kath. Religion | Französisch | | | | |
| 10 | Alina | M | 13 | Ethik | DG | | | | |
| 11 | Timo | J | 14 | kath. Religion | Spanisch | | | | |
| 12 | Seric | J | 13 | Ethik | DG | | | | |
| 13 | Danny | J | 14 | ev. Religion | Latein | | | | |
| 14 | Chris | J | 14 | kath. Religion | Französisch | | | | |
| 15 | Serkan | J | 13 | Ethik | NW | | | | |
| 16 | Lisa | M | 13 | Ethik | NW | | | | |
| 17 | Jenny | M | 14 | ev. Religion | Latein | | | | |
| 18 | Nora | M | 14 | kath. Religion | DG | | | | |
| 19 | Nikolina | M | 14 | kath. Religion | DG | | | | |
| 20 | Romina | M | 14 | kath. Religion | AL | | | | |
| 21 | Damian | J | 13 | kath. Religion | DG | | | | |
| 22 | Carl | J | 13 | kath. Religion | NW | | | | |
| 23 | Kenan | J | 13 | Ethik | AL | | | | |
| 24 | Marcel | J | 13 | kath. Religion | Spanisch | | | | |
| 25 | Bianco | J | 13 | kath. Religion | Spanisch | | | | |
| 26 | Indra | M | 15 | ev. Religion | DG | | | | |
| 27 | Zeliha | M | 13 | Ethik | AL | | | | |
| 28 | | | | | | | | | |
| 29 | | | | | | | | | |
| 30 | | | | | | | | | |
| 31 | | | | | | | | | |

In diesem Kapitel lernst du, wie man einen Fragebogen sinnvoll aufbaut, wie Daten geschickt ausgewertet werden und wie mit irreführenden Darstellungen Betrachter beeinflusst werden sollen.

# Noch fit?

**1** In einem 8. Schuljahr wurden zehn Kinder nach ihrer Größe gefragt.

| Name | Stefan | Sabrina | Maria | Patrick | Nikolai | Helena | Paul | Mike | Jenny | Klaudia |
|---|---|---|---|---|---|---|---|---|---|---|
| **Größe (in cm)** | 167 | 160 | 181 | 166 | 170 | 161 | 156 | 166 | 160 | 158 |

Nimm diese Daten zur Grundlage und bestimme ...
**a)** das Minimum und das Maximum.          **b)** die Spannweite.
**c)** den Zentralwert (Median).          **d)** das arithmetische Mittel.

**2** Die Tabelle zeigt das monatliche Taschengeld von zehn Achtklässlern.

| Name | Sabine | Katja | Max | Kathrin | Niklas | Peter | Matthias | Deniz | Nadja | Erik |
|---|---|---|---|---|---|---|---|---|---|---|
| **Betrag in €** | 20 | 17 | 100 | 20 | 22 | 27 | 25 | 20 | 15 | 17 |

**a)** Berechne das arithmetische Mittel und den Median. Welchen Mittelwert hältst du hier
für geeigneter?
**b)** Beschreibe den Unterschied zwischen arithmetischem Mittel und Median mit eigenen Worten.
**c)** Wann ist es sinnvoll, mit dem arithmetischen Mittel zu arbeiten und wann mit dem Median?

**3** 30 Schülerinnen und Schüler einer Klasse kommen mit unterschiedlichen Verkehrsmitteln
zur Schule: drei von ihnen werden täglich mit dem Auto gebracht, elf kommen zu Fuß, sieben
benutzen ihr Fahrrad, acht fahren Bus und ein Schüler reist täglich mit dem Zug an.
**a)** Erstelle aus diesen Daten ein Säulendiagramm, ein Piktogramm sowie ein Kreisdiagramm.
**b)** Nenne mögliche Fehler, die bei den einzelnen Diagrammtypen gemacht werden können.

**4** Bei einer Kursarbeit in Mathematik gab es folgende Notenverteilung:

| sehr gut | gut | befriedigend | ausreichend | mangelhaft | ungenügend |
|---|---|---|---|---|---|
| 2 | 6 | 8 | 7 | 4 | 0 |

**a)** Wie viele Schüler umfasst der Kurs?
**b)** Bestimme den Durchschnitt der Kursarbeit.
**c)** Wie müssten die Noten verändert werden, damit ein glatter Durchschnitt von 3 erreicht wird
und trotzdem die Noten von sehr gut bis mangelhaft vertreten sind?
**d)** Ist auch ein Notendurchschnitt von 2 erreichbar mit der Vorgabe, dass alle Noten bis
mangelhaft vertreten sein sollen?
**e)** An Stelle einer 1 wird eine 6 geschrieben. Wie verändert sich der Notendurchschnitt?

## BUNT GEMISCHT

**1.** Die Differenz der Quadrate zweier Zahlen ist 64. Finde möglichst viele passende Zahlen.
**2.** Eine 65 € teure Jacke wird um 30 % reduziert. Wie viel kostet sie jetzt?
**3.** Wenn 3 Arbeiter 15 Stunden benötigen, brauchen 5 Arbeiter für den gleichen Auftrag ...
**4.** Ein spitzwinkliges Dreieck hat ▮ spitze Winkel.
Ein rechtwinkliges Dreieck hat ▮ rechte Winkel.
**5.** Ein DIN-A4-Blatt wird entlang einer Diagonalen zerschnitten.
Bestimme den Flächeninhalt des entstandenen Dreiecks.
**6.** Berechne den Oberflächeninhalt und das Volumen eines Quaders
mit $a = 4\,cm$; $b = 5\,cm$ und $c = 6\,cm$.

# Daten erheben, auswerten und darstellen

## Erforschen und Entdecken

**1** Untersucht die Fragebögen nach folgenden Kriterien:
a) Mit welchem Thema befasst sich der Fragebogen?
b) Welche Antworten können jeweils gegeben werden?
c) Sind die Fragebögen eurer Meinung nach gut auszuwerten?
   Wo gibt es vielleicht Schwierigkeiten? Begründet.
d) Nennt Kriterien für einen guten Fragebogen.

---

Womit kommst du zur Schule?

❏ Bus
❏ Fahrrad
❏ Zug
❏ zu Fuß
❏ Auto

Wie viel Kilometer wohnst du von der Schule entfernt? ____

---

Lieblingsessen
_____

Lieblingsband
_____

Lieblingssport
_____

Lieblingstier
_____

---

Kreuze an:
❏ Junge
❏ Mädchen

sportlich
❏ ja          ❏ nein

kreativ
❏ ja          ❏ nein

kontaktfreudig
❏ ja          ❏ nein

---

Kreuze auf der Skala jeweils deine Meinung an, wobei 1 für wenig und 10 für viel Zustimmung steht.

Ich schaue gerne Gruselfilme.
1 <- - - - - - - - - - - - -> 10

Ich mag, wenn ein Film gut endet.
1 <- - - - - - - - - - - - -> 10

Ich finde gut, wenn ein Film spannend ist.
1 <- - - - - - - - - - - - -> 10

Liebesfilme finde ich kitschig.
1 <- - - - - - - - - - - - -> 10

Gewalt in Filmen geht gar nicht.
1 <- - - - - - - - - - - - -> 10

---

**2** Der Fragebogen rechts wurde in einem Religionskurs entwickelt. Die Schülerinnen und Schüler interessierte besonders, ob Mädchen und Jungen zum Thema „Gefühle" unterschiedliche Antworten geben.
Die untere Abbildung zeigt Teile der Auswertung.

a) Diskutiert, wie ihr die Ergebnisse als Diagramm darstellen könnt. Es soll gut erkennbar sein, was die Mädchen bzw. die Jungen geantwortet haben.
b) Zeichnet ein Diagramm, das euren Vorgaben gerecht wird.

---

Auswertung

1. Ist es schwer für dich Gefühle zu zeigen?

|  | w | m |
|---|---|---|
| ❏ ja | 6 | 5 |
| ❏ nein | 9 | 9 |

2. Du siehst, wie sich zwei Leute ernsthaft prügeln. Wie reagierst du?

|  | w | m |
|---|---|---|
| ❏ Ich fühle mich hilflos. | 3 | 1 |
| ❏ Ich gehe dazwischen. | 10 | 8 |
| ❏ Ich habe Angst. | 2 | |
| ❏ Ich mache mit. | | 2 |
| ❏ Ich feure sie an. | | 3 |

---

Fragebogen          ❏ w          ❏ m

1. Ist es schwer für dich Gefühle zu zeigen?
   ❏ Ja          ❏ Nein

2. Du siehst, wie sich zwei Leute ernsthaft prügeln. Wie reagierst du?
   ❏ Ich fühle mich hilflos.          ❏ Ich gehe dazwischen.
   ❏ Ich habe Angst.          ❏ Ich mache mit.
   ❏ Ich feure sie an.

3. Was war das stärkste Gefühl, das du je erlebt hast?
   Positives: _____
   Negatives: _____

4. Fühlst du dich mit Figuren eines Films verbunden oder hast du Abstand dazu?
   ❏ Ich fühle sehr mit.
   ❏ Ich habe Abstand.
   ❏ unterschiedlich

5. Lässt du dich schnell provozieren?
   ❏ Ja          ❏ Nein

---

**3** Im Fragebogen oben zu den Gefühlen war es nicht nur möglich, aus Vorschlägen auszuwählen. Es konnten auch eigene Antworten formuliert werden, nämlich bei der Frage „Was war das stärkste Gefühl, das du je erlebt hast?".
Findet Möglichkeiten, auch solche Angaben auszuwerten. Diskutiert eure Ideen.

# Lesen und Verstehen

Fragebogen     ❏ w     ❏ m

1. Ist es schwer für dich Gefühle zu zeigen?
   ❏ Ja     ❏ Nein

2. Du siehst, wie sich zwei Leute ernsthaft prügeln. Wie reagierst du?
   ❏ Ich fühle mich hilflos.     ❏ Ich gehe dazwischen.
   ❏ Ich habe Angst.     ❏ Ich mache mit.
   ❏ Ich feure sie an.

3. Was war das stärkste Gefühl, das du je erlebt hast?
   Positives: _____
   Negatives: _____

4. Fühlst du dich mit Figuren eines Films verbunden oder hast du Abstand dazu?
   ❏ Ich fühle sehr mit.
   ❏ Ich habe Abstand.
   ❏ unterschiedlich

5. Lässt du dich schnell provozieren?
   ❏ Ja     ❏ Nein

6. Was ist mehr an deinen Entscheidungen beteiligt? Kreuze an.
   Kopf <---------------------> Bauch

Anna und Tim haben einen Fragebogen zum Thema „Gefühle" entwickelt. Zunächst haben sie überlegt, was abgefragt werden soll:
– Mit welchem Thema befasst sich der Fragebogen?
– Erfassen die Fragen auch das, was wir erfahren möchten?

Das ist deswegen so wichtig, weil die Datenerhebung die Grundlage für die Auswertung und die Darstellung der Ergebnisse bildet.

Ein Fragebogen sollte folgende Kriterien erfüllen:
Er sollte gut verständlich und in seinen Fragen eindeutig sein.
Er sollte möglichst gut auszuwerten sein.
Das ist der Fall, wenn man Antworten oder eine Skala zum Ankreuzen vorgibt.
Am schwersten auszuwerten sind offene Fragen.
Diese sind aber am individuellsten.

Anschließend haben Anna und Tim mit ihrem Kurs den Fragebogen ausgewertet und die Ergebnisse in Diagramme gefasst.

> Um Daten besser vergleichen zu können, werden diese oft in Diagrammen dargestellt. Es gibt unterschiedliche Möglichkeiten, Daten verschiedener Gruppen nebeneinander zu präsentieren.
>
> Für den Vergleich der Daten von Mädchen und Jungen eignet sich die Darstellung in einem **zweiseitigen Balkendiagramm** oder in einem **Säulendiagramm mit zwei Datenreihen**.

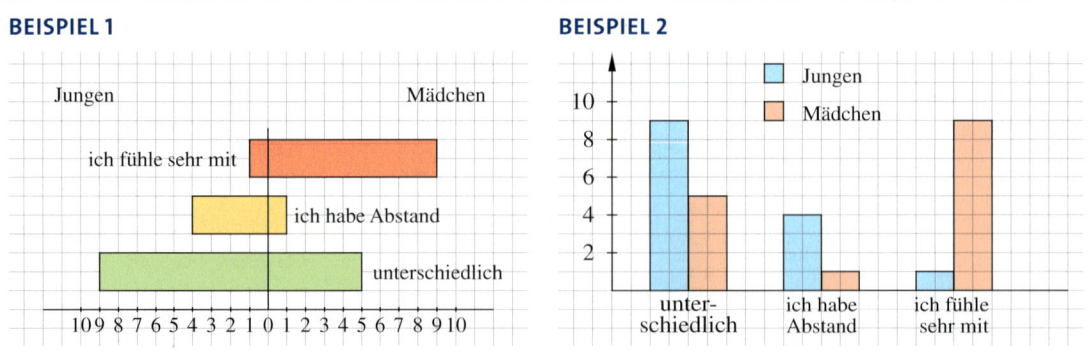

**BEISPIEL 1**

**BEISPIEL 2**

In den beiden Diagrammen haben Anna und Tim das Ergebnis zur Frage 4 abgebildet: „Fühlst du dich mit Figuren eines Films verbunden oder hast du Abstand dazu?"

# Basisaufgaben

**1** In dem Fragebogen zum Thema „Bücher" findest du eine offene Frage, eine Frage mit Antworten zum Ankreuzen und eine Frage mit einer Skala.

> 1. Bücher sind für mich …
>    unwichtig <————————————> wichtig
>
> 2. Mein Lieblingsbuch ist
>    _____
>
> 3. Zu Weihnachten oder zum Geburtstag bekomme ich Bücher geschenkt.
>    ❏ immer  ❏ manchmal  ❏ selten  ❏ nie

a) Wo liegt welcher Fragetyp vor?
b) Erstelle selbst drei Fragen zum Thema „Sport" nach dem gleichen Muster.

**2** Ergänze die Fragen zu einem vollständigen Fragebogen. Erläutere, warum du dich für die gewählten Antwortmöglichkeiten entschieden hast.
– Wie viel Zeit benötigst du täglich für die Hausaufgaben?
– In welchem Fach fallen dir die Hausaufgaben am schwersten?
– Hausaufgaben finde ich …
– Brauchst du Hilfe bei den Aufgaben?
– Eine Schule ohne Hausaufgaben wäre …

**3** Bildet Vierergruppen und überlegt, zu welchem Thema ihr eine Umfrage starten möchtet.
a) Entwickelt zu eurem Thema einen Fragebogen. Dort soll erkennbar sein, ob ein Mädchen oder Junge die Antworten gegeben hat. Führt die Befragung durch.
b) Wertet eure Fragebögen aus.
c) Stellt eure Ergebnisse kurz zusammengefasst dem Kurs vor.
d) Wählt einen Teilbereich eures Fragebogens aus und wertet diesen getrennt nach Mädchen und Jungen aus.
Erstellt dazu ein zweiseitiges Balkendiagramm.

**4** Führt eure Befragung aus Aufgabe 3 in einem Parallelkurs oder in einem Kurs einer anderen Jahrgangsstufe durch.
Vergleicht die Ergebnisse und stellt diese in einem Säulendiagramm mit zwei Datenreihen dar.

**5** Beurteilt die Fragebögen unten auf der Seite.
a) Mit welchem Thema beschäftigt sich der Fragebogen?
b) Was ist gut, was müsste verbessert oder verändert werden? Was fehlt?

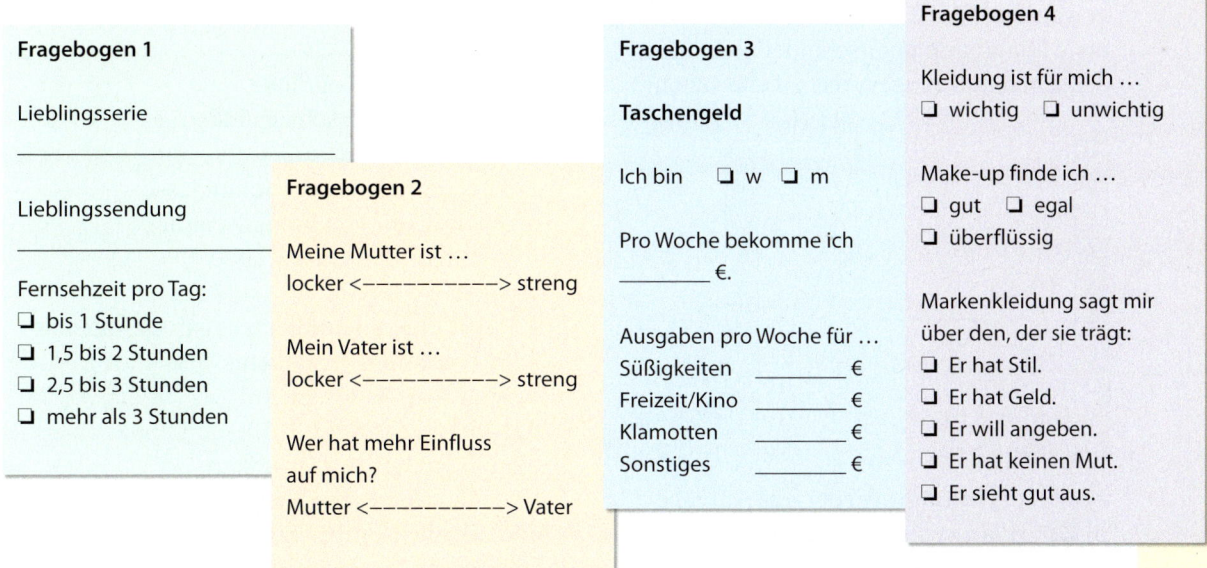

**Fragebogen 1**

Lieblingsserie
_____

Lieblingssendung
_____

Fernsehzeit pro Tag:
❏ bis 1 Stunde
❏ 1,5 bis 2 Stunden
❏ 2,5 bis 3 Stunden
❏ mehr als 3 Stunden

**Fragebogen 2**

Meine Mutter ist …
locker <————————> streng

Mein Vater ist …
locker <————————> streng

Wer hat mehr Einfluss auf mich?
Mutter <————————> Vater

**Fragebogen 3**

**Taschengeld**

Ich bin  ❏ w  ❏ m

Pro Woche bekomme ich
_____ €.

Ausgaben pro Woche für …
Süßigkeiten   _____ €
Freizeit/Kino  _____ €
Klamotten    _____ €
Sonstiges    _____ €

**Fragebogen 4**

Kleidung ist für mich …
❏ wichtig  ❏ unwichtig

Make-up finde ich …
❏ gut  ❏ egal
❏ überflüssig

Markenkleidung sagt mir über den, der sie trägt:
❏ Er hat Stil.
❏ Er hat Geld.
❏ Er will angeben.
❏ Er hat keinen Mut.
❏ Er sieht gut aus.

**6** Welche Fragestellungen könnten hinter den Diagrammen stehen? Nenne Beispiele.

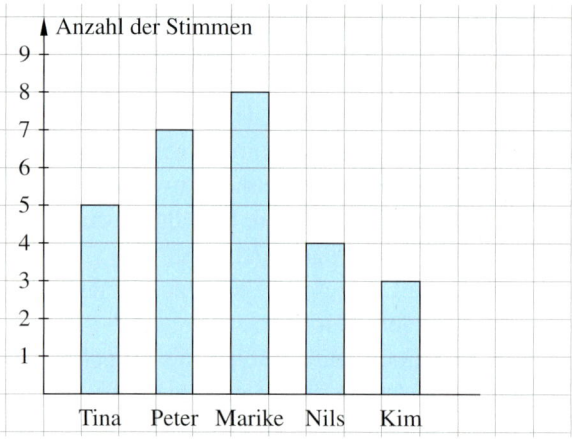

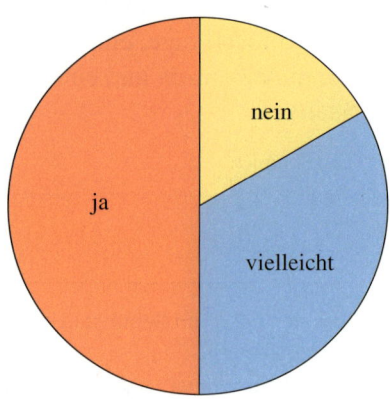

**7** Wenn es darum geht, im Haushalt zu helfen, sind die Unterschiede zwischen Mädchen und Jungen deutlich erkennbar.
a) Diskutiert, welche Gründe dafür bestehen.
b) Stelle die Zeitangaben, die du in der Randspalte zu diesem Thema findest, in einem zweiseitigen Balkendiagramm dar. Dargestellt ist die Zeit, die Schüler einer 8. Klasse pro Woche mit Arbeiten im Haushalt verbringen.

**8** Recherchiert im Internet oder in Zeitungen und informiert euch über Untersuchungen, die eine Unterscheidung zwischen Mädchen und Jungen machen.
Sammelt und stellt ein Plakat zusammen. Entwerft dazu, wenn möglich, Säulendiagramme mit zwei Datenreihen.

## Weiterführende Aufgaben

**9** Die beiden Stängel-Blätter-Diagramme zeigen die Zeiten aus der Randspalte. Das erste Diagramm unterscheidet nicht nach Mädchen und Jungen, das zweite schon.

|   |   | Mädchen |   | Jungen |   |
|---|---|---|---|---|---|
| 9 | 0 | | 0 | 9 | |
| 8 |   | | | 8 | |
| 7 | 0 | | 0 | 7 | |
| 6 | 0 | | | 6 | 0 |
| 5 |   | | | 5 | |
| 4 |   | | | 4 | |
| 3 | 0 0 0 | | 0 0 0 | 3 | |
| 2 | 0 0 5 | | 5 0 0 | 2 | |
| 1 | 0 0 0 0 0 0 0 0 5 5 | | 5 0 0 0 | 1 | 0 0 0 0 5 |
| 0 | 0 0 0 0 0 5 5 5 | | 0 | 0 | 0 0 0 0 5 5 5 |

a) Was erkennst du wieder aus Aufgabe 7?
b) Erklärt euch gegenseitig den Aufbau der Diagramme.

**10** Welche Daten lassen sich in einem Stängel-Blätter-Diagramm darstellen, welche nicht?
Entscheide und begründe.
– monatlicher Taschengeldbetrag
– Lieblingsfilme
– Körpergrößen einer Schulklasse
– Wichtigkeit von Freundschaften
– Schuhgrößen einer Klasse

**11** Auf einem Familienfest gab es folgende Altersverteilung in Jahren:
1; 1; 3; 4; 8; 8; 11; 13; 13; 14; 19; 25; 26; 28; 32; 45; 47; 60; 61; 62; 63; 75; 82; 93
blau: männlich; rot: weiblich
Erstelle aus diesen Daten ein einseitiges und ein zweiseitiges Stängel-Blätter-Diagramm.

## 12 Schreibe einen Text zum Diagramm.

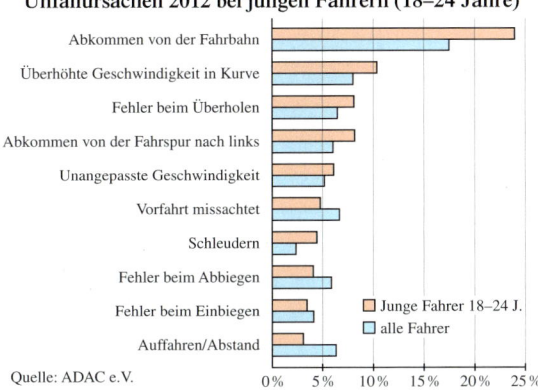

**Unfallursachen 2012 bei jungen Fahrern (18–24 Jahre)**

Quelle: ADAC e.V.

## 13 Schreibe einen Text, der den Inhalt des Diagramms wiedergibt.

**Alkoholkonsum bei 12- bis 17-Jährigen**

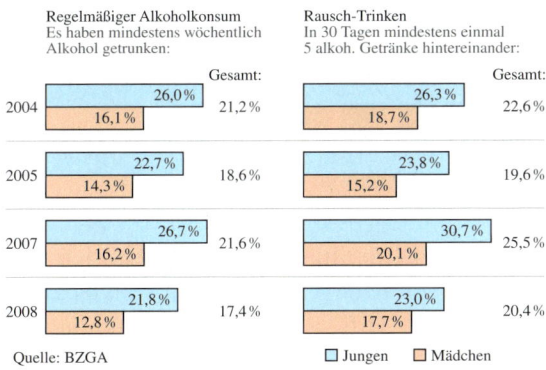

Quelle: BZGA

## 14 Lies die Aussagen des Diagramms ab.

**Entwicklung der Altersstruktur der Bevölkerung in Nordrhein-Westfalen 1961 bis 2012**

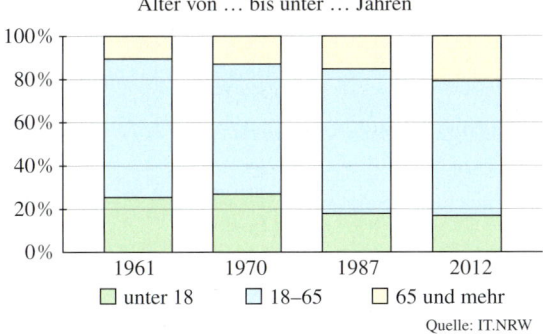

Quelle: IT.NRW

a) Stelle die Daten in einem mehrreihigen Säulendiagramm dar.
b) Vergleiche die ursprüngliche Darstellung mit deiner eigenen.
   Welche Vor- und Nachteile haben die jeweiligen Darstellungen?

## 15 Beim Projekt „U18" dürfen Kinder und Jugendliche (unter 18 Jahren) neun Tage vor „echten" Wahlen ebenfalls ihre Stimme abgeben, unter nur leicht veränderten Bedingungen. Die Ergebnisse werden ausgewertet und veröffentlicht. U18 kann sowohl im Rahmen von Landes- und Bundestagswahlen als auch bei Europawahlen durchgeführt werden.

In den beiden Diagrammen sind einmal das U18-Ergebnis und einmal das amtliche Endergebnis zur Europawahl 2014 gezeigt. Fasse die beiden Grafiken so in einem zweiseitigen Diagramm zusammen, dass ein direkter Vergleich möglich wird.

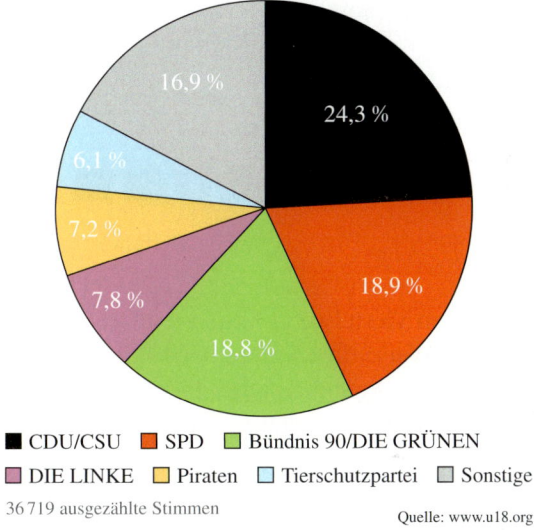

■ CDU/CSU   ■ SPD   ■ Bündnis 90/DIE GRÜNEN
■ DIE LINKE   ■ Piraten   ■ Tierschutzpartei   ■ Sonstige

36 719 ausgezählte Stimmen

Quelle: www.u18.org

**Endgültiges Ergebnis der Europawahl 2014 (Bundesergebnis)**

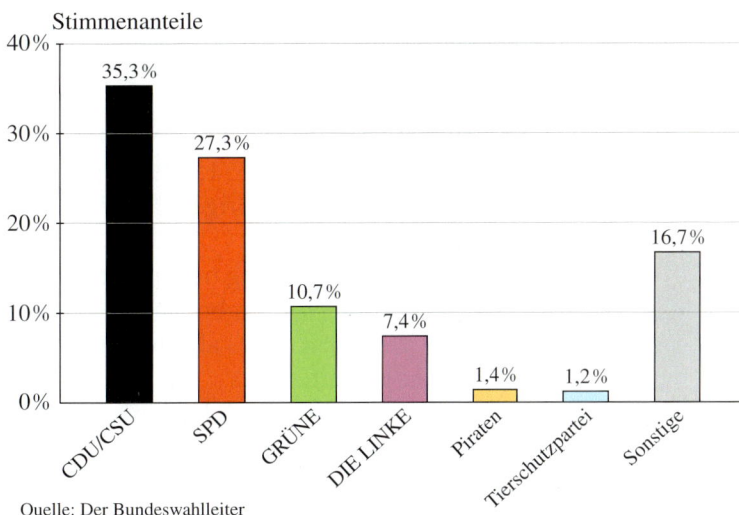

Quelle: Der Bundeswahlleiter

# Methode: Boxplots

Eine Möglichkeit, die Verteilung der Daten und die Kenngrößen Maximum, Minimum und Zentralwert in einer Grafik darzustellen, bietet der Boxplot. Rechts ist der Boxplot zum Thema „monatliche Handykosten" von Schülerinnen und Schülern eines 8. Jahrgangs abgebildet (Datengrundlage siehe Randspalte).

Um einen Boxplot zu erstellen, benötigt man fünf Werte: Minimum, Maximum und Zentralwert sowie noch zusätzlich die beiden **Viertelwerte (Quartile)**. Die Viertelwerte werden nach dem gleichen Verfahren bestimmt wie der Zentralwert, nur eben auf die untere bzw. obere Hälfte der Daten bezogen.

Bei ungerader Anzahl von Daten wird der Zentralwert zu beiden Hälften mitgezählt.

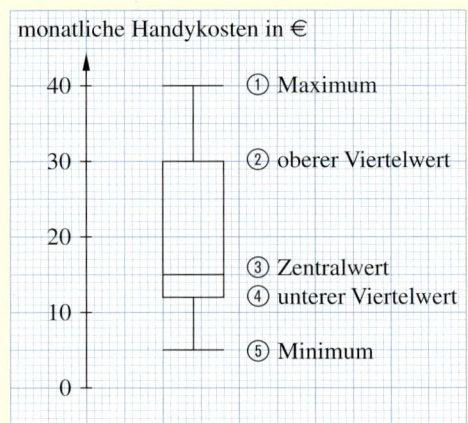

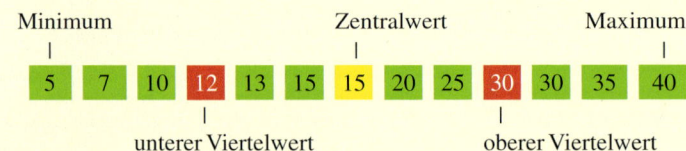

Die beiden Viertelwerte bilden jeweils die Begrenzungen der Box. In der Box befinden sich auf diese Weise die mittleren 50 % der Daten. Durch die Begrenzungen der beiden von der Box ausgehenden Antennen wird die gesamte Spannweite, d. h. die Differenz zwischen Maximum und Minimum, dargestellt.

**1** In der Randspalte siehst du Zeitangaben zum täglichen Fernsehkonsum von Schülerinnen und Schülern einer 8. Klasse. Zeichne den zugehörigen Boxplot.

**2** Denise, Jacqueline und Kai testen ihre Reaktionszeit. Das Messgerät zeigt die Werte in Zehntelsekunden an.
Denise: 16; 12; 17; 2; 13; 6; 10; 10; 11; 10
Jacqueline: 11; 10; 6; 15; 7; 5; 7; 20; 14; 9
Kai: 14; 11; 18; 12; 16; 15; 15; 19; 17; 18
Zeichne die drei dazugehörigen Boxplots.

**3** ▭ Simone und Henning nehmen an einem Reaktionstest teil. Die Ergebnisse ihrer zehn Versuche sind in den rechts abgebildeten Boxplots dargestellt.
Was kannst du aus den Boxplots über die Reaktionszeiten von Simone und Henning ablesen? Begründe.

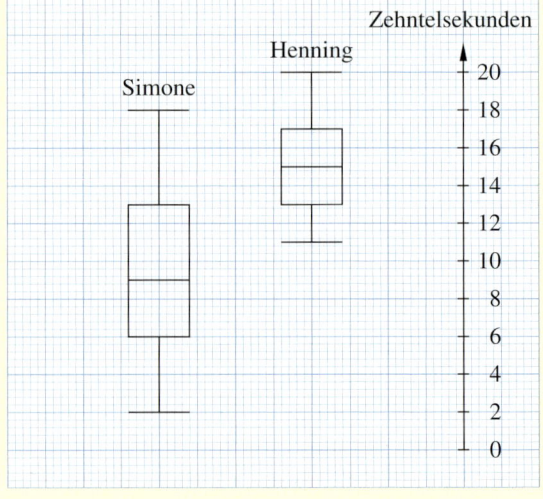

# Manipulationen bei Fragen und Darstellungen

## Erforschen und Entdecken

**1** Führt in eurem Kurs Befragungen zum Thema „Freundschaft" durch:
„Zwischen Freunden sollte es nie Geheimnisse geben."
Verwendet einmal Fragebogen 1 und in einem zweiten Durchgang
Fragebogen 2.
Welche Befragung würdest du wählen, wenn du
möglichst viele Antworten haben möchtest,
die positiv ausfallen? Woran liegt das?
Was lässt sich mit dieser Erkenntnis generell
über Befragungen aussagen?

**Fragebogen 1**

❏ stimme zu
❏ stimme nicht zu

**Fragebogen 2**

❏ stimme voll zu
❏ stimme zu
❏ stimme teilweise zu
❏ stimme nicht zu

**2** Die drei Piktogramme sollen ein und denselben Sachverhalt veranschaulichen:
„Carina bekommt doppelt so viel Taschengeld wie Stefan."
a) Diskutiert in eurem Kurs, welche Darstellung ihr für am geeignetsten haltet.
   Begründet euren Standpunkt.
b) Wie ist das Verhältnis von Carinas zu Stefans Taschengeld bei den einzelnen Darstellungen,
   wenn man sie korrekt abliest?
c) Nennt Gründe, warum auch solche Piktogramme zur Veranschaulichung gewählt werden.
   Wer könnte ein Interesse an solch einer veränderten Darstellung haben?
   Welches Interesse könnte dahinter stehen?

**3** Das Säulendiagramm rechts zeigt:
So viel Schulden nimmt Martin in jedem
Monat neu auf sich, um seine Handykosten
zu decken.
a) In welcher Höhe verschuldet sich Martin
   in den einzelnen Monaten?
b) Ist der Verlauf positiv oder negativ zu
   bewerten? Diskutiert darüber im Plenum
   und begründet eure Meinung.
c) Wer hat ein Interesse die Schuldensituation
   so darzustellen?
d) Wie würdet ihr die Schulden darstellen?
e) Denkt euch eine eigene Geschichte aus,
   die man so darstellen könnte.

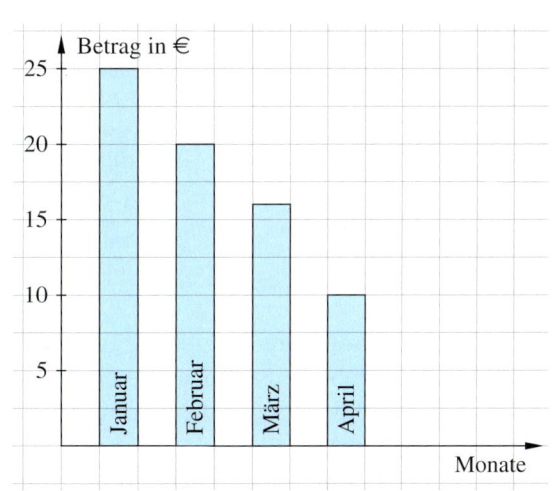

# Lesen und Verstehen

Lena möchte gerne nur noch vegetarisches Essen in der Mensa anbieten lassen und startet dazu eine Umfrage unter ihren Mitschülerinnen und Mitschülern. Um ihr Ziel besser zu erreichen, greift sie auf verschiedene Möglichkeiten zur Manipulation zurück.

| | |
|---|---|
| Befragungen können schon im Vorfeld manipuliert werden, indem nicht neutral gefragt wird. | **BEISPIEL 1**<br>Lena schreibt einen einleitenden Text, der auf Tierquälerei, auf die Niedlichkeit von Tieren und auf brutales Töten der Tiere hinweist. |
| Durch die Auswahl an Antwortmöglichkeiten, kann eine gewünschte Richtung vorgegeben werden. | **BEISPIEL 2**<br>Lena gibt mehrere Antwortmöglichkeiten, die ihr Anliegen unterstützen:<br>❏ Ich bin total dafür.  ❏ Ich stimme zu.<br>❏ Ich kann es mir vorstellen.  ❏ Ich bin dagegen. |
| Diagramme werden manchmal bewusst irreführend dargestellt. | **BEISPIEL 3**<br>Lena stellt ihre Ergebnisse als Piktogramm dar. Sie wählt ein glückliches Schwein, das im Größenverhältnis nicht den tatsächlichen Zahlen entspricht. |

für
vegetarisches
Essen
235

dagegen
116

# Basisaufgaben

**1** Betrachte den Fragebogen.

a) Beschreibe die Manipulationen.

b) Verändere den Fragebogen so, dass er neutral fragt.

> **Eine „Oase der Stille" für unsere Schule**
> Lärm bedeutet Stress für unseren Körper und unsere Seele.
> Er trägt dazu bei, dass wir insgesamt unruhiger sind.
> Das merken wir dann an unseren Noten.
>
> Soll ein Teil unserer Pausenräume in eine „Oase der Stille" verändert werden?
> ❏ unbedingt   ❏ gute Idee   ❏ eher dafür   ❏ dagegen

**2** Erstelle insgesamt drei Fragebögen zum Thema „Schuluniformen":

a) Der erste Fragebogen soll neutral sein und nur abfragen, ob man dafür oder dagegen ist.

b) Im zweiten Fragebogen soll ein einleitender Text vorangestellt werden, der deine eigene Meinung unterstützt.

c) Der dritte Fragebogen soll mehr Antwortmöglichkeiten für Schuluniformen aufweisen.

**3** Zwei Mönche diskutieren, ob man beim Beten rauchen darf. „Fragen wir doch unsere Vorgesetzten!" „Fehlanzeige", kommt der erste zurück. „Ich habe gefragt: Darf ich beim Beten rauchen?" „Und?" „Der Abt hat nein gesagt." „Komisch", sagt der zweite Mönch, „mein Abt hat ja gesagt." „Was hast du denn gefragt?" „Darf ich beim Rauchen beten?" Frage genauso nach „Hausaufgaben machen und dabei Musik hören".

**4** Erkläre den Fehler im Diagramm. „In diesem Jahr bekommt Steven nur halb so viel Geld von Opa zu Weihnachten."

**5** Zeichne ein Säulendiagramm zu den Daten auf den Fässern und beschreibe dann die Manipulation im Piktogramm.

**6** Beschreibe den Inhalt des Piktogramms.
a) Welche Manipulationen liegen vor?
b) Wer könnte ein Interesse daran haben, die Daten so darzustellen?

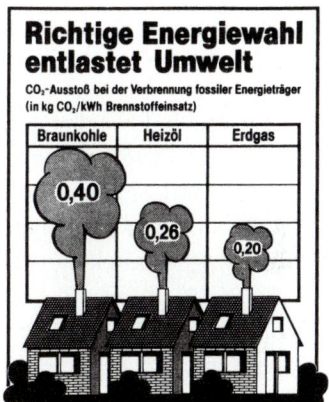

## Weiterführende Aufgaben

**7** Ina hat Anfang März 25 € Schulden bei ihren Freundinnen. Anfang April sind es 12 € mehr geworden, im Mai kommen noch mal 8 € dazu. Als sie im Juni nach 5 € fragt, sind ihre Freundinnen sauer. „Aber ich bin doch auf einem guten Weg!" entgegnet Ina. Zeichne ein Säulendiagramm, das Inas guten Willen belegt.

**8** Zeichne jeweils ein korrektes und ein manipuliertes Diagramm. Gib immer an, aus welcher Sicht du das manipulierte Diagramm erstellt hast.
a) Stefans Zimmer ist nur halb so groß wie das seiner Schwester Sina.
b) Wegen heftigen Unwettern gab es einen Ernteeinbruch von 20 %.
c) Von den im Straßenverkehr verunglückten Jugendlichen sind $\frac{3}{4}$ männlich.

**9** Der Begriff „Nettoneuverschuldung" bezeichnet die Schulden, die das Land oder der Bund jährlich neu macht.
Im Jahr 2013 verschuldete sich das Land Nordrhein-Westfalen mit 3,4 Mrd. neu, im Jahr 2014 waren 2,4 Mrd. geplant. Zeichne zwei verschiedene Diagramme und erläutere die Absichten dahinter.

**10** Betrachte das Diagramm zusammen mit der Überschrift „Jeder Zweite lebt allein". Erkläre, was an diesem Diagramm nicht stimmt.

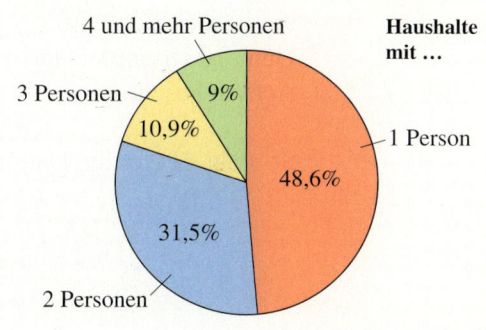

# Methode: Tabellenkalkulation – Diagramme erstellen

Kristina möchte eine Übersicht über ihre monatlichen Ausgaben mit Hilfe einer Tabellenkalkulation erstellen.
Sie entscheidet sich, diese Übersicht für die letzten 6 Monate zu machen.
Bei der Eingabe ihrer Ausgaben rundet sie die Centbeträge jeweils auf volle Euro.

Zunächst ruft Kristina ein Tabellenkalkulationsprogramm auf.
Sie gibt in die erste Zeile ihres Zeichenblatts
die Monatsnamen und in die zweite Zeile die
dazu gehörenden Ausgaben in Euro ein.

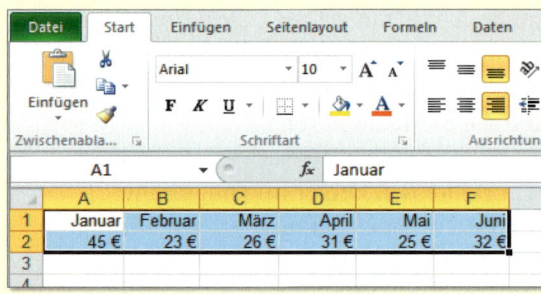

Sie kann sich diese Aufstellung als Säulen-
diagramm anzeigen lassen, indem sie die
Zellen in Zeile 1 und 2 markiert und in der
Menüleiste unter „Einfügen" den Button
„Säule" anklickt.

Dann öffnet sich eine Auswahl aller verfüg-
baren Säulendiagramme. Kristina wählt die
erste Säulendiagrammart.

Nun erscheint das Diagramm unter der
Tabelle.

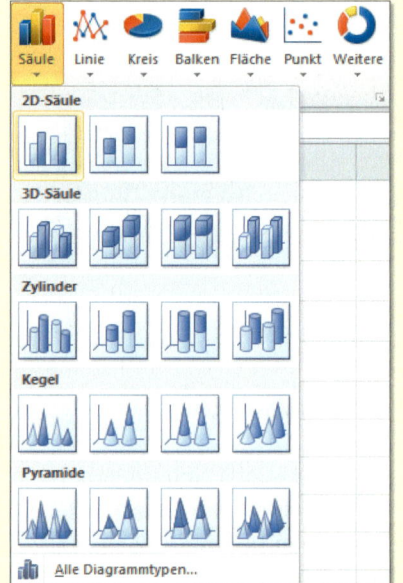

In der Menüleiste unter „Layout" kann
Kristina ihr Diagramm weiter beschriften.
Mit Hilfe des Buttons „Diagrammtitel"
trägt sie die Überschrift „Monatliche
Ausgaben" ein.
Unter „Achsentitel" kann sie auch die beiden
Achsen beschriften.

So sieht das fertige Diagramm aus:

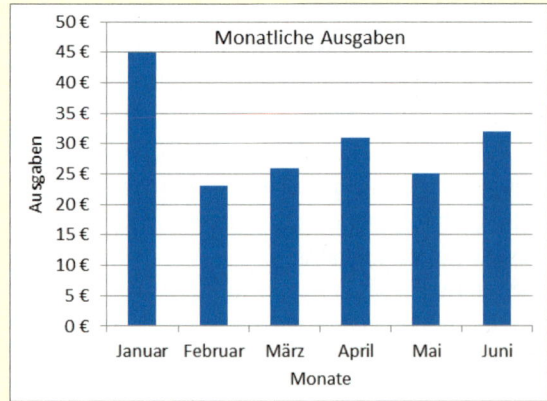

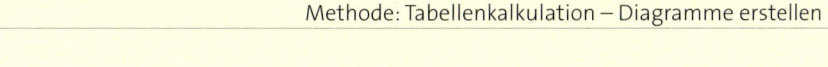

**1** Erstelle mit Hilfe eines Tabellenkalkulationsprogrammes ein eigenes Diagramm zu deinen Kosten für dein Hobby oder für deine monatlichen Ausgaben insgesamt.

**2** Probiere auch andere Diagrammtypen aus. Nicht alle sind wählbar.
Welche sind geeignet für einen Sachverhalt wie in Aufgabe 1 und warum sind andere nicht geeignet?

Kristina möchte nun ihre Ausgaben von diesem Jahr mit denen des letzten Jahres vergleichen.
Dazu fügt sie mit Hilfe der rechten Maustaste eine neue erste Spalte für das Jahr ein und eine neue zweite Zeile für die Ausgaben des Vorjahres.
Sie markiert die ersten drei Zeilen ab Spalte B und geht dann vor wie bei ihrem ersten Diagramm.

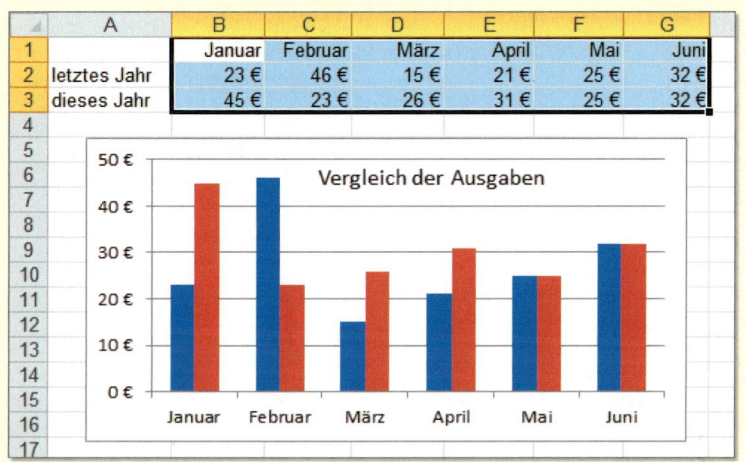

Diesmal erscheint jedoch ein zweiseitiges Säulendiagramm: die Werte für das letzte Jahr sind blau, die Werte für dieses Jahr sind rot eingetragen.

**3** Erstelle ebenfalls ein solches Diagramm. Du kannst dabei auch deine eigenen monatlichen Ausgaben den monatlichen Einnahmen gegenüberstellen.

**4** Lege ein neues Dokument an und trage in den Zellen unter Montag, Dienstag, …, Sonntag die Stunden ein, die du wach warst. Markiere die ersten drei Zeilen (also eine zusätzliche Leerzeile) und durchlaufe die Schritte, die zur Darstellung in einem Säulendiagramm führen.
Fülle nun nach und nach in der dritten Zeile die Zellen mit den Stunden, die du in dieser Woche wach gewesen bist. Du kannst sehen, wie für jeden weiteren Wert direkt eine neue Säule hinzugefügt wird.

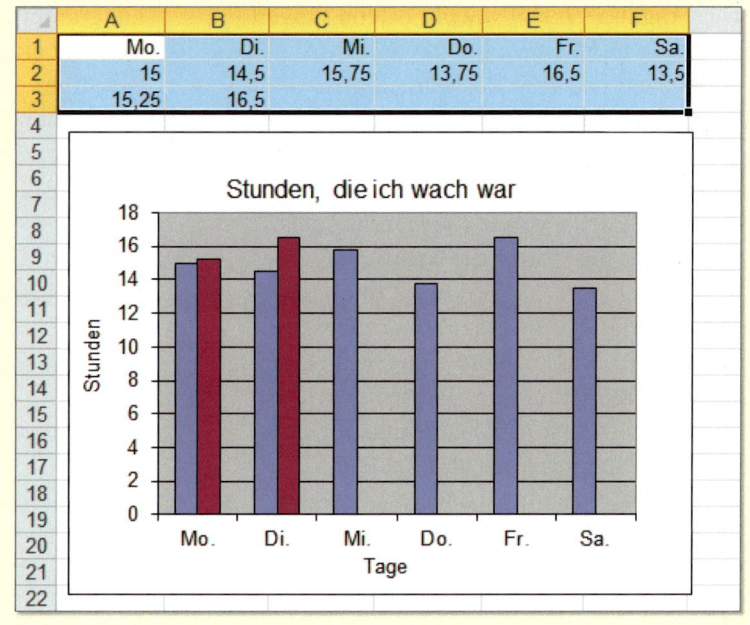

**5** Nenne Vorteile der Tabellenkalkulation gegenüber der Handzeichnung.

# Vermischte Übungen

---

**Fragebogen 1 – Weihnachten**

1) Wie viele Geschenke bekommst du jedes Jahr?
   ❏ bis 5   ❏ 6–10   ❏ 11–15
   ❏ 16–20   ❏ mehr

2) Wie viele Geschenke machst du jedes Jahr?
   ❏ bis 5   ❏ 6–10   ❏ 11–15
   ❏ 16–20   ❏ mehr

3) Sind deine Geschenke
   ❏ gekauft   ❏ selbst gemacht
   ❏ beides?

---

**Fragebogen 2 – Weihnachten**

1) Weihnachten ist schön, wenn
   _____

2) Ich feiere jedes Jahr mit
   _____

3) Bei uns gibt es jedes Jahr
   ❏ das gleiche Essen, und zwar
   _____

   ❏ jedes Jahr ein anderes Essen

---

**Fragebogen 3 – Weihnachten**

1) Weihnachten ist ein Fest, an dem man
   ❏ zur Kirche gehen sollte
   ❏ nicht unbedingt zur Kirche gehen sollte

2) Gehst du zur Kirche?
   ❏ Ich gehe zur Kirche, weil
   _____

   ❏ Ich gehe nicht zur Kirche, weil
   _____

---

**BEACHTE**
zu Aufgabe 5:
durchschnittliche Lernzeit pro Woche

60 min
50 min
90 min
120 min
90 min
60 min
10 min
20 min
30 min
30 min
60 min
50 min
60 min
60 min
20 min
0 min
100 min
100 min
90 min
60 min
50 min
20 min
50 min
50 min
20 min

(blau: Jungen;
rot: Mädchen)

**1** Oben abgebildet sind die Anfänge von drei verschiedenen Fragebögen zum Thema „Weihnachten".
a) Beschreibe die Unterschiede.
b) Welchen Fragebogen hältst du für den sinnvollsten? Begründe.
c) Entwickle weitere passende Fragen zu dem Fragebogen, den du am besten findest. Der Stil sollte beibehalten werden.

**2** Entwickle einen neutralen Fragebogen zum Thema „Zimmer aufräumen".
Der Fragebogen soll sowohl offene Fragen enthalten als auch Möglichkeiten zum Ankreuzen und zum Positionieren auf einer Skala bieten.

**3** Iris und Cerçan sind in der SV und möchten für die Schule die Handyregeln verändern. Sie wollen die Schulkonferenz überzeugen, dass sie verantwortungsvoll mit dem Handy umgehen können. Dazu machen sie eine Umfrage unter den Schülerinnen und Schülern und werten diese aus.
a) Entwickle einen solchen Fragebogen für die Schülerinnen und Schüler.
b) Entwickle ebenfalls einen Fragebogen für die Eltern, bei dem diese ihr Zutrauen, aber auch ihre Sorgen mitteilen können.

**4** Erstelle einen manipulierenden Fragebogen zum Thema „Der allerbeste Fußballverein".

**5** Wie viel Zeit Schüler außerhalb der Schule mit Lernen beschäftigt sind, ist sehr unterschiedlich.
Erfragt in eurer Klasse die durchschnittlichen Lernzeiten pro Woche oder nutzt die Daten aus der Randspalte.
a) Stelle die Lernzeiten nach Mädchen und Jungen getrennt in einem zweiseitigen Balkendiagramm dar.
   Welche Unterschiede zwischen Jungen und Mädchen kannst du feststellen?
b) Erstelle ein zweiseitiges Stängel-Blätter-Diagramm (siehe Seite 140 unten).
c) Zeichne einen passenden Boxplot.

**6** Betrachte das Diagramm zu den unterschiedlichen Schulabschlüssen.

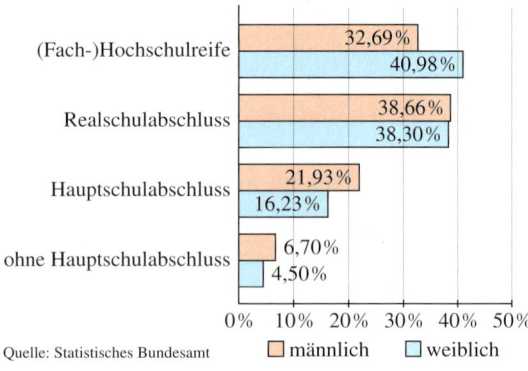

Anteil der männlichen und weiblichen Absolventen an den jeweiligen Abschlussarten im Schuljahr 2010/2011

Quelle: Statistisches Bundesamt   ❏ männlich   ❏ weiblich

a) Was sagt das Diagramm aus?
b) Finde mögliche Gründe für die Unterschiede zwischen Mädchen und Jungen.

**7** Bei Wahlen ist es üblich die Gewinne und Verluste zur jeweils letzten Wahl in einem Säulendiagramm mit positiven und negativen Werten darzustellen. Im Diagramm abgebildet sind die Gewinne und Verluste einiger Parteien bei der Europawahl 2014.

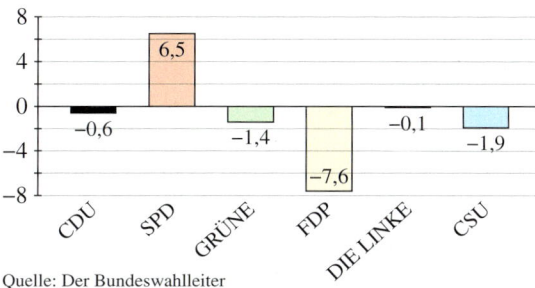

Quelle: Der Bundeswahlleiter

Stelle die Gewinne und Verluste der Bundestagswahl 2013 in einem ähnlichen Diagramm dar.

| Endgültiges Ergebnis der Bundestagswahl 2013 (Angaben in Prozent) | | | | | | | |
|---|---|---|---|---|---|---|---|
| Partei | CDU/CSU | SPD | Die Linke | Bündnis 90/Die Grünen | FDP | AfD | Sonstige |
| Ergebnis 2013 | 41,5 | 25,7 | 8,6 | 8,4 | 4,8 | 4,7 | 6,3 |
| Gewinne/Verluste | 7,7 | 2,7 | −3,3 | −2,3 | −9,8 | 4,7 | 0,3 |
| Ergebnis 2009 | 33,8 | 23 | 11,9 | 10,7 | 14,6 | − | 6,0 |

**8** Beschreibe Gemeinsamkeiten und Unterschiede der einzelnen Diagrammtypen (Säulendiagramm, Balkendiagramm, Stängel-Blätter-Diagramm, Boxplot). Welche Vorteile und Nachteile haben sie jeweils?

**9** Im Säulendiagramm wird die Höhe des Geburtstagsgeldes von Carina in den letzten drei Jahren abgebildet. Dabei hat Carina jedoch etwas „gemogelt".

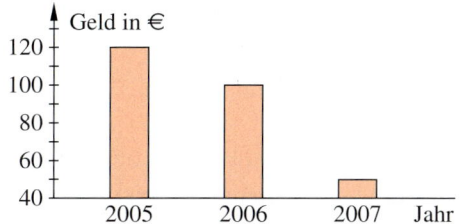

a) Worin liegt der Fehler?
b) Warum ist die Darstellung von Carina so gewählt worden?
c) Verbessere das Diagramm.

**10** Der Wohnflächenstandard gibt an, auf wie viel Quadratmetern ein Mensch durchschnittlich wohnt. Er hat sich in Deutschland in den letzten 15 Jahren von 39 m² auf 45 m² pro Person verändert.

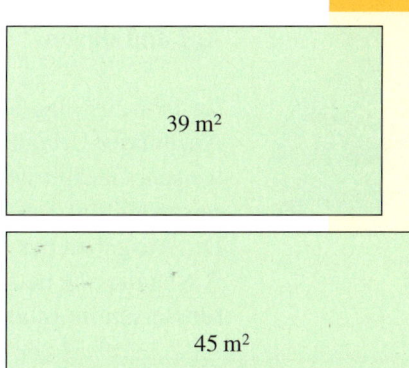

a) Berechne, um das Wievielfache sich die Wohnfläche erhöht hat.
b) Gibt das Diagramm die Daten korrekt wieder? Begründe oder verbessere gegebenenfalls.

**11** Unter Jugendlichen wurde gefragt, welches Fastfood-Gericht sie am liebsten essen:

| Pizza | 41 % |
|---|---|
| Döner | 28 % |
| Pommes | 17 % |
| sonstiges | 14 % |

Eine Stehpizzeria wirbt daraufhin mit einem Kreisdiagramm „Fast die Hälfte wählen Pizza!"

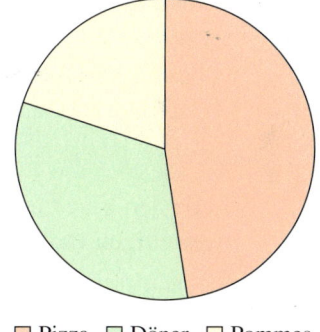

■ Pizza  □ Döner  □ Pommes

a) Wieso sieht es im Diagramm so aus, als ob die Hälfte Pizza am liebsten mag?
b) Zeichne ein korrektes Kreisdiagramm.

**12** Suche dir ein Thema aus, zu dem du einen manipulierenden Fragebogen entwickeln möchtest.
a) Erstelle einen Fragebogen dazu, bei dem du die Befragten schon im Vorfeld beeinflusst und die Antwortmöglichkeiten ebenfalls in deinem Sinne verteilt sind.
b) Befrage deine Mitschüler.
c) Stelle nun deine Ergebnisse möglichst so dar, dass dein Anliegen dadurch noch einmal unterstützt wird.

## Auf und davon

Im Jahr 2013 lag bei den Deutschen die Anzahl der Urlaubsreisen bei 70,7 Mio. Reisen. Gezählt wurden dabei Urlaubsreisen ab fünf Tagen Dauer.
Die Ausgaben der Deutschen für Auslandreisen betrugen 64,9 Mrd. €, für Reisen im Inland 69,7 Mrd. €.

| Urlaubsreisen … | |
| --- | --- |
| **in Deutschland** | 30,3 % |
| **ins Ausland** | 69,7 % |
| – Mittelmeer (direkt) | 34,6 % |
| – Westeuropa | 13,8 % |
| – Osteuropa | 7,4 % |
| – Skandinavien | 3,3 % |
| – Sonstige (Europa) | 3,5 % |
| – Fernreisen | 7,0 % |

| Die weltweit 10 beliebtesten Reiseziele aller Nationen | | |
| --- | --- | --- |
| Besucher im Jahr in Mio. | 2012 | 2013 |
| Frankreich | 83,0 | 89,3 |
| USA | 67,0 | 69,8 |
| Spanien | 57,7 | 60,7 |
| China | 57,7 | 55,7 |
| Italien | 46,4 | 47,7 |

| Besucher im Jahr in Mio. | 2012 | 2013 |
| --- | --- | --- |
| Türkei | 35,7 | 39,4 |
| Deutschland | 30,4 | 31,5 |
| Großbritannien | 29,3 | 30,9 |
| Russland | 25,7 | 28,4 |
| Malaysia | 25,0 | 25,8 |

Quelle: Deutscher ReiseVerband

### Passagierzahlen in Mio.

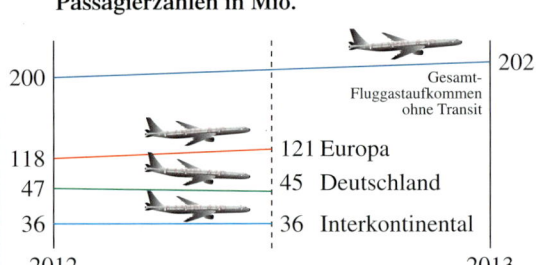

Quelle: DRV Deutscher ReiseVerband e.V.

a) Entwickle einen Fragebogen zum Thema „Urlaubsreisen".

b) Stelle den Inhalt der Tabelle zu den weltweit 10 beliebtesten Reisezielen in einem Säulendiagramm mit zwei Datenreihen dar.

c) Stelle die Angaben unten in einem zweiseitigen Stängel-Blätter-Diagramm dar. Die eine Seite soll für die Tage im Ausland, die andere für die Tage in Deutschland stehen.

| Wie viele Tage bist du in den Sommerferien ins Ausland / innerhalb Deutschlands verreist? | | | | | | | | | | | | | | |
| --- | --- | --- | --- | --- | --- | --- | --- | --- | --- | --- | --- | --- | --- | --- |
| Name | H. | P. | I. | J. | S. | D. | U. | T. | Th. | A. | Z. | O. | R. | E. | St. |
| Urlaubstage im Ausland | 14 | 5 | 3 | 0 | 4 | 10 | 5 | 0 | 14 | 15 | 24 | 0 | 0 | 5 | 6 |
| Urlaubstage in Deutschland | 0 | 10 | 5 | 14 | 6 | 2 | 3 | 15 | 4 | 6 | 0 | 0 | 0 | 10 | 2 |

d) Stelle den Inhalt der Tabelle zu den weltweit 10 beliebtesten Reisezielen in einem zweiseitigen Balkendiagramm dar, das Zuwachs bzw. Abnahme verdeutlicht.

e) Du führst im Auftrag mehrerer deutscher Hotels eine Umfrage durch. Deutschland soll als Urlaubsland besonders gut wegkommen. Entwickle einen entsprechenden Fragebogen.

f) Betrachte das Schaubild zu den Passagierzahlen an deutschen Flughäfen. Was lässt sich an dieser Darstellung kritisieren?

g) Du bist Reiseveranstalter für die Regionen direkt am Mittelmeer. Versuche in einem Diagramm oder Piktogramm aus den Zahlen der obersten Tabelle das Beste für deine Region herauszuholen. Beschreibe, wie du vorgegangen bist.

h) Verarbeite die Informationen über die Urlaubstage in den Sommerferien in zwei Boxplots.

# Alles klar?

Entscheide, ob die Aussagen richtig oder falsch sind.
Begründe deine Entscheidung im Heft und korrigiere gegebenenfalls.

## 1 Daten erheben, auswerten und darstellen

a) Bei dem Fragebogen rechts kann man Antworten ankreuzen, auf einer Skala Kreuze setzen und individuell antworten.

b) Eine mögliche Frage zu den folgenden Daten könnte lauten:
„Wie viele Minuten dauert dein Schulweg?"
Mo. 45 min   Di. 65 min   Mi. 30 min   Do. 80 min
Fr. 10 min   Sa. 100 min   So. 35 min

Hältst du deinen Schulweg für …
❏ zu lang    ❏ mittel    ❏ zu kurz

Wie kommst du normalerweise zur Schule?
_____

Wie lange brauchst du für deinen
Schulweg?        ❏ < 10 min
❏ 10–20 min      ❏ > 20 min

**Dauer der Schulwege**

| Luca: 15 min | Katrina: 25 min | Jenny: 20 min | Patrick: 10 min | Jule: 13 min |
| Nico: 14 min | Indra: 30 min | Jan: 10 min | Dirk: 20 min | Elfie: 5 min |
| Tim: 12 min | Lisa: 18 min | Jonas: 25 min | Pia: 25 min | Evelyn: 15 min |

c) Das Balkendiagramm gibt die Zeiten für die Schulwege der Jungen richtig wieder.

d) Das zweiseitige Stängel-Blätter-Diagramm zeigt das Zeiten für die Schulwege der Jungen und Mädchen korrekt.

e) Aus den Daten zu den Schulwegen lässt sich kein Boxplot erstellen.

f) Bei dem Boxplot in der Randspalte liegen 50 % der Werte zwischen 12 € und 17 €.

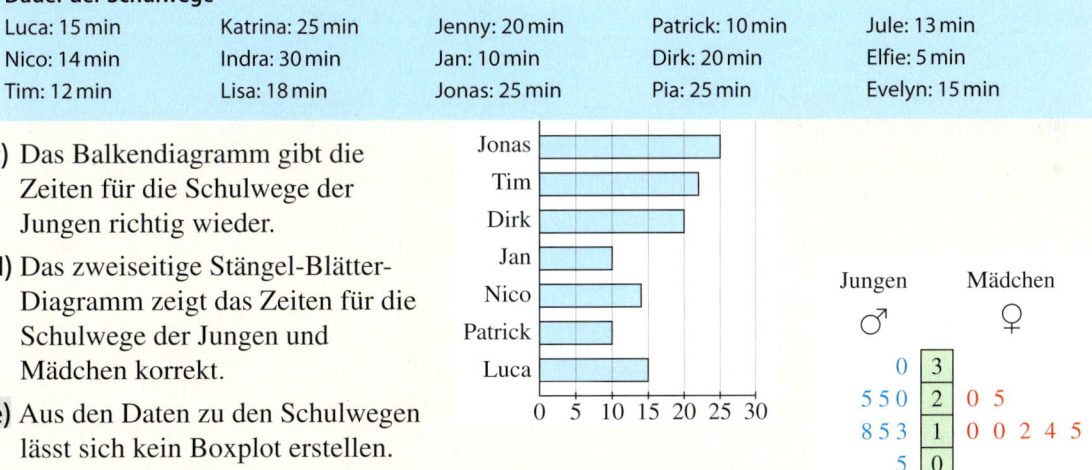

## 2 Manipulationen bei Fragen und Darstellungen

a) Bei dem oben abgebildeten Fragebogen handelt es sich um einen neutralen Fragebogen.

b) Der Fragebogen eines Sportstudios beginnt mit dem Satz: „Sport fördert die Gesundheit, macht ausgeglichener und erhöht die kognitive Leistungsfähigkeit."
Damit sollen die Befragten im Sinne des Sportstudios manipuliert werden.

c) Die Auswahl der Antwortmöglichkeiten im Fragebogen rechts beeinflusst die Befragten im Sinne des Sportstudios.

d) Das Piktogramm gibt die Zahlen korrekt wieder.

Machst du gerne Sport?
❏ total    ❏ ja    ❏ nicht so sehr
❏ nein    ❏ bin unentschlossen

Machst du gerne Sport?

nein 214

ja 408

**BEACHTE**
Die Lösungen zu den Aufgaben auf dieser Seite sowie dazu passende Trainingsaufgaben findest du ab Seite 192.

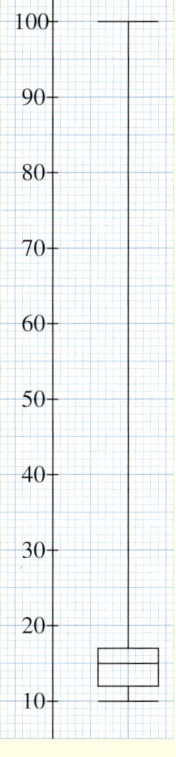

Taschengeld in €

# Zusammenfassung

## Daten erheben, auswerten und darstellen

→ Seite 138

Ein **Fragebogen** sollte gut verständlich und in seinen Fragen eindeutig sein. Er ist gut auszuwerten, wenn man Antworten ankreuzen oder Kreuze auf einer Skala setzen kann. Schwer auszuwerten sind offene Fragen.

Ich bekomme oft Bücher geschenkt.
❏ immer ❏ manchmal ❏ selten ❏ nie

Bücher sind für mich …
unwichtig <——————————————> wichtig

Mein Lieblingsbuch:
_____

In einem **zweiseitigen Balkendiagramm** kann man die Antworten auf dieselbe Fragestellung für zwei unterschiedliche Gruppen darstellen.

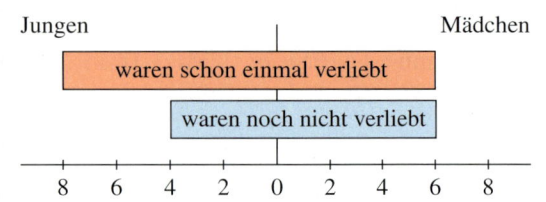

→ Seite 140

Der Vorteil eines **Stängel-Blätter-Diagramms** besteht darin, dass einzelne Werte nicht verloren gehen. Im Stängel befinden sich die Zehnerwerte, die Blätter bilden die Einerwerte.

→ Seite 142

Ein **Boxplot** zeigt die Verteilung der Daten und die statistischen Kenngrößen in einer Grafik. **Minimum** und **Maximum** bilden die Antennen, die Viertelwerte die äußere Umrandung der Box. Zusätzlich wird der **Zentralwert** in der Box markiert.

monatliches Taschengeld in €

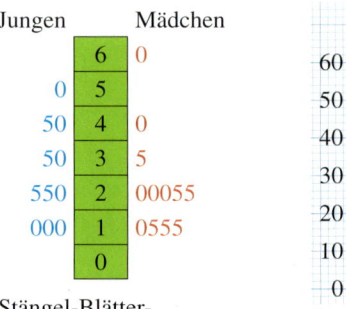

Stängel-Blätter-Diagramm

Boxplot

## Manipulationen bei Fragen und Darstellungen

→ Seite 144

Befragungen können schon im Vorfeld **manipuliert** werden, indem nicht neutral gefragt wird:
– durch einen einleitenden Text
– durch die Auswahl an Antwortmöglichkeiten

Diagramme werden manchmal bewusst irreführend dargestellt.
In Grafiken werden oft Längen, Flächen und Volumina in einem falschen Verhältnis abgebildet.

Viel Lesen ist wichtig für eine korrekte Rechtschreibung und ein gutes Ausdrucksvermögen.

Ich lese jede Woche ein Buch.
❏ stimmt ❏ meistens ❏ stimmt nicht

für vegetarisches Essen
235

dagegen
116

# Prismen

Das Dockland ist ein Bürogebäude an der Elbe in Hamburg. Das Gebäude hat die Form eines Prismas mit einem Parallelogramm als Grundfläche.

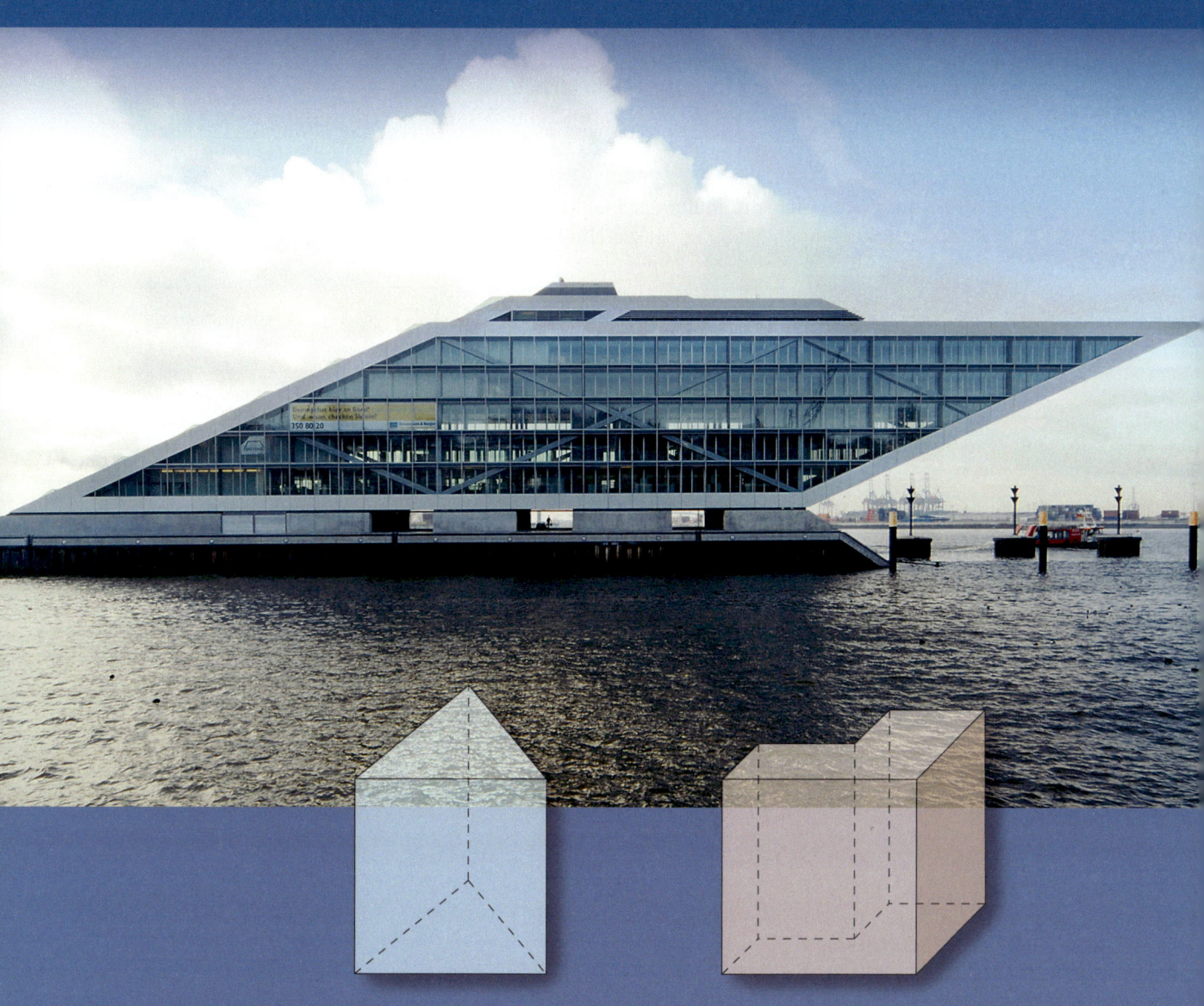

In diesem Kapitel erfährst du, welche Eigenschaften ein Prisma besitzt und wie man ein maßstäbliches Schrägbild des Bürogebäudes zeichnen kann. Außerdem lernst du, wie man den Oberflächeninhalt und das Volumen von Prismen bestimmt.

# Noch fit?

**1** Gib in der in Klammern stehenden Einheit an.

**a)** 4 cm (mm)      **b)** 2500 m (km)      **c)** 5 cm (dm)      **d)** 67 mm (cm)

**e)** 4 cm² (mm²)      **f)** 300 m² (dm²)      **g)** 5 cm² (dm²)      **h)** 67 mm² (cm²)

**i)** 4 cm³ (mm³)      **j)** 9000 m³ (dm³)      **k)** 3 ℓ (cm³)      **l)** 67 mm³ (cm³)

**2** Berechne.

**a)** 7 · 3,5      **b)** 0,3 · 2,1      **c)** 3,5 · 1,1      **d)** 12 · 0,6      **e)** 0,2 · 8,4

**f)** 9 : 0,3      **g)** 1,5 : 0,5      **h)** 0,27 : 0,9      **i)** 0,63 : 7      **j)** 4,5 : 0,09

**3** Berechne den Umfang und den Flächeninhalt der Flächen.

**a)** Quadrat mit $a = 4$ cm      **b)** Rechteck mit $a = 3$ cm und $b = 5$ cm

**c)** Quadrat mit $a = 2,7$ cm      **d)** Rechteck mit $a = 4,8$ cm und $b = 9$ mm

**4** Bestimme die Flächeninhalte der Flächen.
Miss die notwendigen Maße in der Zeichnung nach.

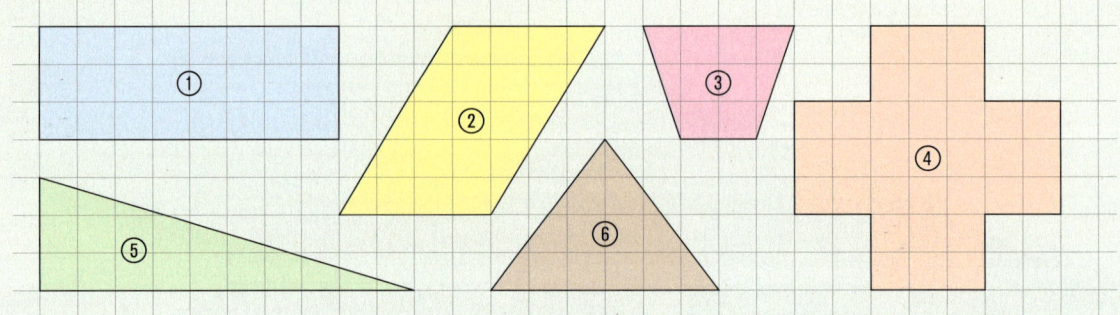

ERINNERE DICH
- Vorderfläche zeichnen
- nach hinten verlaufende Kanten auf die Hälfte verkürzen und mit $\alpha = 45°$ antragen
- verdeckte Kanten stricheln

**5** Zeichne das Schrägbild eines Würfels mit einer Kantenlänge von 4,2 cm.
Berechne sein Volumen und seinen Oberflächeninhalt.

**6** Ein Quader hat die Kantenlängen $a = 4$ cm, $b = 5$ cm und $c = 3$ cm.
Berechne sein Volumen und seinen Oberflächeninhalt. Zeichne dann sein Schrägbild.

**7** Fertige eine Planfigur an und zeichne das Dreieck.

**a)** rechtwinkliges Dreieck mit $c = 5$ cm; $a = 4$ cm und $\beta = 90°$

**b)** gleichseitiges Dreieck mit $a = b = c = 6$ cm

**c)** gleichschenkliges Dreieck mit $c = 4$ cm und $\alpha = \beta = 70°$

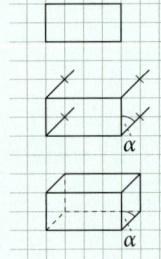

## BUNT GEMISCHT

1. Nenne die Eigenschaften eines Parallelogramms.
2. Ist 0,24 : 0,6 = 24 : 6? Begründe.
3. Nenne eine Formel zur Berechnung des Flächeninhalts eines Trapezes.
4. Berechne 25 % von 800 € und 3 % von 700 €.
5. Ein Würfel hat einen Oberflächeninhalt von 24 cm². Bestimme seine Kantenlänge.
6. Wie viele Stunden hast du in deinem Leben bisher geschlafen? Eher 50 000 h oder eher 500 000 h?

# ■ Prismen erkennen und zeichnen

## Erforschen und Entdecken

**1** Betrachtet die Verpackungen.
a) Nennt Gemeinsamkeiten und Unterschiede der Verpackungen.
b) Saskia behauptet, dass die Verpackungen hauptsächlich aus Rechtecken bestehen. Kann das sein? Begründet und diskutiert darüber.
c) Nennt weitere Dinge aus eurer Umgebung (z. B. andere Verpackungen, Möbel oder Gebäude), die eine ähnliche Form besitzen.

**ZUM WEITERARBEITEN** Überlege, warum die Hersteller solche Formen als Verpackungen verwendet haben.

**2** Welcher Körper passt nicht in die Reihe? Begründet eure Auswahl.
a)

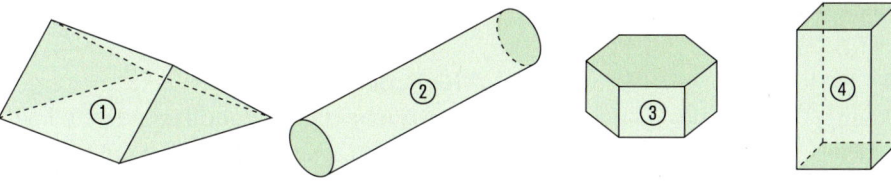

b)

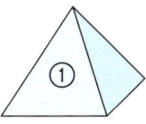 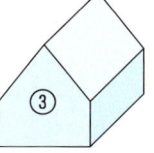 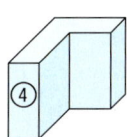

**3** Mika soll ein 4 cm hohes Prisma mit einem gleichschenkligen Dreieck als Grundfläche zeichnen. Die Grundseite des Dreiecks ist 2,5 cm lang, die Höhe des Dreiecks beträgt 2 cm. Mika hat drei unterschiedliche Vorgehensweisen ausprobiert.

a) Erkläre jeweils, wie er vorgegangen sein könnte, und zeichne die Säulen nach.
b) Worin unterscheiden sich die Zeichnungen?
c) Welche Vorgehensweise findest du am einfachsten?

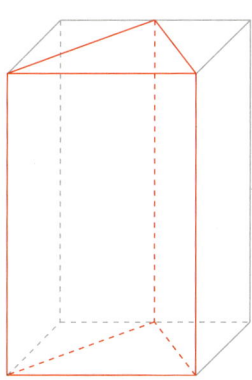

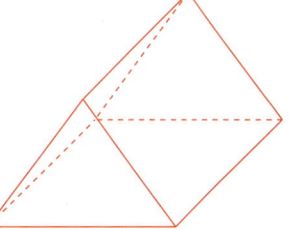

## Lesen und Verstehen

Hersteller von Süßigkeiten nutzen als Verpackungen oft Prismen verschiedener Art. Ihre Packungen sollen ein besonderes Aussehen haben und vom Kunden schnell wiedererkannt werden.

> Ein **Prisma** ist ein geometrischer Körper,
> - dessen Grundfläche $A_G$ und Deckfläche Vielecke sind, die
>   - deckungsgleich und
>   - zueinander parallel sind,
> - dessen Seitenflächen Rechtecke sind, die senkrecht auf der Grundfläche und auf der Deckfläche stehen.

**BEISPIEL 1**

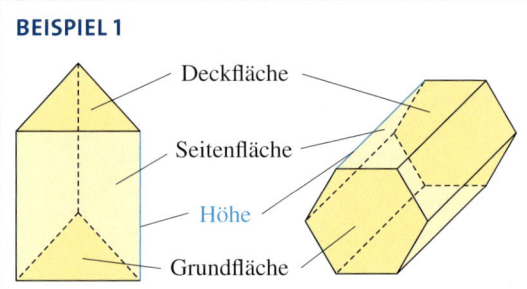

**BEACHTE**
Stehen die Seitenflächen nicht senkrecht auf der Grund- und Deckfläche, so spricht man von einem „schiefen Prisma".

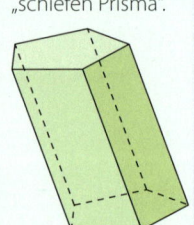

> Die Seitenflächen bilden den **Mantel $A_M$** des Prismas.
> Der Abstand zwischen Grundfläche und Deckfläche heißt **Körperhöhe $h_K$**.

**Schrägbilder von Prismen** kann man auf mehrere verschiedene Arten zeichnen.
Zwei Möglichkeiten werden hier vorgestellt.

**BEACHTE**
In der **Kavalierperspektive** werden Strecken, die „nach hinten" verlaufen, um die Hälfte verkürzt und entlang der Kästchendiagonalen gezeichnet.

**Möglichkeit 1**
Jedes Prisma kann von einem Quader eingeschlossen werden. Den Quader zeichnet man in der Kavalierperspektive. Anschließend zeichnet man in den Quader das Prisma ein.

**Möglichkeit 2**
Man zeichnet die Grundfläche frontal als Vorderseite. Die Höhe wird dann von den Eckpunkten aus in einem Winkel von 45° und in halber Länge abgetragen.

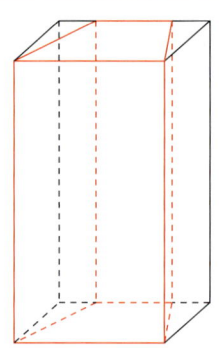

## Basisaufgaben

**1** Welche der Körper sind Prismen? Stehen sie auf der Grundfläche oder liegen sie auf einer Seitenfläche?

**2** Dachdecker unterscheiden verschiedene Dachformen. Mit welchen Dachformen handelt es sich bei den Häusern um Prismen? Begründe.

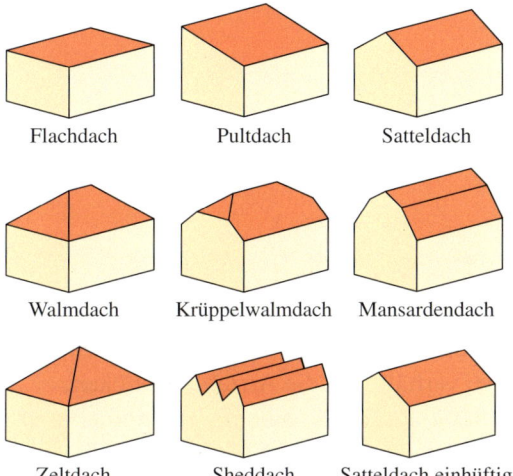

Flachdach     Pultdach     Satteldach

Walmdach     Krüppelwalmdach     Mansardendach

Zeltdach     Sheddach     Satteldach einhüftig

**3** Handelt es sich bei den Objekten um Prismen? Begründe.

Nenne aus deiner Umgebung weitere Dinge, die die Form eines Prismas haben.

**4** ▭▶ Malte behauptet, dass jeder Quader auch ein Prisma ist. Überprüfe, ob Maltes Aussage richtig ist. Begründe.

**5** Übertrage die Fläche ins Heft und ergänze sie zum Schrägbild eines 8 cm langen Prismas.

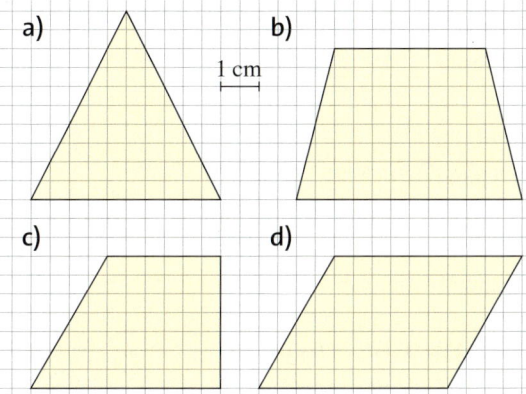

a)        1 cm     b)

c)                d)

**6** Übertrage das Schrägbild eines Quaders dreimal in dein Heft.

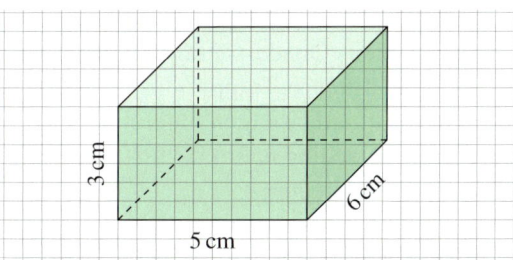

3 cm    5 cm    6 cm

⟳ **157-1**
Eine Kopiervorlage mit den Schrägbildern von Aufgabe 6 findest du unter diesem Webcode.

a) Zeichne in den ersten Quader ein Prisma mit einem rechtwinkligen Dreieck als Grundfläche.
b) Zeichne in den zweiten Quader ein Prisma mit einem gleichschenkligen Dreieck als Grundfläche.
c) Zeichne in den dritten Quader ein Prisma mit einem Trapez als Grundfläche.

**7** Zeichne das Schrägbild eines 10 cm hohen Prismas, dessen Grundfläche …
a) ein gleichseitiges Dreieck mit $a = 3\,cm$,
b) ein gleichschenkliges Dreieck mit $c = 4\,cm$ und $a = b = 3\,cm$,
c) ein rechtwinkliges Dreieck mit $a = 4\,cm$, $b = 6\,cm$ und $\gamma = 90°$,
d) eine Raute mit $a = 3\,cm$ und $\alpha = 60°$,
e) ein gleichschenkliges Trapez mit $a \parallel c$ und $a = 5\,cm$, $c = 3\,cm$ und $h_a = 2\,cm$ ist.

## Weiterführende Aufgaben

**8** Dieses Haus ist 11 m lang.

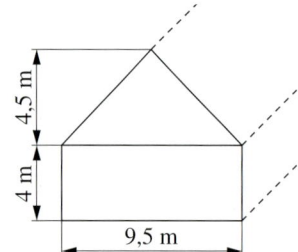

4,5 m

4 m

9,5 m

a) Zeichne ein Schrägbild des Hauses im Maßstab 1 : 100.

b) Ergänze in deiner Zeichnung Fenster und Türen. Denke an eine ausreichende Höhe und Breite von Fenstern und Türen.

**9** ⏩ Die Firma „Elektro-Trapp" möchte ihr Logo „ET" für einen Messeauftritt aus einem Styroporblock mit den Abmessungen 90 cm × 120 cm × 60 cm ausschneiden.

a) Zeichne ein Schrägbild des Styroporblocks im Maßstab 1 : 10.

b) Zeichne in das Quaderschrägbild das Logo der Firma „Elektro-Trapp".
Vergleicht eure Lösungen untereinander. Welchen Vorschlag haltet ihr für besonders gut geeignet?

**10** ⏩ Sind die folgenden Aussagen wahr?

a) Jedes Prisma hat mindestens drei Rechtecke.

b) In einem Prisma sind Deck- und Seitenflächen parallel.

c) In einem Prisma steht die Grundfläche senkrecht auf allen Seitenflächen.

d) Es gibt kein Prisma mit 10 Ecken.

e) Ein Prisma besitzt immer mehr Ecken als Kanten.

f) Bei einem Quader kann man nicht genau sagen, ob er auf der Grund- oder Seitenfläche steht.

**11** Der Mantel eines Prismas besteht aus drei Rechtecken, die 4 cm lang und 5 cm breit sind.

a) Welche Form hat die Grundfläche?

b) Zeichne ein Schrägbild des Prismas. Findest du mehrere Möglichkeiten?

**12** ⏩ In dieser Abbildung eines Prismas mit dreieckiger Grundfläche sind die Ecken rot und die Kanten grün gefärbt.

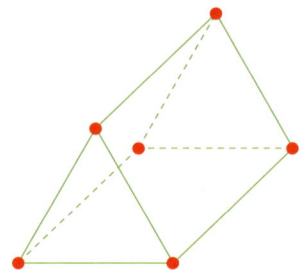

a) Wie viele Ecken, Kanten und Flächen hat das Prisma mit dreieckiger Grundfläche?

b) Wie verhält sich die Anzahl der Ecken, Kanten und Flächen bei Prismen mit anderen Grundflächen?
Vervollständige die Tabelle in deinem Heft.

| Grundfläche des Prismas | Anzahl am Prisma | | |
|---|---|---|---|
| | Ecken (E) | Kanten (K) | Flächen (F) |
| Dreieck | 6 | | |
| Viereck | | 12 | |
| Fünfeck | | | 7 |
| Sechseck | | | |
| Siebeneck | | | |
| Achteck | | | |
| Neuneck | | | |
| Zehneck | | | |

c) Wie viele Ecken (Kanten; Flächen) besitzt ein Prisma mit einem 17-Eck als Grundfläche? Begründe.

d) Gib für die Anzahl der Ecken, Kanten und Flächen in einem Prisma mit einem $n$-Eck als Grundfläche eine Formel an.
Vergleicht eure Formeln untereinander.

e) Gibt es ein Prisma mit 237 Ecken (351 Kanten; 4 Flächen)?

f) Beweise, dass für alle Prismen gilt:
$E + F - K = 2$,
wobei $E$ die Anzahl der Ecken, $F$ die Anzahl der Flächen und $K$ die Anzahl der Kanten bezeichnet.

g) Überprüfe, ob die Formel $E + F - K = 2$ auch für die Körper aus Aufgabe 1 (Seite 156) gilt, die keine Prismen sind.

# Mantel- und Oberflächeninhalt berechnen

## Erforschen und Entdecken

**1** Im Schrägbild eines 2 cm breiten, 3 cm tiefen und 6 cm hohen Quaders wurde ein Prisma mit einem rechtwinkligen Dreieck als Grundfläche eingezeichnet (siehe Randspalte). Sophia ist der Meinung, dass der Oberflächeninhalt des Quaders doppelt so groß ist wie der des Prismas. Tom ist anderer Ansicht. Was meinst du?

Um den Ober- flächeninhalt zu vergleichen, haben Tom und Sophia Netze des Quaders und des Prismas gezeichnet.

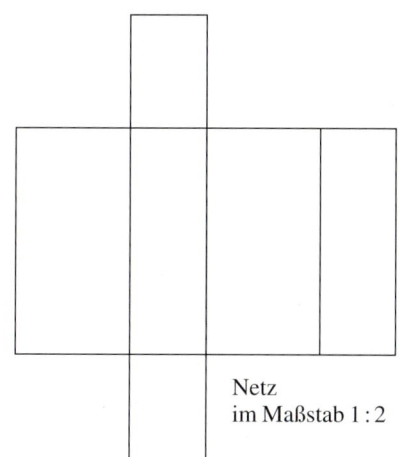

Netz
im Maßstab 1 : 2

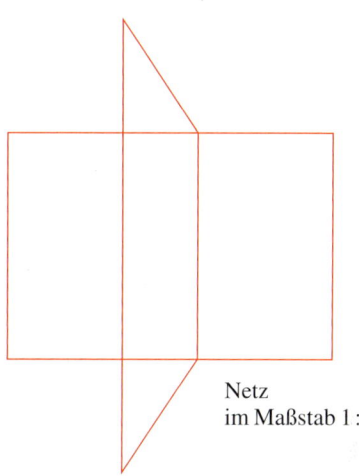

Netz
im Maßstab 1 : 2

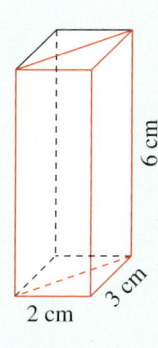

a) Welches Netz gehört zum Dreiecksprisma, welches zum Quader? Begründe.
b) Zeichne die Netze mit den gegebenen Längen in dein Heft.
c) Markiere gleich große Flächen im Netz des Quaders und des Dreiecksprismas in den gleichen Farben.
d) Begründe mit Hilfe des entstandenen Netzes, warum Sophias Meinung falsch ist.
e) Berechne die Flächeninhalte der Dreiecke und Rechtecke in den Netzen.
f) Bestimme den Oberflächeninhalt des Quaders und den des Dreiecksprismas.

**2** Dies ist die aufgeschnittene Schachtel einer auf Seite 155 abgebildeten Süßigkeit.

a) Um welche Ver- packung handelt es sich? Begründe.
b) Bei welchen fünf Flächen handelt es sich um Klebe- laschen? Welche Flächen besitzen die gleichen Abmessungen?

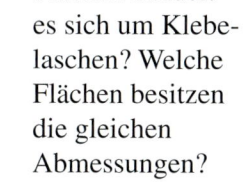

c) Die Verpackung ist im Original 20,8 cm hoch und hat eine Seitenlänge von 3,5 cm.
Zeichne das Netz der Verpackung in einem geeigneten Maßstab in dein Heft.
Klebelaschen müssen nicht mitgezeichnet werden.
d) Bestimme den Oberflächeninhalt der Verpackung (ohne Klebelaschen).
Vergleicht die Lösungen im Klassenverband.

## Lesen und Verstehen

Ein Designer soll eine originelle Verpackung für Schokolinsen entwerfen. Er hat sich für ein Prisma mit dreieckiger Grundfläche entschieden.
Der Süßwarenhersteller möchte aus Kostengründen wissen, wie viel Pappe für die Verpackung mindestens benötigt wird. Dazu zeichnet der Designer das Netz der Verpackung ohne Klebefalz.

Um den Mantelflächeninhalt $A_M$ oder den Oberflächeninhalt $A_O$ eines Prismas zu bestimmen, muss der Flächeninhalt der einzelnen Flächen berechnet und summiert werden.
Die Anzahl der Seitenflächen ist abhängig von der Form der Grundfläche.

> Die **Mantelfläche $A_M$** eines Prismas besteht aus allen rechteckigen Seitenflächen.
> $A_M = A_1 + A_2 + \ldots + A_n$

Die Mantelfläche eines Prismas ist ein aus den Seitenflächen zusammengesetztes Rechteck. Seine eine Länge ist der Umfang der Grundfläche, die andere die Höhe des Prismas.
Es gilt demnach auch:
$A_M = u_G \cdot h_K$

**BEACHTE**
Sind nicht alle benötigten Maße der Grundfläche gegeben, dann zeichne die Fläche und entnimm die Maße deiner Zeichnung.

> Der **Oberflächeninhalt $A_O$** eines Prismas besteht aus der Mantelfläche sowie der Grund- und der Deckfläche.
> $A_O = A_M + 2 \cdot A_G$
> $\quad = A_1 + A_2 + \ldots + A_n + 2 \cdot A_G$

**BEISPIEL**

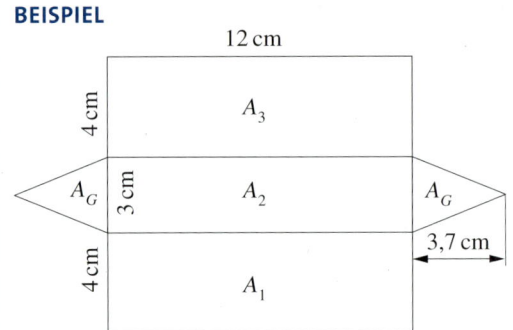

Teilflächenberechnung:
$A_1 = A_3 = 4\,\text{cm} \cdot 12\,\text{cm} = 48\,\text{cm}^2$
$A_2 = 3\,\text{cm} \cdot 12\,\text{cm} = 36\,\text{cm}^2$
$A_G = \frac{1}{2} \cdot 3\,\text{cm} \cdot 3,7\,\text{cm} = 5,55\,\text{cm}^2$
Inhalt der Mantelfläche:
$A_M = 2 \cdot A_1 + A_2$
$A_M = 2 \cdot 48\,\text{cm}^2 + 36\,\text{cm}^2 = 132\,\text{cm}^2$ oder
$A_M = u_G \cdot h_K = (4 + 3 + 4)\,\text{cm} \cdot 12\,\text{cm}$
$\quad = 132\,\text{cm}^2$
Oberflächeninhalt:
$A_O = A_M + 2 \cdot A_G$
$A_O = 132\,\text{cm}^2 + 2 \cdot 5,55\,\text{cm}^2 = 143,1\,\text{cm}^2$

Für die Verpackung werden mindestens 143,1 cm² Pappe benötigt.

## Basisaufgaben

**1** Kennzeichne im Heft die Mantelfläche blau und die Grund- und Deckfläche rot.

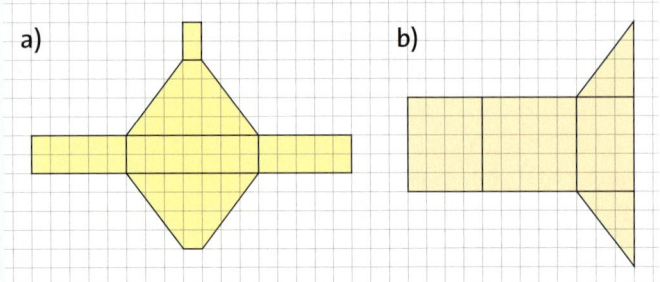

a)

b)

**2** Lassen sich die Netze zu Prismen zusammensetzen? Begründe.

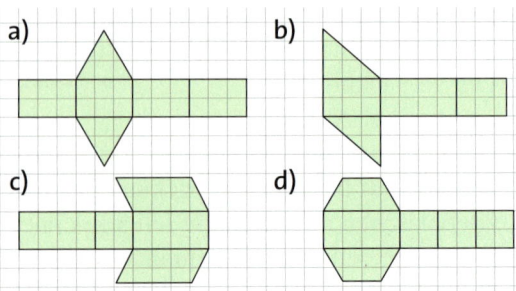

a)

b)

c)

d)

**3** Ergänze in deinem Heft zu Netzen von Prismen mit dreieckiger Grundfläche.

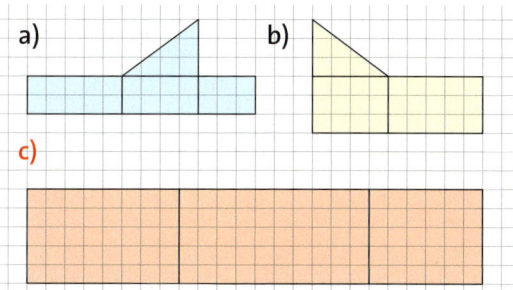

a)

b)

c)

**4** Diese Vielecke sind die Grundflächen von 3 cm hohen Prismen.
Übertrage in dein Heft und ergänze das Netz des Prismas.

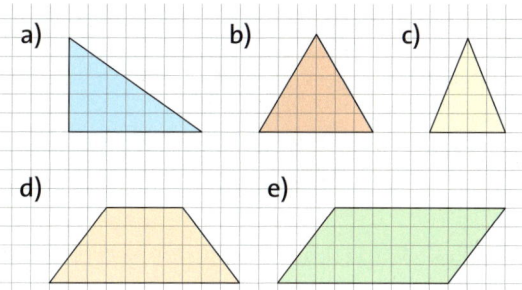

a)

b)

c)

d)

e)

**5** ▣▶ Ben sagt: „Wenn die Grundfläche eines Prismas 50 cm² groß ist und die Mantelfläche 100 cm², dann hat das Prisma einen Oberflächeninhalt von 150 cm²."
Erkläre, welchen Fehler er gemacht hat.

**6** Von einem Prisma sind zwei der drei Größen Inhalt der Grundfläche, Inhalt der Mantelfläche und Oberflächeninhalt gegeben. Berechne die fehlende Größe.

| | Inhalt der Grundfläche $A_G$ | Inhalt der Mantelfläche $A_M$ | Ober-flächen-inhalt $A_O$ |
|---|---|---|---|
| a) | 15 cm² | 40 cm² | |
| b) | 20 m² | | 90 m² |
| c) | | 7 mm² | 13 mm² |
| d) | 9 dm² | | 42 dm² |
| e) | | 20 dm² | 1 m² |
| f) | 150 cm² | 2 dm² | |
| g) | 800 cm² | | 0,66 m² |
| h) | | 0,0025 m² | 7500 mm² |

**7** Die Abbildung zeigt das vollständige Netz eines Prismas mit dreieckiger Grundfläche (Maße in cm).

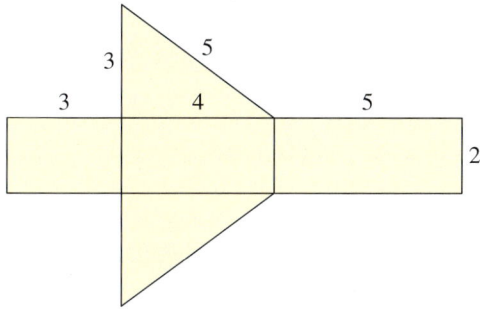

a) Berechne den Inhalt der Grundfläche des Prismas.
b) Bestimme den Mantelflächeninhalt.
c) Berechne den Oberflächeninhalt.

**8** Berechne den Oberflächeninhalt der Prismen (Maße in cm).

a)

b)

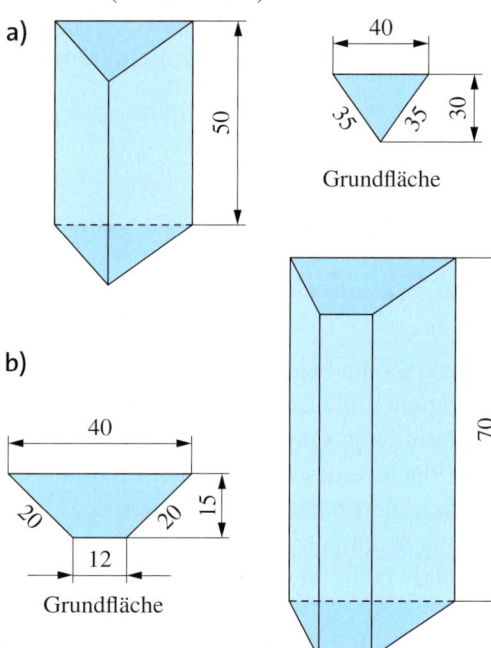

Grundfläche

**9** Berechne den Oberflächeninhalt eines 10 cm hohen Prismas mit folgender Grundfläche:
a) Raute mit $a = 4$ cm und $h = 3$ cm
b) Parallelogramm mit $a = 5$ cm, $b = 3$ cm und $h_a = 2,5$ cm
c) gleichseitiges Dreieck mit $a = 6$ cm und $h = 5,2$ cm

**BEACHTE**
Ergänze die Formeln zur Oberflächen-berechnung von Prismen in deiner dynamischen Formelsammlung (siehe Seite 51).

# Weiterführende Aufgaben

**10** Berechne den Oberflächeninhalt der Prismen. Entnimm fehlende Maße deiner Zeichnung.
a) Grundfläche: Dreieck mit $a = 2,8\,cm$, $b = 3,5\,cm$ und $c = 4,5\,cm$; Höhe: $h_K = 6\,cm$
b) Grundfläche: gleichseitiges Dreieck mit $a = 3,8\,cm$; Höhe: $h_K = 3,5\,cm$
c) Grundfläche: gleichschenkliges Dreieck mit $a = b = 2,2\,dm$; $c = 1,8\,dm$; Höhe: $h_K = 37\,cm$
d) Grundfläche: Drachenviereck mit $a = 5\,cm$, $b = 35\,mm$ und $\alpha = 35°$; Höhe: $h_K = 1\,dm$
e) Grundfläche: gleichschenkliges Trapez $(a\|c)$ mit $a = 7\,cm$, $b = 4\,cm$ und $c = 3\,cm$; Höhe: $h_K = 6,5\,cm$

**11** ⇨ Betrachte die beiden Parallelogramme.

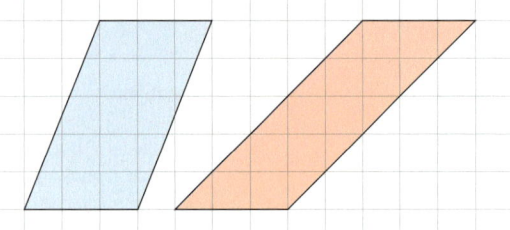

a) Zeige, dass die beiden Parallelogramme den gleichen Flächeninhalt besitzen.
b) Die Parallelogramme sind jeweils Grundfläche eines 10 cm hohen Prismas. Besitzen die Prismen den gleichen Oberflächeninhalt? Begründe deine Meinung.

**12** Ein 10 cm hohes Prisma besitzt eine dreieckige Grundfläche mit einem Umfang von 15 cm.
a) Zeichne drei Dreiecke, die Grundflächen des Prismas sein könnten.
b) Begründe, warum die Mantelfläche der Prismen gleich groß sein muss.
c) Ist der Oberflächeninhalt der Prismen ebenfalls gleich groß? Begründe.

**13** Von einem Prisma sind drei der fünf Größen Grundflächeninhalt, Mantelflächeninhalt, Oberflächeninhalt, Höhe und Umfang der Grundfläche eines Prismas gegeben. Berechne die fehlenden Größen.

|   | $u_G$ | $h_K$ | $A_G$ | $A_M$ | $A_O$ |
|---|---|---|---|---|---|
| a) | 15 cm | 8 cm | 10 cm² | | |
| b) | | 5 m | 12 m² | 80 m² | |
| c) | 24 dm | | | 360 dm² | 420 dm² |
| d) | 10,5 m | | 5 m² | 63 m² | |
| e) | | 5 mm | 8 mm² | | 80 mm² |

**14** Berechne, wie viel Glas für den Bau des Gewächshauses benötigt wird.

**15** Diese Verpackung für Poster ist 610 mm lang. Alle anderen Maße findest du in der Zeichnung.

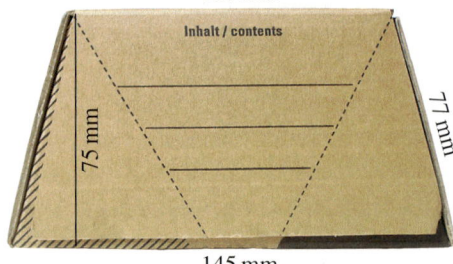

Berechne, wie viel Pappe für diese Verpackung mindestens benötigt wird. Rechne mit zusätzlich 40 % für Überlappungen und Verschnitt.

**16** Zeichne das Netz eines Prismas mit einem Oberflächeninhalt von 80 cm², wenn …
a) der Mantel eine Fläche von 50 cm² einnimmt.
b) die Grundfläche des Prismas ein rechtwinkliges Dreieck ist.
c) die Grundfläche ein Parallelogramm ist.
d) die Grundfläche ein Trapez ist.

# ■ Volumen berechnen

## Erforschen und Entdecken

**1** Die Kantenlänge der kleinen Würfel beträgt immer 1 cm.

a) Welche Körperform hat der gelb (rot) gefärbte Teil des Quaders?

b) Aus wie vielen Würfeln besteht der gelb (rot) gefärbte Teil des Quaders?

c) Aus wie vielen Würfeln besteht der gelb (rot) gefärbte Teil des Quaders, wenn zwei Schichten hintereinander stehen?

d) Übertrage die Tabelle in dein Heft und vervollständige sie. Erkläre, wie du vorgegangen bist.

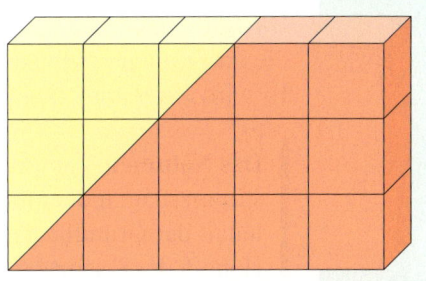

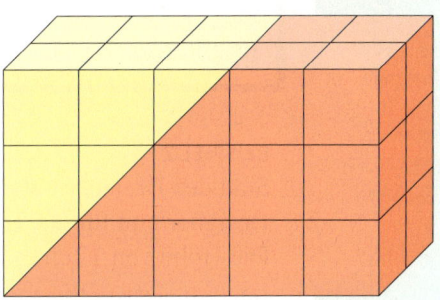

| Anzahl Schichten | Anzahl gelbe Würfel | Anzahl rote Würfel |
|---|---|---|
| 1 | 4,5 | |
| 2 | | |
| 3 | | |
| 4 | | |
| 5 | | |

**2** Diese „Trapez-Plus-Verpackung" ist 430 mm lang. Die anderen Maße lassen sich der Zeichnung entnehmen.

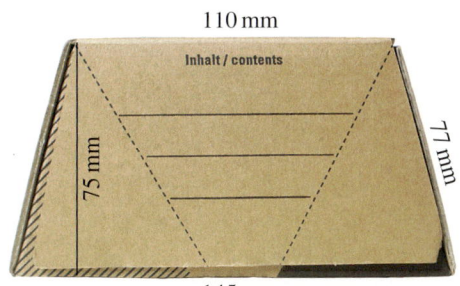

a) Welcher der folgenden Quader besitzt das gleiche Volumen wie die „Trapez-Plus-Verpackung"? Begründe deine Meinung und bestimme den Rauminhalt des Quaders und der Trapezverpackung.

**Quader 1**: 110 mm × 75 mm × 430 mm   **Quader 2:** 145 mm × 110 mm × 75 mm

**Quader 3**: 145 mm × 75 mm × 430 mm   **Quader 4:** 127,5 mm × 75 mm × 430 mm

b) Die „Trapez-Plus-Verpackung" gibt es – bei gleichen Trapezabmessungen – auch in einer Länge von 860 mm. Was muss für das Volumen der 430 mm und 860 mm langen Verpackungen gelten? Vergleiche.

c) Für Poster gibt es auch die Tripac-Verpackungen. Die Grundfläche ist ein gleichseitiges Dreieck. Die Seitenlänge beträgt 139 mm, die Höhe 120 mm. Die Länge der Verpackung beträgt 610 mm. Gib einen Quader an, der das gleiche Volumen wie die Tripac-Verpackung besitzt. Erläutert in der Klasse, wie ihr dabei vorgegangen seid. Gibt es verschiedene Lösungswege?

## Lesen und Verstehen

Die Süßwarenfirma ist nicht sicher: Passen die Schokolinsen wirklich in die Verpackung, die ihr Designer vorgeschlagen hat (vgl. Seite 160)?
Es wird ein Volumen von mindestens $100\,cm^3$ benötigt.

> Das **Volumen $V$ eines Prismas** bestimmt man, indem man den Flächeninhalt der Grundfläche $A_G$ mit der Höhe $h$ des Prismas multipliziert.
>
> Es gilt also: $V = A_G \cdot h_K$

**BEACHTE**
Kurz kann man sagen:
Volumen eines Prismas = Grundfläche mal Höhe

**BEISPIEL 1**
Die Grundfläche des vorgeschlagenen Prismas ist ein Dreieck mit
$A_G = \frac{1}{2} \cdot 3\,cm \cdot 3,7\,cm = 5,55\,cm^2$
$V = A_G \cdot h_K = 5,55\,cm^2 \cdot 12\,cm = 66,6\,cm^3$
Die vorgeschlagene Verpackung ist zu klein.

**BEISPIEL 2**
Statt des Dreiecks entscheidet sich der Designer nun für ein Trapez als Grundfläche. Die Höhe von $12\,cm$ behält er bei.

Inhalt der Grundfläche (Trapez):
$A_G = \frac{3\,cm + 1,5\,cm}{2} \cdot 4\,cm$
$\quad = 2,25\,cm \cdot 4\,cm = 9\,cm^2$

Für das Volumen des Prismas gilt:
$V = 9\,cm^2 \cdot 12\,cm = 108\,cm^3$
Die Verpackung ist mit $108\,cm^3$ nun groß genug.

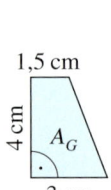

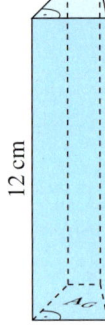

## Basisaufgaben

**BEACHTE**
Die Lösungen zu Aufgabe 1 ergeben in der richtigen Reihenfolge den Namen eines Landes. Auf welchem Kontinent liegt dieses Land?
17 (T); 20 (M); 84 (A); 96 (A); 150 (L)

**1** Berechne das Volumen des Prismas.
a) $A_G = 5\,cm^2$; $h_K = 4\,cm$
b) $A_G = 12\,mm^2$; $h_K = 8\,mm$
c) $A_G = 25\,m^2$; $h_K = 6\,m$
d) $A_G = 3,4\,dm^2$; $h_K = 5\,dm$
e) $A_G = 4,2\,mm^2$; $h_K = 2\,cm$

**2** Von einem Prisma sind zwei der Größen Grundflächeninhalt, Höhe und Volumen gegeben. Berechne die fehlende Größe.

|  | Inhalt der Grundfläche | Körperhöhe | Volumen |
|---|---|---|---|
| a) | $18\,cm^2$ | $3\,cm$ | |
| b) | | $5\,m$ | $85\,m^3$ |
| c) | $14\,dm^2$ | | $168\,dm^3$ |
| d) | | $2,6\,cm$ | $9,1\,cm^3$ |
| e) | $23\,mm^2$ | $1\,dm$ | |

**3** Gib mindestens drei Möglichkeiten an: Wie groß können Grundfläche und Körperhöhe des Prismas mit diesem Volumen sein?
**BEISPIEL** $V = 240\,cm^3$; $240 = 30 \cdot 8$
$\qquad\qquad A_G = 30\,cm^2$; $h_K = 8\,cm$
a) $V = 240\,cm^3$
b) $V = 320\,m^3$
c) $V = 400\,mm^3$
d) $V = 1\,m^3$

**4** Gib das Volumen des Prismas mit dreieckiger Grundfläche an.

|  | Länge der Grundseite | Dreiecks-höhe | Körper-höhe |
|---|---|---|---|
| a) | $5\,cm$ | $4\,cm$ | $6\,cm$ |
| b) | $8\,m$ | $6\,m$ | $10\,m$ |
| c) | $13\,mm$ | $4\,mm$ | $20\,mm$ |
| d) | $3,2\,dm$ | $5\,dm$ | $1,5\,dm$ |
| e) | $27\,dm$ | $3\,m$ | $9\,dm$ |

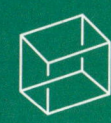

**5** Berechne das Volumen des Prismas. Die Grundfläche ist ein Trapez. Erste und zweite Grundseite sind die zwei zueinander parallelen Seiten des Trapezes.

|  | a) | b) | c) |
|---|---|---|---|
| 1. Grundseite | 6 m | 20 dm | 4,5 cm |
| 2. Grundseite | 2 m | 30 dm | 1,5 cm |
| Trapezhöhe | 5 m | 8 dm | 9 cm |
| Körperhöhe | 10 m | 40 dm | 11 cm |

**6** Berechne das Volumen der Prismen.
a) Grundfläche: Parallelogramm mit
$a = 7{,}8$ cm; $h_a = 2{,}5$ cm;
Höhe: $h_K = 25$ cm
b) Grundfläche: rechtwinkliges Dreieck
($\gamma = 90°$) mit $a = 4{,}2$ m; $b = 5{,}1$ m;
Höhe: $h_K = 20$ m
c) Grundfläche: gleichschenkliges Dreieck
mit Basis $c = 6{,}5$ dm; $h_c = 5{,}2$ dm;
Höhe: $h_K = 9{,}4$ dm
d) Grundfläche: Dreieck mit $b = 4{,}5$ cm;
$h_b = 3{,}6$ cm;
Höhe: $h_K = 15$ cm
e) Grundfläche: Trapez mit $a = 7{,}8$ dm;
$c = 2{,}5$ dm ($a \parallel c$); $h_a = 3$ dm;
Höhe: $h_K = 12$ dm

**7** Bestimme das Volumen des Prismas.

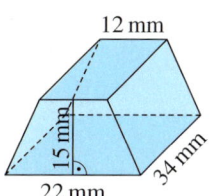

12 mm
15 mm
34 mm
22 mm

**8** Familie Jansen will das Dachgeschoss ihres Hauses ausbauen und mit einem Kaminofen beheizen. Für das Heizen mit einem Kaminofen müssen bei einem Kilowatt Heizleistung mindestens 4 m³ Raum vorhanden sein.
Das Dachgeschoss ist am Giebel 8 m breit und hat 12 m Länge. Der Giebel ist 4 m hoch.
a) Welches Volumen hat das Dachgeschoss?
b) Welche Leistung darf der Ofen höchstens haben?

**9** Ein Prisma aus Kristallglas hat die in der Zeichnung gegebene Form und die angegebenen Maße.

2,6 cm
1,4 cm
6 cm
4,4 cm

a) Berechne das Volumen.
b) Wie schwer ist das Prisma, wenn 1 cm³ Kristallglas 2,9 g wiegt?

**BEACHTE**
Ergänze die Formeln zur Oberflächenberechnung von Prismen in deiner dynamischen Formelsammung (siehe Seite 51).

## Weiterführende Aufgaben

**10** Berechne jeweils das Volumen des Prismas.

a)
$h_K = 12$ cm
3 cm
3 cm
G

b)
$h_K = 30$ cm
5 cm
G
3 cm

c)
$h_K = 20$ cm
10 cm
G
3 cm

d)
$h_K = 15$ cm
7 cm
G
5 cm

**11** Richtig oder falsch? Begründe.
a) Verdoppelt man die Höhe eines Prismas und lässt die Grundfläche unverändert, so verdoppelt sich das Volumen des Prismas.
b) Verdoppelt man die Größe der Grundfläche und die Höhe eines Prismas, so verdoppelt sich auch das Volumen.

**12** Ein Sandkasten hat die Form eines gleichseitigen sechseckigen Prismas (Randspalte). Er ist 40 cm tief und zur Hälfte gefüllt. Wie viel wiegt der Sand darin, wenn 1 m³ 1300 kg wiegt?

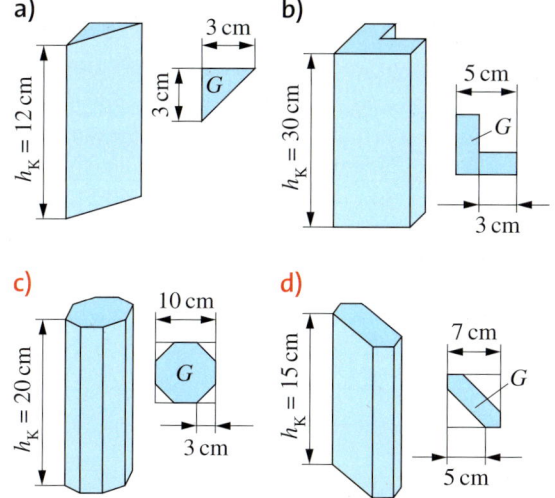

1,73 m
1 m

# Verpackungen für Schokolinsen

Die Firma „N & N" stellt Schokolinsen her. Zum 25-jährigen Jubiläum der Marke möchte die Firma die Schokolinsen in einer besonders schönen und kreativen Verpackung anbieten. Die Firma schreibt einen Wettbewerb aus, an dem sich jeder mit einem Vorschlag für eine Verpackung beteiligen kann.

Voraussetzungen für die Verpackung sind, dass das Volumen möglichst genau 500 cm³ (mindestens jedoch 450 cm³ und höchstens 550 cm³) beträgt und sie aus mehreren Teilen besteht. Das Einhalten des Volumens ist wichtig, damit es keine „Mogelpackung" wird.

Dies ist der Vorschlag der Schülergruppe „Creativa":

**BEACHTE**
Mogelpackung nennt man eine Verpackung, die über die wirkliche Menge oder Beschaffenheit des Inhalts hinwegtäuscht.

| Körperteil | geom. Körper | Maße | Volumen (in cm³) | Anzahl | gesamt (in cm³) |
|---|---|---|---|---|---|
| Fuß | Quader | $a = 5\,cm$; $b = 3\,cm$; $c = 2\,cm$ | 30 | 2 | 60 |
| Bein | Prisma | $g = 3\,cm$; $h_g = 3\,cm$; $h = 4\,cm$ | 18 | 2 | |
| Hand | Prisma | $g = 2\,cm$; $h_g = 3\,cm$; $h = 4\,cm$ | | 2 | |
| Arm | Quader | $a = 3\,cm$; $b = 3\,cm$; $c = 5\,cm$ | | 2 | |
| Schulter | Würfel | $a = 1\,cm$ | | 2 | |
| Oberkörper | Quader | $a = 7\,cm$; $b = 3\,cm$; $c = 10\,cm$ | | 1 | |
| Brust | Quader | $a = 1\,cm$; $b = 4\,cm$; $c = 7\,cm$ | | 1 | |
| Kopf | Quader | $a = 2\,cm$; $b = 4\,cm$; $c = 5\,cm$ | | 1 | |
| „Hut" | Quader | $a = 1\,cm$; $b = 1\,cm$; $c = 3\,cm$ | | 1 | |

**1** Überprüfe, ob das Volumen der vorgeschlagenen Verpackung den Vorgaben der Firma „N & N" entspricht.

**2** ➡ Durch welche Veränderung(en) lässt sich ein Volumen von exakt $500\,cm^3$ erreichen?
Findest du mehrere Möglichkeiten?

**3** ➡ Erstellt in Kleingruppen einen alternativen Vorschlag.
Die Verpackung muss aus mindestens drei unterschiedlichen Teilen bestehen, davon mindestens ein Prisma. Der Firma „N & N" müssen folgende Unterlagen zur Prüfung des Vorschlags eingereicht werden:

- eine aus Pappe gefertigte Verpackung
- Berechnungsgrundlagen (ähnlich der Tabelle), um zu belegen, dass das Volumen ca. $500\,cm^3$ beträgt.
- Netze aller Teile mit Maßangaben und Klebelaschen
- Aufzeichnungen in Form eines Lerntagebuchs, aus dem hervorgeht, wie ihr vorgegangen seid, welche Probleme sich ergeben haben und wie ihr sie gelöst habt.

Präsentiert eure Ergebnisse und Aufzeichnungen der Klasse.

**4** ➡ Aus Gründen des Verbraucherschutzes ist eine Verpackung nicht zulässig, wenn die Füllmenge einer undurchsichtigen Fertigverpackung von dem Fassungsvermögen des Behälters um mehr als 30 % abweicht. Man spricht also von einer Mogelpackung, wenn die Verpackung zu rund einem Drittel Luft enthält.
Stellt euch vor, ihr habt eine kleine Firma und verkauft als Unternehmen eure selbst gestaltete Verpackung mit Schokolinsen.
a) Legt einen angemessenen Preis für eure Verpackung mit Schokolinsen fest.
b) Überlegt euch Möglichkeiten, nach einem Jahr den Gewinn zu erhöhen, ohne den bei a) festgelegten Preis zu verändern.
c) Schätzt, wie viel Gramm Schokolinsen bei einem Volumen von $500\,cm^3$ ungefähr in eure Verpackung passen.
Um wie viel Gramm könnt ihr den Inhalt reduzieren, damit es noch keine Mogelpackung ist?

# Vermischte Übungen

**1** Lassen sich die Netze zu Prismen zusammensetzen? Begründe, wenn es nicht geht.

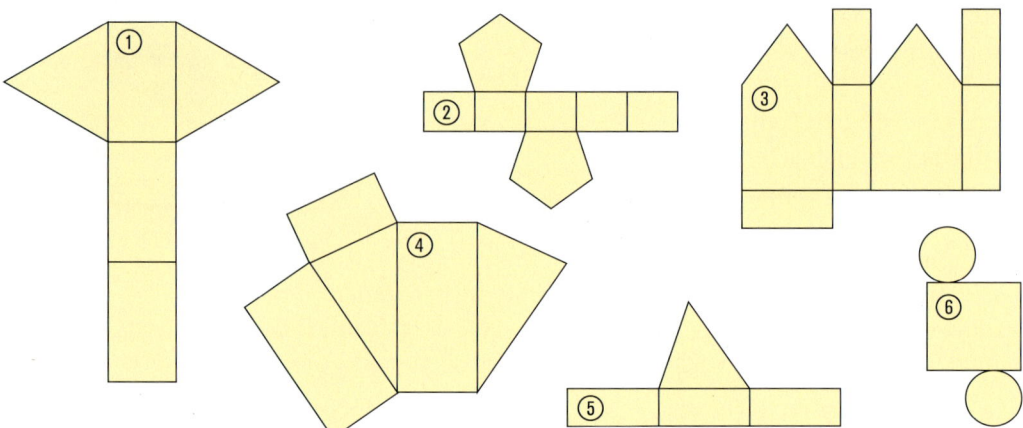

**2** Die gegebenen Flächen sind jeweils Grundflächen eines Prismas, das 3 cm hoch ist.

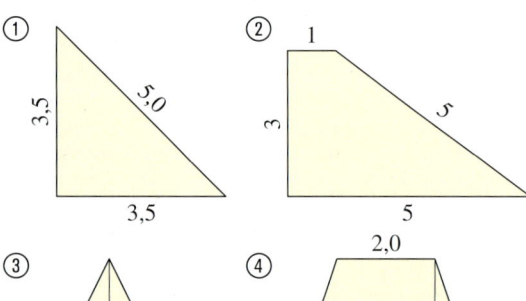

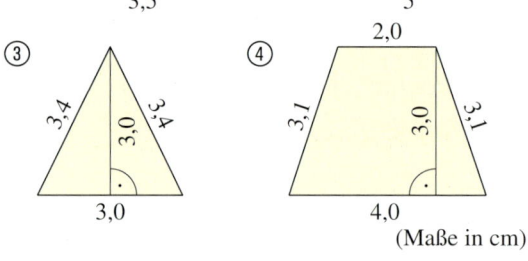

(Maße in cm)

a) Zeichne jeweils ein Netz des Prismas.
b) Berechne das Volumen des Prismas.
c) Bestimme den Inhalt der Mantelfläche und den Inhalt der Oberfläche.

**3** Erkläre die Abbildung.

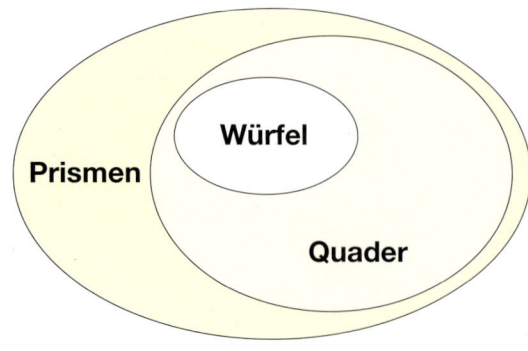

**4** Berechne das Volumen und den Oberflächeninhalt der Prismen (Maße in cm).

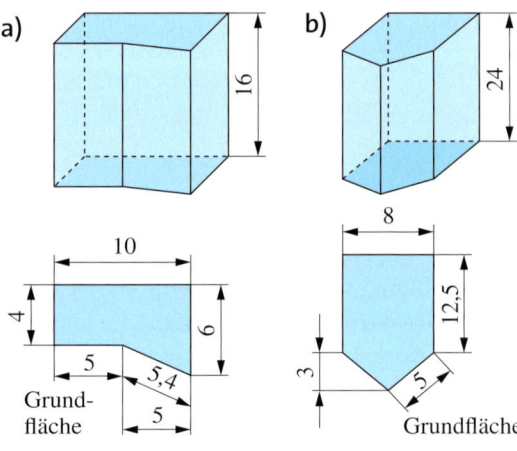

**5** Zeichne die Netze der Prismen. Berechne ihren Oberflächeninhalt (Maße in cm). Die Grundfläche in Teilaufgabe b) ist ein rechtwinkliges Trapez.

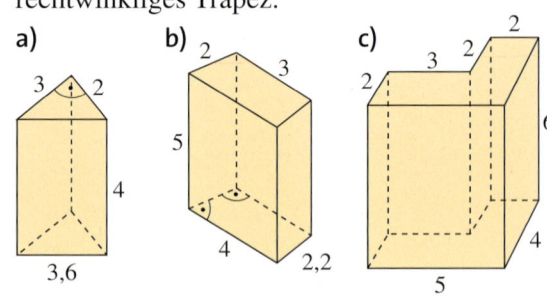

**6** ⬛➡ Ein Prisma ist 10 cm hoch und hat ein Volumen von 50 cm³. Zeichne es mit einem Dreieck (Parallelogramm) als Grundfläche.

**7** 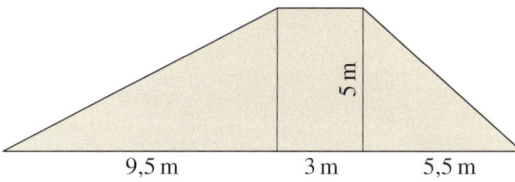 Eine Verpackung hat die Form eines Prismas mit einem rechtwinkligen Dreieck als Grundfläche.
Finde einen passenden Sachzusammenhang und stelle eine Frage, so dass …
a) das Volumen,
b) der Oberflächeninhalt,
c) der Inhalt der Mantelfläche
der Verpackung berechnet werden muss.

**8** Diese Abbildung zeigt den Querschnitt eines 5 km langen Deiches:

a) Wie viel Kubikmeter Erde müssen für den Deich aufgeschüttet werden?
b) Wie viel Tonnen Grassamen sind notwendig, um den Deich zu bepflanzen? Empfohlen wird eine Menge von 20–25 g pro Quadratmeter.

**9** In einem Garten stehen Betonelemente, die man zum Sitzen oder zum Hinstellen von Blumenschalen nutzen kann.

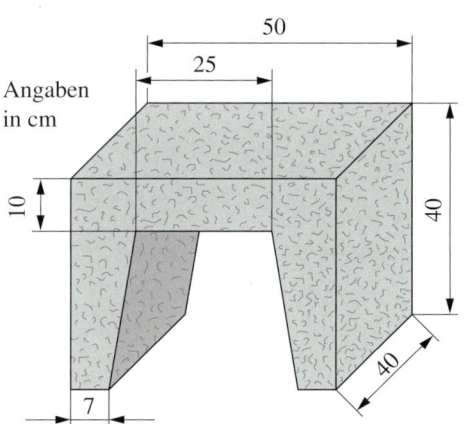

Angaben in cm

a) Wie viel m³ Beton wurden hier verarbeitet? Vergleicht eure Lösungswege.
b) Wie schwer ist das Betonelement, wenn 1 m³ Beton 1200 kg wiegt?
c) Das Betonelement soll von oben und von allen Seiten gestrichen werden. Berechne den Inhalt dieser Fläche.

**10** In einem Katalog findet Familie Berger das folgende Angebot für einen Sandkasten:

**Maße:** Durchmesser außen: 200 cm (von Ecke zu Ecke), Höhe: 31 cm
**Material:** Nadelholz, chromfrei kesseldruck-imprägniert
**Sandbedarf:** Voll ca. 0,5 cbm, $\frac{2}{3}$ ca. 0,33 cbm

a) Bestimme ausgehend vom Sandbedarf die Größe der sechseckigen Grundfläche.
b) Vater Berger meint, dass die Seitenlänge des Sandkastens an der Außenseite ca. 1 m beträgt. Überprüfe das, zum Beispiel durch eine Skizze.
c) Zeige anhand einer Zeichnung, dass die Sitzbretter ca. 20 cm breit sein müssen.

**11**  Das Bild zeigt einen 2 m breiten und 1,4 m hohen Container von der Seite.

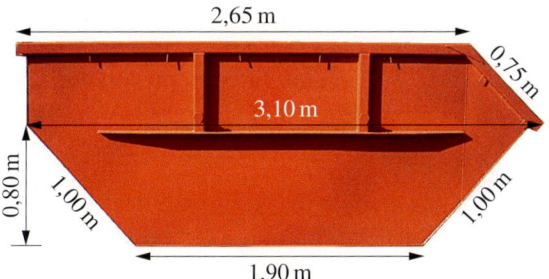

a) Zeichne den Container in Kavalierperspektive im Maßstab 1 : 25.
b) Berechne sein Fassungsvermögen.
c) Der Container ist bis zur halben Höhe mit Schutt gefüllt. Schätze ab, ob er jetzt auch „halb voll" ist.
d) Betrachte die Zuordnung *Schutthöhe → Volumen*. Ergänze die Wertetabelle und zeichne den Funktionsgraphen.
Nutze dazu die Zeichnung aus a).

| Schutthöhe (in cm) | 0 | 15 | 30 | 45 | 60 | 75 |
|---|---|---|---|---|---|---|
| Volumen (in m³) | 0 | | | | | |

### Schwimmbecken

Das Hallenbad „Schwimmparadies" verfügt über zwei Becken, deren Maße in den Zeichnungen unten angegeben sind.

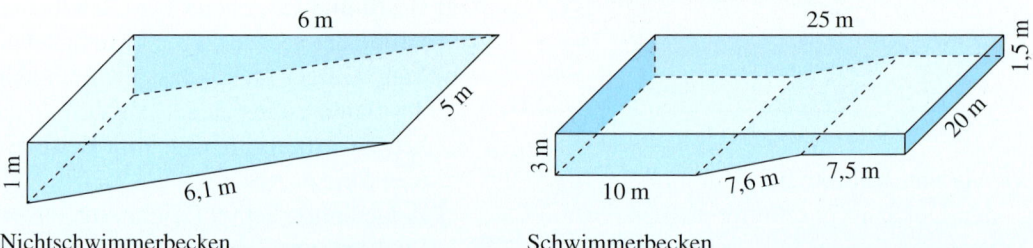

6 m
5 m
1 m
6,1 m

Nichtschwimmerbecken

25 m
1,5 m
20 m
3 m
10 m
7,6 m
7,5 m

Schwimmerbecken

**a)** Übertrage das maßstäbliche Schrägbild des Nichtschwimmerbeckens in dein Heft.

**b)** Hat das Nichtschwimmerbecken die Form eines Prismas? Begründe.

**c)** Berechne das Volumen des Nichtschwimmerbeckens.

**d)** Der Boden und die Seitenwände des Nichtschwimmerbeckens sollen neu gefliest werden. Wie viel Quadratmeter Kacheln werden für diese Arbeit mindestens benötigt?

**e)** Christian ist der Meinung, dass das Schwimmerbecken die Form eines Prismas hat, das eine sechseckige Grundfläche besitzt.
Sophie ist anderer Meinung. Sie sagt, dass das Becken aus zwei Quadern und einem Prisma mit einem Trapez als Grundfläche besteht.
Wer hat Recht? Begründe.

**f)** Berechne das Volumen des Schwimmerbeckens.

**g)** Zeichne ein maßstäbliches Netz des Schwimmerbeckens.

**h)** Im Außenbereich soll ein drittes Becken gebaut werden.
Es soll ein Volumen von $225\,m^3$ besitzen.
Erarbeite zwei Vorschläge für die Maße des Beckens.
Zeichne dazu ein Schrägbild des Beckens und belege durch eine Rechnung, dass das Volumen exakt $225\,m^3$ groß ist.

# Alles klar?

Entscheide, ob die Aussagen richtig oder falsch sind.
Begründe deine Entscheidung im Heft und korrigiere gegebenenfalls.

① 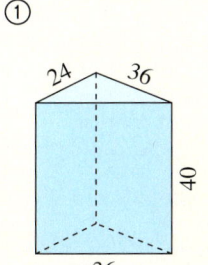      ② 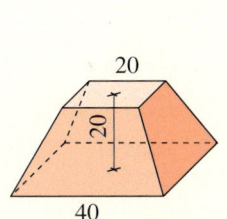     ③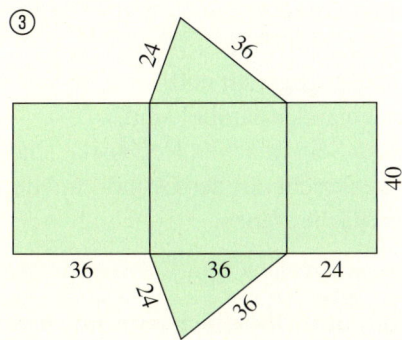

**BEACHTE**
Die Lösungen zu den Aufgaben auf dieser Seite sowie dazu passende Trainingsaufgaben findest du ab Seite 194.

## 1   Prismen erkennen und zeichnen

**a)** Abbildung ① zeigt ein Prisma mit dreieckiger Grundfläche.

**b)** Abbildung ② zeigt ein Prisma mit einem Trapez als Grundfläche.

**c)** Jeder Würfel ist auch ein Prisma.

**d)** Ein Prisma besitzt immer eine Grundfläche, eine Deckfläche und drei Seitenflächen.

**e)** Das Prisma aus Abbildung ① hat sechs Ecken, sechs Kanten und fünf Flächen.

## 2   Mantel- und Oberflächeninhalt berechnen

**a)** Abbildung ③ ist das Netz des Prismas aus Abbildung ①.

**b)** Um den Mantelflächeninhalt des Prismas aus Abbildung ① zu berechnen, kann man den Flächeninhalt einer Seitenfläche berechnen und mit 3 multiplizieren.

**c)** Um den Mantelflächeninhalt des Prismas aus Abbildung ① zu berechnen, kann man den Umfang des Dreiecks mit der Höhe des Prismas multiplizieren.
Es ergibt sich $A_M = 38{,}4\,\text{dm}^2$.

**d)** Der Oberflächeninhalt eines Prismas besteht aus dem Mantelflächeninhalt und dem Inhalt der Grundfläche. Es gilt also: $A_O = A_M + A_G$.

**e)** Verdoppelt man die Höhe eines Prismas, so verdoppelt sich auch der Oberflächeninhalt des Prismas.

## 3   Volumen berechnen

**a)** Um das Volumen eines Prismas zu berechnen, muss man die Höhe des Prismas mit dem Flächeninhalt der Seitenfläche multiplizieren.

**b)** Um das Volumen des Prismas aus Abbildung ① zu bestimmen, muss man den Flächeninhalt des Dreiecks mit der Höhe des Dreiecks multiplizieren.

**c)** Ist die Grundfläche eines 6 cm hohen Prismas ein Dreieck mit $c = 4\,\text{cm}$ und $h_c = 5\,\text{cm}$, so berechnet man das Volumen wie folgt: $V = \frac{1}{2} \cdot 4 \cdot 5 \cdot 6\,\text{cm}^3 = 60\,\text{cm}^3$.

**d)** Halbiert man die Höhe eines Prismas, so halbiert sich auch das Volumen des Prismas.

# Zusammenfassung

→ Seite 156

## Prismen erkennen und zeichnen

Ein **Prisma** ist ein geometrischer Körper,
- dessen Grundfläche $A_G$ und Deckfläche Vielecke sind, die
  - deckungsgleich und
  - zueinander parallel sind,
- dessen Seitenflächen Rechtecke sind, die senkrecht auf der Grund- und der Deckfläche stehen.

**Schrägbilder**

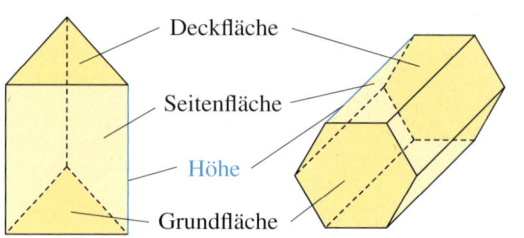

Deckfläche
Seitenfläche
Höhe
Grundfläche

→ Seite 160

## Mantel- und Oberflächeninhalt berechnen

Um den Mantel $A_M$ oder den Oberflächeninhalt $A_O$ eines Prismas zu bestimmen, muss der Flächeninhalt der einzelnen Flächen berechnet und summiert werden. Die Anzahl der Seitenflächen ist abhängig von der geometrischen Form der Grundfläche.

Der **Mantel** $A_M$ eines Prismas besteht aus allen rechteckigen Seitenflächen.
$A_M = A_1 + A_2 + \ldots + A_n$

Der **Oberflächeninhalt** $A_O$ eines Prismas besteht aus dem Mantel sowie der Grund- und der Deckfläche.
$A_O = A_M + 2 \cdot A_G = A_1 + A_2 + \ldots + A_n + 2 \cdot A_G$

Sind Flächen kongruent zueinander, so besitzen sie die gleiche Größe. Dann reicht es aus, eine Flächengröße zu berechnen und mit der Anzahl der kongruenten Flächen zu multiplizieren.

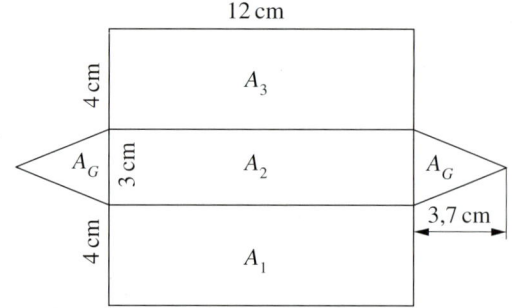

12 cm
4 cm
$A_3$
$A_G$
3 cm
$A_2$
$A_G$
3,7 cm
4 cm
$A_1$

Es gilt: $A_1 = A_3$
Teilflächenberechnung:

$A_1 = A_3 = 4\,\text{cm} \cdot 12\,\text{cm} = 48\,\text{cm}^2$
$A_2 = 3\,\text{cm} \cdot 12\,\text{cm} = 36\,\text{cm}^2$
$A_G = \frac{1}{2} \cdot 3\,\text{cm} \cdot 3{,}7\,\text{cm} = 5{,}55\,\text{cm}^2$

Mantel:

$A_M = 2 \cdot A_1 + A_2$
$A_M = 2 \cdot 48\,\text{cm}^2 + 36\,\text{cm}^2 = 132\,\text{cm}^2$

Oberflächeninhalt:

$A_O = A_M + 2 \cdot A_G$
$A_O = 132\,\text{cm}^2 + 2 \cdot 5{,}55\,\text{cm}^2 = 143{,}1\,\text{cm}^2$

→ Seite 164

## Volumen berechnen

Das **Volumen $V$ eines Prismas** bestimmt man, indem man den Flächeninhalt der Grundfläche $A_G$ mit der Höhe $h_K$ des Prismas multipliziert.
Es gilt also:  $V = A_G \cdot h_K$

Die Grundfläche des oben als Netz abgebildeten Prismas ist ein Dreieck mit
$A_G = \frac{1}{2} \cdot 3\,\text{cm} \cdot 3{,}7\,\text{cm} = 5{,}55\,\text{cm}^2$

$V = A_G \cdot h_K = 5{,}55\,\text{cm}^2 \cdot 12\,\text{cm} = 66{,}6\,\text{cm}^3$

# Anhang

### Terme

In diesem Kapitel erfährst du, wie man Terme – das sind sinnvolle Rechenausdrücke aus Zahlen und Variablen – umformt und vereinfacht. Um Terme zusammenzufassen und zu strukturieren, werden in der Mathematik Klammern verwendet.

Du lernst, wie man Terme mit Klammern berechnen und umformen kann. Das kann dir dabei helfen, Aufgaben wie z. B. $29 \cdot 31$ und $31^2$ schnell im Kopf zu berechnen.

a)

b)

### Lineare Gleichungen und Funktionen

Tropfsteine entstehen durch Wasser, das durch Kalkstein fließt. Wenn das Wasser auf eine Höhle trifft, tropft es von der Decke herab. An der Decke entstehen Stalaktiten, am Boden Stalagmiten. Durchschnittlich wächst ein Stalaktit in 100 Jahren 1 cm. Es dauert also sehr lange, bis sich Stalaktit und Stalagmit treffen.

In diesem Kapitel erfährst du, wie man solche und andere Sachprobleme durch Gleichungen beschreiben und lösen kann. Außerdem erfährst du, welcher Zusammenhang zwischen einer linearen Gleichung und einer Geraden im Koordinatensystem besteht.

Vorbereitung für die Lernstandserhebung
Lösungen zu *Alles klar?*
mit passenden Trainingsaufgaben
Lösungen zum Training
Stichwortverzeichnis
Bildverzeichnis

### Zufall und Wahrscheinlichkeiten

Clara spielt das Spiel „Yatzi" (oder auch „Kniffel"). Nach dem zweiten Würfeln hat sie zwei „3er" und zwei „5er" herausgelegt. Jetzt ist noch ein Würfel im Würfelbecher. Wirft Clara eine „3" oder eine „5", so bekommt sie 25 Punkte für das „Full House". Wie wahrscheinlich ist das?

In diesem Kapitel lernst du, was ein Laplace-Experiment ist und wie man bei solchen Experimenten die Wahrscheinlichkeit für das Eintreten eines Ergebnisses berechnet. Du erfährst außerdem, wie man Wahrscheinlichkeiten bei Zufallsexperimenten abschätzen kann und wie man Wahrscheinlichkeiten nutzt, um Chancen und Risiken zu beurteilen.

### Zinsrechnung

In Frankfurt am Main sind die wichtigsten Finanzunternehmen angesiedelt. Jede große Bank hat hier ein Bürohaus. Wenn du Geld bei einer Bank „sparst", kann die Bank für einen bestimmten Zeitraum mit deinem Geld arbeiten. Dafür bekommst du Zinsen als Leihgebühr.

In diesem Kapitel lernst du, wie du auf unterschiedliche Weise Zinsen, Kapital und den Zinssatz berechnen kannst und welche Rolle die Zeit dabei spielt. Dabei kann der Umgang mit einer Tabellenkalkulation nützlich sein.

### Dreiecke und Vierecke

„The Cinesphere" ist ein Kino mit einer sechs Stockwerke hohen dreidimensionalen Leinwand. Seine Oberfläche ist ein Netz aus Dreiecken. Man kann aber auch Rauten, Parallelogramme und Trapeze erkennen. „The Cinesphere" liegt im Freizeit- und Unterhaltungspark Ontario Place in Toronto in Kanada.

In diesem Kapitel lernst du, wie du Umfang und Flächeninhalt von Dreiecken und Vierecken berechnest. Außerdem erfährst du, was die einzelnen Viereckarten gemeinsam haben und was sie voneinander unterscheidet.

### Daten

Wenn eine Schule einen Überblick über ihre Schülerschaft haben möchte, z. B. über die Wahlen der WP-Fächer oder die Religionszugehörigkeit, werden Daten zu diesen Fragen erhoben und ausgewertet. Diese Daten werden überwiegend mit dem Computer erfasst, berechnet und dargestellt.

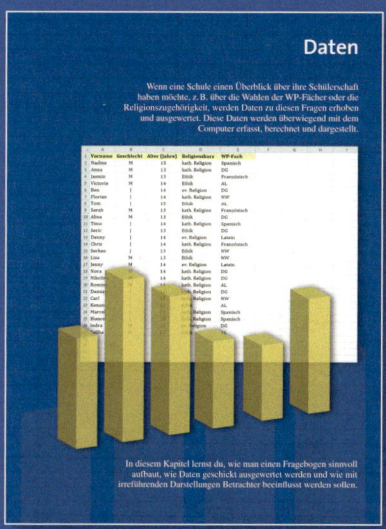

In diesem Kapitel lernst du, wie man einen Fragebogen sinnvoll aufbaut, wie Daten geschickt ausgewertet werden und wie man mit irreführenden Darstellungen Betrachter beeinflusst werden sollen.

### Prismen

Das Dockland ist ein Bürogebäude an der Elbe in Hamburg. Das Gebäude hat die Form eines Prismas mit einem Parallelogramm als Grundfläche.

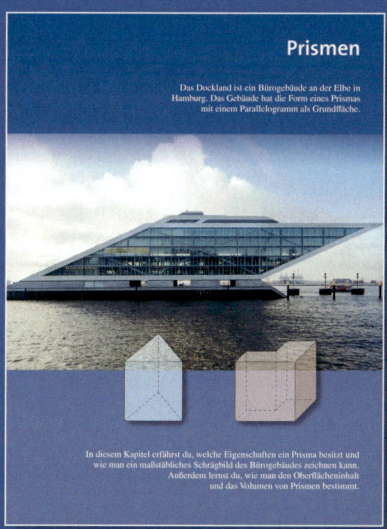

In diesem Kapitel erfährst du, welche Eigenschaften ein Prisma besitzt und wie man ein maßstäbliches Schrägbild des Bürogebäudes zeichnen kann. Außerdem lernst du, wie man den Oberflächeninhalt und das Volumen von Prismen bestimmt.

# Vorbereitung für die Lernstandserhebung

## Was sind Lernstandserhebungen?

In Nordrhein-Westfalen gibt es zentrale Lernstandserhebungen in den Fächern Deutsch, Mathematik und Englisch. Alle Klassen bearbeiten die gleichen Aufgaben, die sich auf alle bisher behandelten Themenbereiche beziehen können.

In Mathematik steht neben den inhaltlichen Bereichen (Arithmetik/Algebra, Funktionen, Geometrie, Stochastik) ein besonderer Schwerpunkt im Mittelpunkt der Lernstandserhebung, nämlich die „prozessbezogenen Kompetenzen". Das kann zum Beispiel das Modellieren, das Problemlösen, das Argumentieren oder die Nutzung von Werkzeugen sein.

## Wozu gibt es Lernstandserhebungen?

Durch die Lernstandserhebungen kann man feststellen, welche Lernergebnisse in einem Mathematikkurs erreicht wurden und wie ein Kurs im Vergleich zu anderen Kursen der Schule oder anderen vergleichbaren Schulen abgeschnitten hat. Die Mathematiklehrkräfte können in der Auswertung erkennen, in welchen Bereichen ihre Kurse und Klassen noch Förderung benötigen.

Die Lernstandserhebungen bereiten auch auf die zentrale Prüfung in Klasse 10 vor, da sie vergleichbare Aufgabentypen und gleiche Prüfungsbedingungen bieten.

## Wie kann man sich auf Lernstandserhebungen vorbereiten?

Auf den folgenden Seiten gibt es Aufgabentypen, die ähnlich auch in der Lernstandserhebung vorkommen. In der Tabelle unten kann man ablesen, welchen Schwerpunkten die Aufgaben zuzuordnen sind. Die Aufgaben sollten zur Vorbereitung auf die Lernstandserhebungen selbstständig bearbeitet werden.

## Zuordnung der Übungsaufgaben zu inhaltlichen und prozessbezogenen Kompetenzen

| Prozessbezogene Kompetenzen / Inhaltliche Kompetenzen | Modellieren | Problemlösen | Argumentieren | Werkzeuge |
|---|---|---|---|---|
| Arithmetik, Algebra | 8 | 1 | 2 | 14, 30 |
| Funktionen | 4, 13, 15, 19, 20 | 5, 9, 22 | 3, 28 | 19 |
| Geometrie | 12, 25 | 6, 10, 23, 26, 29 | 16, 18, 23 | 6, 17, 18, 21, 29 |
| Stochastik | 7 | 11, 31 | 24 | 27 |

## 1 Mit Zahlen jonglieren

In den folgenden Aufgaben sollst du die Ziffern 3, 4, 5 und 6 jeweils genau einmal in ein Kästchen einsetzen, sodass die angegebenen Bedingungen erfüllt sind.

a) Das Produkt der Zahlen soll möglichst groß sein: ☐☐ · ☐☐

b) Das Produkt der Zahlen soll möglichst klein sein: ☐☐ · ☐☐

c) Der Wert des Terms ☐ · (☐ + ☐ · ☐) soll möglichst groß sein.

## 2 Runden

Im Schuljahr 2013/14 gab es in Deutschland rund 11 105 000 Schülerinnen und Schüler.

a) Wie viele Schüler gab es im Schuljahr 2013/14 höchstens, wenn auf Tausender gerundet wurde?

b) Lea sagt: „In einer Zeitung stand, dass es 11 104 460 Schülerinnen und Schüler gab." Was meinst du dazu?

c) Barbara schrieb beim Runden von 2545 auf Hunderter: $2545 \approx 2550 \approx 2600$. Erläutere und bewerte ihren Lösungsweg.

## 3 Zahlen

Schreibe eine Zahl auf, die ...

a) größer als −5 und kleiner als −4 ist.

b) kleiner als −8,2 und größer als −9,5 ist.

c) größer als 1 und kleiner als 1,1 ist.

d) kleiner als $\frac{1}{2}$ und größer als $\frac{1}{3}$ ist.

## 4 Zeitung lesen

In einer Zeitung steht: 20 % aller Nordrhein-Westfalen waren noch nie in München. Was bedeutet das? Notiere die Nummern der richtigen Aussagen in deinem Heft.

① Jeder zwanzigste Nordrhein-Westfale war noch nie in München.

② 20 Personen waren noch nie in München.

③ Von 5 befragten Nordrhein-Westfalen war durchschnittlich einer noch nie in München.

④ Von 20 befragten Nordrhein-Westfalen war durchschnittlich einer noch nie in München.

⑤ Jeder fünfte Nordrhein-Westfale war noch nie in München.

## 5 Preisvorteil

250 g Kartoffelchips kosten 1,80 €. Nun plant der Hersteller eine neue Werbestrategie. Er hat zwei Ideen.

Strategie 1: Die Packungen erhalten 10 % mehr Inhalt bei gleichem Preis.

Strategie 2: Der Preis der Chips wird bei gleichem Packungsinhalt um 10 % reduziert.

Mit welcher Werbestrategie erzielt der Hersteller mehr Gewinn?

## 6 Dreiecke

Betrachte das abgebildete Dreieck.

a) Gib den Flächeninhalt des abgebildeten Dreiecks an.

b) Gib den Umfang des abgebildeten Dreiecks an.

c) Zeichne ein Dreieck $ABC$ mit der Seitenlänge $c = 4$ cm und den Winkeln $\alpha = 25°$ und $\beta = 67°$.

d) Ein anderes Dreieck hat einen Flächeninhalt von 60 cm². Gib zwei mögliche Maße für die Länge von Grundseite und zugehöriger Höhe an.

e) Erkläre den Unterschied zwischen einem gleichseitigen und einem gleichschenkligen Dreieck.

## 7 Kugeln

In einer Urne befinden sich rote, gelbe und blaue Kugeln. Wodurch kann man die Wahrscheinlichkeit erhöhen, dass beim zufälligen Ziehen eine rote Kugel gezogen wird? Notiere die Nummern der richtigen Aussagen in deinem Heft.

① Man legt mehr blaue Kugeln in die Urne.

② Man legt mehr rote Kugeln in die Urne.

③ Man nimmt einige gelbe Kugeln aus der Urne.

④ Man nimmt einige gelbe und blaue Kugeln aus der Urne.

⑤ Das kann man nicht sagen, ohne die genaue Anzahl an roten, gelben und blauen Kugeln zu kennen.

**BEACHTE**
Der Taschenrechner darf bei allen Übungsaufgaben und auch während der Lernstandserhebungen verwendet werden.

**BEACHTE**
Bei den Lernstandserhebungen wird ein Heft mit den Aufgaben ausgeteilt, in dem man bei Aufgaben wie Nr. 4 und Nr. 7 die richtigen Antworten ankreuzen kann.

**ZUM WEITERARBEITEN**

In Aufgabe 9 könnte sich nach der Rückkehr von Marie nach Deutschland der Wechselkurs geändert haben. Der Kurs beträgt nun 1 € = 1,39 CAD. Wie viel Euro gibt es nun für 175 CAD?

Ist die Wechselkursänderung für Marie günstig oder ungünstig? Erkläre.

## 8 Ein Viertel von $x$

Wie kann „ein Viertel der Zahl $x$" geschrieben werden? Übertrage alle passenden Möglichkeiten in dein Heft.

① $x - 4$  ② $\frac{1}{4} \cdot x$  ③ $x - 0{,}75\,x$

④ $x : \frac{1}{4}$  ⑤ $x : 4$  ⑥ $25\,\%$ von $x$

⑦ $x - \frac{1}{4}$  ⑧ $\frac{1}{2}x : 2$  ⑨ $\frac{1}{8}x \cdot 2$

## 9 Wechselkurse

Marie reist nach Kanada. Vor dem Abflug tauscht sie Geld. Der Wechselkurs ist 1 € = 1,46 kanadische Dollar (CAD).

a) Wie viel CAD erhält sie für 650 €?

b) Nach der Reise hat sie noch 175 CAD. Wie viel Euro erhält sie dafür?

## 10 Fußballstadion

Ein Fußballfeld ist 105 m lang und 68 m breit.

Beim Endspiel der WM 2014 waren 76 800 Zuschauer im Stadion. Hätten alle Menschen bequem nebeneinander auf dem Rasen stehen können? Begründe deine Antwort.

## 11 Bundesjugendspiele

Bei den Bundesjugendspielen erreichten die Mädchen der Klassen 9 a und 9 b folgende Punktzahlen:

9 a:  1014, 902, 1204, 782, 1154, 850, 1052, 635, 1084, 853

9 b:  1104, 964, 1002, 580, 1152, 1278, 920, 815, 1095

a) Bestimme für beide Klassen die durchschnittliche Punktzahl.

b) Bestimme jeweils den Median (Zentralwert) für die beiden Klassen.

## 12 Parallelogramm

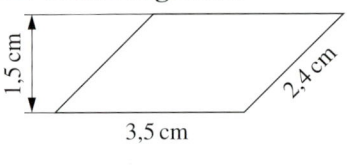

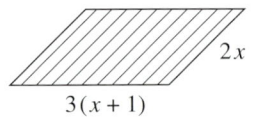

a) Berechne den Flächeninhalt des oberen Parallelogramms und gib seinen Umfang an.

b) Gib einen Term an, mit dem man den Umfang des unteren (schraffierten) Parallelogramms bestimmen kann. Vereinfache den Term so weit wie möglich.

## 13 Strom

Ein Stromanbieter verlangt für die Stromlieferung einen Grundbetrag von 70 € pro Jahr und 0,22 € für jede verbrauchte Kilowattstunde (kWh).

a) Herr Brettschneider verbrauchte im letzten Jahr 2250 kWh. Wie hoch war seine Stromrechnung?

b) Familie Sonnenberger musste für Strom 397 € zahlen. Wie viele kWh hat sie verbraucht?

c) Welcher der drei Graphen veranschaulicht den Zusammenhang zwischen verbrauchten Kilowattstunden und Preis?

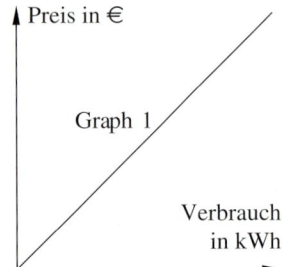

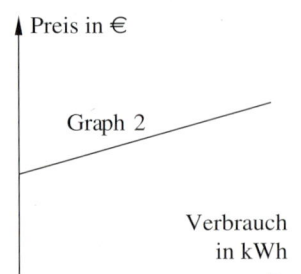

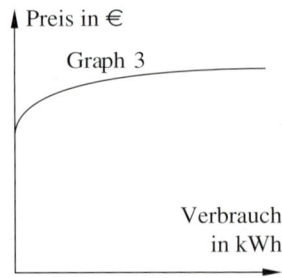

## 14 Handyrechnung

Carina hat mit einem Tabellenkalkulationsprogramm errechnet, welche Handykosten in diesem Monat auf sie zukommen. Ihr Tabellenblatt ist in Spalten (A; B; C; …) und Zeilen (1; 2; 3; …) aufgeteilt. Die Felder heißen Zellen, z. B. **A4** oder **B5**. Die Zahlenwerte der Zellen können durch mathematische Formeln miteinander verknüpft werden.

| | A | B | C | D | E |
|---|---|---|---|---|---|
| 1 | | Preis pro Einheit in € | Anzahl | Gesamtpreis in € | |
| 2 | Grundgebühr | - | - | 1,95 | |
| 3 | Verbindungen ins Festnetz | 0,29 | 25 | 7,25 | |
| 4 | Verbindungen netzintern | 0,29 | 40 | =B4*C4 | |
| 5 | Verbindungen in andere Mobilfunknetze | 0,39 | 20 | 7,80 | |
| 6 | SMS | 0,19 | 35 | 6,65 | |
| 7 | MMS | 0,39 | 5 | | |
| 8 | | | Gesamt: brutto | 37,20 | |
| 9 | | darin | 19 % MwSt. | 5,94 | |
| 10 | | | Gesamt: netto | 31,26 | |
| 11 | | | | | |

a) In Zelle **D4** steht die Formel **=B4*C4**. Welcher Zahlenwert ergibt sich in der Zelle?

b) In Zelle **D7** fehlt eine Formel. Wie lautet die entsprechende Formel?

c) Notiere eine Formel zur Berechnung des Gesamtbruttobetrags in Zelle **D8**.

d) Mit welcher der Formeln kann die Mehrwertsteuer (MwSt.) in Zelle **D9** berechnet werden? Übertrage die passende Formel in dein Heft.

① =D8*(19/119)  ② =(D8/100)*19  ③ =(D2+D3+D4+D5+D6+D7)*0,19

## 15 Taxi

Die Städte und Gemeinden legen jeweils ihre Taxitarife fest.

| Taxitarif Aachen | |
|---|---|
| Grundgebühr | 2,30 € |
| Tarif 1 (pro km) werktags von 6–22 Uhr | 1,30 € |
| Tarif 2 (in km) werktags von 22–6 Uhr Sonn- und Feiertags | 1,40 € |

| Taxitarif Köln | Tag (6–22 Uhr) | Nacht (22–6 Uhr) Sonn- und Feiertage |
|---|---|---|
| Grundgebühr | 2,20 € | 2,20 € |
| Preise je km | | |
| – bis 5 km | 1,45 € | 1,55 € |
| – jeder weitere km | 1,30 € | 1,40 € |

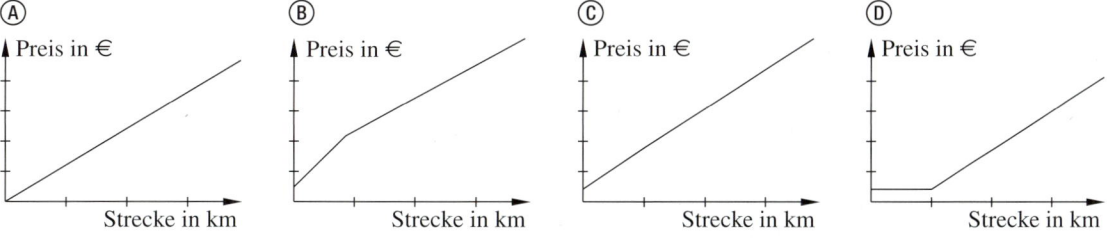

a) Wie viel Euro kostet eine 12 km lange Taxifahrt am Montagnachmittag in Aachen?

b) Herr Pecht hat nur noch 20 €. Wie weit kann er in Aachen mit einem Taxi am Wochenende fahren?

c) Vergleiche die Kosten für eine Taxifahrt von 8 km in Aachen und in Köln an einem Mittwochvormittag.

d) Welche der Graphen passen zu den Werktagstarifen (6–22 Uhr) in Aachen und in Köln?

e) Beschreibe die Tarife, die zu den nicht bei d) ausgewählten Graphen gehören.

f) Warum kosten wohl die Fahrten nachts mehr als die Fahrten tagsüber? Die erbrachte Leistung ist doch die gleiche.

## 16 Aussagen über Dreiecke und Vierecke

Entscheide, ob die Aussagen wahr oder falsch sind. Begründe deine Entscheidung.

a) Es gibt ein Dreieck mit zwei stumpfen Innenwinkeln.
b) Alle vier Innenwinkel in einem Trapez können spitze Winkel sein.
c) Wenn ein Viereck ein Quadrat ist, dann ist es auch ein Parallelogramm.
d) Ein Quadrat besitzt genau 4 Symmetrieachsen.
e) Jede Raute ist ein Quadrat.
f) Wenn ein Dreieck gleichseitig ist, dann hat es genau drei Symmetrieachsen.
g) Jeder Drachen ist eine Raute.

## 17 Zeichne ein Herz

Die Zeichnungen zeigen dir, wie du ein Herz mit Zirkel und Geodreieck zeichnen kannst.
Beachte: $M_1$ und $M_2$ sind die Mittelpunkte der Strecken $\overline{AD}$ bzw. $\overline{CD}$.

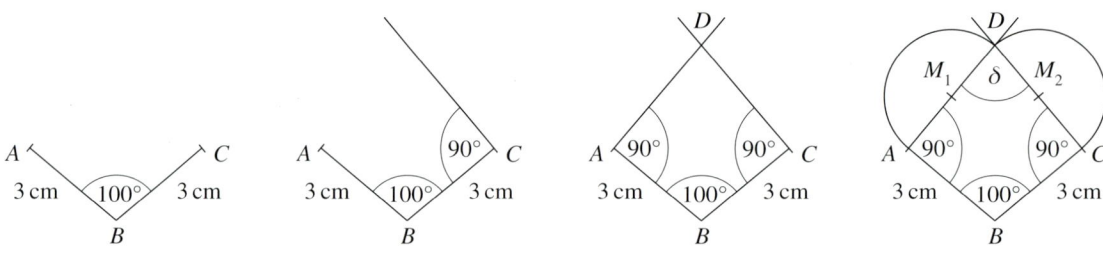

a) Konstruiere das Herz wie gezeigt.
b) Wie groß ist der Winkel $\delta$?
c) Nenne mindestens drei Eigenschaften des Vierecks $ABCD$.
d) Welche Form hat das Viereck $ABCD$, wenn $\beta = 90°$ ist? Begründe.
e) Wie groß darf der Winkel $\beta$ maximal sein, damit die Konstruktion durchführbar ist?

## 18 Dreiecke

Mit einer dynamischen Geometrie-Software wurde ein
Dreieck $A_1BC$ gezeichnet. Anschließend wurde der
Punkt $A_1$ durch den Zugmodus auf der Geraden $\gamma$
bewegt und die neu entstandenen Dreiecke ergänzt.
Die Punkte $B$ und $C$ bleiben unbewegt. $\gamma \parallel \overline{BC}$

a) Überprüfe die folgenden Aussagen. Gib an, ob sie
wahr oder falsch sind.
① $A_1BC$ ist ein spitzwinkliges Dreieck.
② $A_2BC$ ist ein rechtwinkliges Dreieck.
③ $A_3BC$ ist ein spitzwinkliges Dreieck.
④ $A_1A_3B$ ist ein stumpfwinkliges Dreieck.
⑤ $A_2BC$ ist ein gleichschenkliges Dreieck.
b) Übertrage die Figur in dein Heft und zeichne einen weiteren Punkt $A_4$ auf der Geraden ein,
sodass bei Verbinden mit $B$ und $C$ ein stumpfwinkliges Dreieck entsteht.
c) Zeichne einen Punkt $A_5$ auf der Geraden ein, sodass bei Verbinden mit $B$ und $C$ ein
rechtwinkliges Dreieck entsteht.
d) Linda behauptet: „Alle eingezeichneten Dreiecke haben den gleichen Flächeninhalt."
Überprüfe, ob sie Recht hat, und begründe deinen Standpunkt.
e) Beschreibe, wie man einen Punkt $X$ auf der Geraden $\gamma$ findet, sodass das Dreieck $XBC$
gleichschenklig ist. Wie viele Dreiecke dieser Art gibt es?

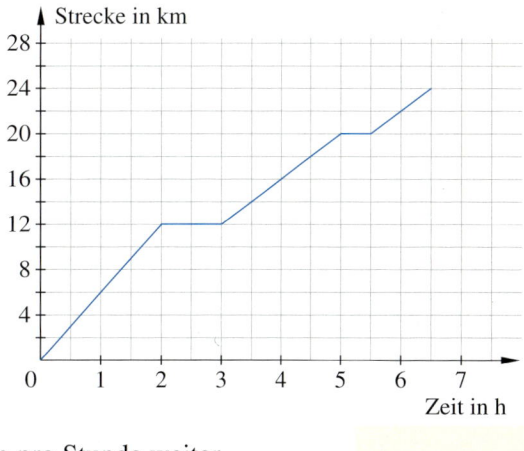

## 19 Wanderung

Das Diagramm beschreibt den Verlauf einer Wanderung von Herrn Wiechert.

a) Wie lange dauerte die erste Pause?

b) Wie viele Stunden ist er insgesamt gelaufen?

c) Wie viel km ist Herr Wiechert gewandert?

d) Mit welcher Geschwindigkeit wanderte Herr Wiechert in den ersten beiden Stunden?

e) Zeichne das Diagramm mit dem Verlauf der Wanderung von Herrn Wiechert ab und ergänze den Verlauf der Wanderung von Frau Schmidt. Frau Schmidt wanderte eine halbe Stunde später los als Herr Wiechert. In den ersten $2\frac{1}{2}$ Stunden legte sie 10 km zurück. Danach legte sie eine halbstündige Pause ein. Nach der Pause wanderte sie mit einer Geschwindigkeit von 5 km pro Stunde weiter.

f) Wann erreicht Frau Schmidt das Ziel, wenn sie um 9:30 Uhr aufgebrochen ist?

g) Herr Wiechert brach um 9.00 Uhr auf. Wann begegnen sich Herr Wiechert und Frau Schmidt?

## 20 Ausverkauf

a) Ein Sweatshirt kostet 49 €. Der Preis wird um 35 % gesenkt. Wie viel Euro kostet das Sweatshirt danach?

b) Der Preis einer Jacke wird im Ausverkauf um 20 % gesenkt. Man spart dadurch 24 €. Was kostete die Jacke vorher?

c) Eine Jeans kostet im Ausverkauf 42 €. Zuvor waren es 60 €. Um wie viel Prozent wurde der Preis reduziert?

d) Ein Händler senkt seine Preise am 1. Februar um 20 %. Am 15. Februar erhöht er die Preise um 20 %.
Dana kauft am 20. Februar eine Jacke. Ihre Mutter meint: „Du hättest die Jacke im Januar preiswerter bekommen können.“ Hat die Mutter Recht? Begründe.

## 21 Figuren im Koordinatensystem

Zeichne die Punkte $A(-1|1)$, $B(2|-1)$, $C(3|1)$, $D(1,5|5)$ und $E(0|1)$ in ein Koordinatensystem, in dem 1 Längeneinheit 1 cm lang ist. Verbinde die Punkte in alphabetischer Reihenfolge und den Punkt $E$ mit dem Punkt $A$.

a) Miss die Innenwinkel der Figur.

b) Berechne den Flächeninhalt der Figur.

c) Berechne den Umfang der Figur.

d) Gib zwei Eigenschaften des Dreiecks $CDE$ an.

## 22 Spaghetti Bolognese

Gib an, wie viel von jeder Zutat benötigt wird, wenn das Essen für sieben Personen zubereitet werden soll.

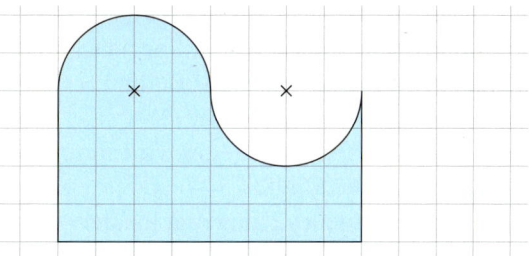

### Spaghetti Bolognese
(für 4 Personen)

Zutaten:
500 g Spaghetti
300 g Hackfleisch
¼ Liter Wasser
400 g pürierte Tomaten
2 Zwiebeln
Salz, Pfeffer, Kräuter

## 23 Krummlinige Figur

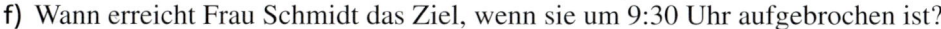

a) Bestimme den Flächeninhalt der abgebildeten Figur. Erläutere deine Vorgehensweise. (2 Kästchenlängen = 1 cm)

b) Schätze den Umfang der Figur in Zentimetern. Beschreibe deine Strategie.

## 24 Basketball

Der Trainer einer Basketballmannschaft hat notiert, wie häufig seine Spieler während der letzten zehn Spiele auf den Korb geworfen und wie oft sie ihn getroffen haben.

| Spieler | Anzahl der Würfe | Anzahl der Treffer |
|---|---|---|
| Marcel | 48 | 30 |
| Timo | 5 | 2 |
| Eike | 50 | 12 |
| Jens | 64 | 24 |
| Kim | 20 | 4 |
| Simon | 45 | 25 |
| Florian | 16 | 2 |

a) Berechne für jeden Spieler die relative Häufigkeit für einen Wurf mit Treffer.
b) Welcher Spieler besitzt die höchste Treffsicherheit?
c) Begründe, warum man über die Treffsicherheit von Timo keine zuverlässigen Aussagen machen kann.

## 25 Betonlieferung

Ein Mischwerk wird mit der Lieferung von Beton für die Bodenplatten von 14 Häusern beauftragt. Jede quaderförmige Betonbodenplatte ist 12 m lang, 7,50 m breit und 30 cm hoch. Der Beton soll mit acht Spezialfahrzeugen, von denen jedes 5 m³ Beton transportieren kann, erfolgen.

a) Wie viel Kubikmeter Beton wird für eine Betonplatte benötigt?
b) Wie oft fährt jedes Fahrzeug, bis der gesamte Beton transportiert ist?
c) Zwei der Spezialfahrzeuge fallen wegen eines Motorschadens aus, als noch 300 m³ Beton zu transportieren sind.
Wie oft fährt jedes der verbliebenen Spezialfahrzeuge insgesamt?

## 26 Schokoladenverpackung

Eine Schokoladenverpackung hat die Form eines Prismas, dessen Grundfläche ein gleichseitiges Dreieck ist.

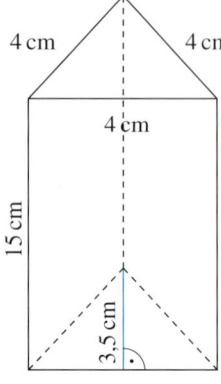

a) Wie viel cm² Karton benötigt man, um die abgebildete Verpackung herzustellen, wenn die Klebekanten nicht berücksichtigt werden?
b) Welche Seitenlängen muss ein Rechteck mindestens haben, damit man das Körpernetz des Prismas daraus herstellen kann?
c) Wie viel Prozent des Kartons ist Verschnitt, wenn eine Verpackung aus einem 264 cm² großen Rechteck gefertigt wird?
d) Berechne das Volumen einer Verpackung.
e) Wie verändert sich das Volumen, wenn man die Grundfläche beibehält und die Höhe der Verpackung verdoppelt?

## 27 Lieblingsballsportarten

Schülerinnen und Schüler der 8. Klassen wurden nach ihrer Lieblingsballsportart gefragt. Die Ergebnisse stehen in der Tabelle. Erstelle ein Kreisdiagramm, das die Umfrageergebnisse veranschaulicht.

| Lieblings- ballsportart | Fuß- ball | Basket- ball | Volley- ball | Hand- ball |
|---|---|---|---|---|
| absolute Häufigkeit | 40 | 36 | 20 | 24 |

## 28 Geschwindigkeit

Wenn Frau Thomas auf der Autobahn von Krefeld nach München mit einer Durchschnittsgeschwindigkeit von $120 \frac{km}{h}$ und ohne Pause fährt, beträgt ihre Fahrzeit $5\frac{1}{2}$ h.

a) Wie lange dauert die Fahrt von Krefeld nach München mit einer Durchschnittsgeschwindigkeit von $90 \frac{km}{h}$?
b) Kann sie die Strecke Krefeld–München auch in 4 h zurücklegen? Begründe.

## 29 Grundstücke

Die Zeichnung zeigt zwei Grundstücke.

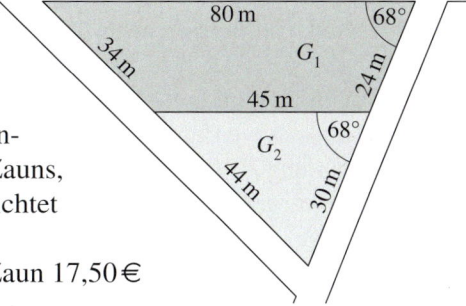

a) Die Grundstücke $G_1$ und $G_2$ sollen durch einen Zaun von der Straße getrennt werden. Zusätzlich werden die Grundstücke auch durch einen Zaun voneinander getrennt. Berechne die Gesamtlänge des Zauns, wenn auf jedem Grundstück ein 3 m breites Tor errichtet werden soll.

b) Berechne die Gesamtkosten des Zauns, wenn 1 m Zaun 17,50 € und ein Tor 527,95 € kosten.

c) Fertige eine Zeichnung im Maßstab 1 : 1000 an.

d) Ist das Grundstück $G_1$ trapezförmig? Begründe deine Antwort mathematisch.

e) Berechne den Flächeninhalt der Grundstücke $G_1$ und $G_2$. Ermittle die benötigten zusätzlichen Maße aus deiner Zeichnung.

## 30 Gartenmöbel

Familie Neumann plant, für ihre Terrasse neue Möbel zu kaufen. Herr Neumann berechnet mit Hilfe einer Tabellenkalkulation die Ausgaben.

**Angebot**

Bei Kauf unserer Gartenmöbel gewähren wir 3 % Rabatt bei Barzahlung

2,5 % Aufschlag bei Ratenzahlung (12 Monate Laufzeit)

|  | A | B | C | D |
|---|---|---|---|---|
| 1 |  | **Anzahl** | **Preis pro Stück** | **Gesamtpreis** |
| 2 | **Stapelstühle** | 4 | 39,90 € | 159,60 € |
| 3 | **Hochlehnerstühle** | 2 | 59,90 € | 119,80 € |
| 4 | **Liegestühle** | 2 | 70,90 € | 141,80 € |
| 5 | **Tisch** | 1 | 129,50 € | 129,50 € |
| 6 | **Sonnenschirm** | 1 | 75,80 € | 75,80 € |
| 7 | **Summe** |  |  |  |
| 8 |  |  |  |  |
| 9 | **Barzahlung** | Rabatt | 3% | 18,80 € |
| 10 |  | Rechnungsbetrag |  |  |
| 11 |  |  |  |  |
| 12 | **Ratenzahlung** | Aufschlag | 2,50% | 15,66 € |
| 13 |  | Rechnungsbetrag |  |  |
| 14 |  | Monatliche Rate |  |  |
| 15 |  |  |  |  |
| 16 | **Unterschied Barzahlung zu Ratenzahlung:** |  |  |  |
| 17 |  |  |  |  |

a) Gib die Zahlenwerte für die Zellen **D7**, **D10**, **D13**, **D14** und **D16** an.

b) Mit welcher Formel wird der Gesamtpreis in Zelle **D2** berechnet?

c) Gib eine Formel für die Berechnung der Summe in Zelle **D7** an.

d) Bestätige durch eine Rechnung, dass der Rabatt bei Barzahlung 18,80 € beträgt.

e) Gib eine Formel für die Berechnung des Preisaufschlags in Zelle **D12** an.

f) Beschreibe, was mit den folgenden Formeln berechnet wird:

① =D13/12 ② =D12+D7 ③ =D7-C9*D7 ④ =B2*C2+B3*C3

## 31 Spenden

Sarah und Patrick haben Spenden für ein Hilfsprojekt gesammelt. Die Tabelle zeigt, welche Spenden an den einzelnen Tagen erfolgten.

|  | Mo | Di | Mi | Do | Fr | Sa | So |
|---|---|---|---|---|---|---|---|
| **Sarah** | 25 € | 30 € | 17 € | 26 € | 34 € | 15 € | 21 € |
| **Patrick** | 31 € | 24 € | 10 € | 21 € | 29 € | 41 € | ? |

a) Berechne das arithmetische Mittel und den Median von Sarahs Spendensammlung.

b) Wie viel € hätte Sarah am Freitag sammeln müssen, damit der Mittelwert und der Median übereinstimmen?

c) Patrick hat durchschnittlich 27 € pro Tag gesammelt. Wie viel sammelte er am Sonntag?

## Terme

### 1 Terme umformen und vereinfachen

a) Falsch, vor $x$ steht der Koeffizient 1, man subtrahiert die Koeffizienten, also $15x - x = 14x$.

b) Falsch, denn es kann nicht weiter zusammengefasst werden.

c) Richtig, denn es werden zwei gleiche Terme subtrahiert, also ergibt sich Null.

d) Falsch, $-4a$ und $-3b$ haben unterschiedliche Variablen, man kann nicht zusammenfassen.

e) Richtig, es werden die Zahlen miteinander multipliziert, das $x$ bleibt stehen.

f) Falsch, die Variablen müssen multipliziert werden, nicht addiert. Es ist $x \cdot x \cdot y = x^2 y$.

g) Falsch, es wurden nur die Zahlen multipliziert, nicht aber die Variablen.
Es ist $-3ab \cdot (-3a) = 9a^2 b$

h) Richtig, denn bei Multiplikation mit Null ergibt ein Produkt Null.

▶ Lies bei Schwierigkeiten auf Seite 8 nach. Berechne im Training die Aufgaben 1 und 2.

### 2 Terme mit Klammern

a) Falsch, eine Plusklammer kann man weglassen, also $7a + (3a - 4a) = 7a + 3a - 4a$.

b) Falsch, die Aussage stimmt, aber die Umformung ist falsch, $7a - (3a - 4a) = 7a - 3a + 4a$.

c) Falsch, es müssen alle Vor- und Rechenzeichen in der Klammer geändert werden,
also $15 - (4m + 3 - m) = 15 - 4m - 3 + m$.

d) Richtig, denn es wurden alle Vor- und Rechenzeichen in der Klammer verändert.

e) Falsch, richtig ist der Term $a(b - c) = ab - ac$ (Länge mal Breite des unteren Rechtecks = Flächeninhalt des gesamten Rechtecks minus Flächeninhalt des oberen Rechtecks).

f) Richtig, denn die Länge der Figur ist $(a + b)$, ihre Breite ist $2a$.

▶ Lies bei Schwierigkeiten auf Seite 12 nach. Berechne im Training Aufgabe 3.

### 3 Klammern auflösen und setzen

a) Falsch, denn $4(ab - 3b) = 4ab - 12b$, auch $3b$ muss mit 4 multipliziert werden.

b) Richtig, denn jeder Summand in der Klammer wurde mit $3c$ multipliziert

c) Falsch, denn $6xy : 2x = 3y$ aber $14x : 2x = 7$ und nicht $7x$. Richtig: $2x(3y - 7)$.

d) Falsch, denn der größte gemeinsame Teiler von $8a^2$, $4ab^2$ und $14a^3$ ist $2a^2$ und nicht $4a^2$.

e) Richtig, denn $15x^2 y^3 : 3xy^2 = 5xy$ und $21x^2 y^2 : 3xy^2 = 7x$ und $18xy^4 : 3xy^2 = 6y^2$.

▶ Lies bei Schwierigkeiten auf Seite 16 nach. Berechne im Training die Aufgaben 4 bis 9.

### 4 Produkte von Summen

a) Richtig, denn jeder Summand der ersten Klammer wurde richtig mit jedem Summanden der zweiten Klammer multipliziert.

b) Richtig, denn im letzten Schritt muss $3y \cdot 5y = 15y^2$ berechnet werden.

c) Richtig, denn $\left(-\frac{1}{2}a - b\right)\left(b - \frac{1}{2}\right) = -\frac{1}{2}ab + \frac{1}{4}a - b^2 + \frac{1}{2}b$.

d) Richtig, denn jeder Summand der ersten Summe wurde richtig mit jedem Summanden der zweiten Summe multipliziert, dann wurden noch $-3xy + 1\frac{1}{4}xy$ zusammengefasst zu $-1\frac{3}{4}xy$.

▶ Lies bei Schwierigkeiten auf Seite 20 nach. Berechne im Training Aufgabe 10.

### 5 Binomische Formeln

a) Richtig, nach der ersten binomischen Formel werden der erste und zweite Summand quadriert, in der Mitte steht das Doppelte des Produkts aus erstem und zweitem Summanden.

b) Falsch, denn vor $66xy$ muss ein Minuszeichen stehen (die Faktoren wurden richtig berechnet).

c) Falsch, denn $(11x - 9)(11x + 9) = 121x^2 - 81$.

d) Richtig, denn das Quadrat von $4a$ ist $16a^2$ und das Quadrat von $12b$ ist $144b^2$.

▶ Lies bei Schwierigkeiten auf Seite 24 nach. Berechne im Training die Aufgaben 11 bis 13.

# Training

**Aufgabe 1:** Fasse die Terme zusammen.
a) $3x + 10x - 7x$
b) $16a + 8a - 5a - 9a$
c) $4z - 15z + 17z - z + 38z - 8z$
d) $14a - 6b + 15a - 28b - 7a - b$
e) $7{,}2x + 1{,}5y - 3{,}7x - 2{,}3x - 5{,}7y$
f) $a^2 - ab + b^2 - ab - a^2 - b^2 - ab$

**Aufgabe 2:** Vereinfache die Produkte.
a) $13a \cdot 5$      b) $5x \cdot (-2x)$
c) $4a \cdot 3b \cdot 5c$      d) $0{,}5xy \cdot 4y$
e) $-4a \cdot (-3b^2) \cdot 2ab$      f) $\frac{1}{2}xy \cdot \frac{1}{3}x^2 \cdot 2xy$

**Aufgabe 3:** Löse die Klammern auf und fasse die Terme zusammen, wenn es möglich ist.
a) $a + (b + a) - (a + b)$
b) $7x - (3 + 4x) - (8x - 11)$
c) $5{,}6r + (2{,}8s - 2{,}8r) + 1{,}6r - 2{,}5s$
d) $b - (5{,}2c - 0{,}4b) + (1{,}8b - 0{,}6c)$
e) $(2x - 13) - (15x - 38)$
f) $-(1{,}8y + 4{,}2) + (7 + 3{,}2y)$
g) $23a - (34b + 19a - 24b) - a$
h) $(17p - 8) + (-33 + 14p) - (28p - 19)$
i) $7{,}9x - (1{,}8y - 2{,}3x + 5{,}6y) - 7{,}4y$

**Aufgabe 4:** Multipliziere die Terme aus.
a) $5(a + b)$      b) $4a(2b - 1)$
c) $b(3 - c)$      d) $5m(-6 + 2n)$
e) $-4(x + y)$      f) $-3x(x - 2y)$
g) $-r(-s - 9)$      h) $9y(-3z + 4)$
i) $4(a - b + c)$      j) $2(x - y - z)$
k) $d(a - b + c)$      l) $c(b + x - y)$

**Aufgabe 5:** Gib jeweils zwei verschiedene Terme für …
a) den Umfang     b) den Flächeninhalt
der Figur in der Randspalte an und zeige durch Umformungen, dass sie gleichwertig sind.

**Aufgabe 6:** Wandle in Produkte um.
a) $4a + 4b$      b) $5x - 5y$
c) $6x - 12y$      d) $4a + 8b$
e) $6ax + 12ay$      f) $15bc - 25bd$
g) $9p + 27q$      h) $6r - 3rs$
i) $30x^2 - 24x$      j) $56a^2 + 32a$
k) $108x - 72y$      l) $x^3 - 41x^2$

**Aufgabe 7:** Klammere jeweils einen möglichst großen Faktor aus.
a) $4a + 8b + 6c$      b) $12a - 18b - 27c$
c) $15xy + 9xz - 3$      d) $12a^2bc - 20ab^2c + 4abc$

**Aufgabe 8:** Schreibe als Term, vereinfache.
a) Vom Dreifachen einer Zahl wird das Doppelte ihres Nachfolgers subtrahiert.
b) Der Vorgänger einer Zahl wird mit 5 multipliziert und anschließend wird die Hälfte der Zahl addiert.

**Aufgabe 9:** Gib einen Term für das Volumen des Körpers an. Vereinfache so weit wie möglich. Berechne das Volumen für $a = 5\,\text{cm}$.

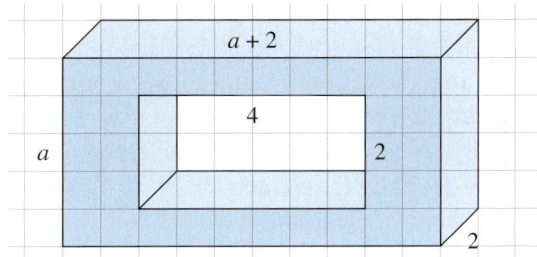

**Aufgabe 10:** Multipliziere, fasse zusammen.
a) $(y + 4)(y + 3)$      b) $(3x - 1)(4x - 2)$
c) $(a + 2)(4 - a)$      d) $(3a + 2)(2a - 3)$
e) $(m - 3)(m + 5)$      f) $(4t - s)(5s - t)$
g) $(2x - 3y)(4y - 6x)$
h) $(3x - 4xy)(6xy - 2x)$
i) $(2{,}5s - 3 + 3{,}2t)(0{,}4s - 1{,}8t)$

**Aufgabe 11:** Wende die binomischen Formeln an.
a) $(x - 9)^2$      b) $(x + 7)^2$
c) $(14 - x)^2$      d) $(a + 25)^2$
e) $(x + 5)(x - 5)$      f) $(3x - 2)^2$
g) $(b - 0{,}6)^2$      h) $(x + \frac{1}{2})^2$
i) $(5x - 3y)^2$      j) $(13 - 3x)(13 + 3x)$

**Aufgabe 12:** Berechne geschickt mit Hilfe der binomischen Formeln.
a) $38^2$      b) $71^2$      c) $36 \cdot 44$

**Aufgabe 13:** Schreibe den Term als Produkt.
a) $r^2 - 8r + 16$      b) $81 - a^2$
c) $9c^2 + 6cd + d^2$      d) $49x^2 - 70xy + 25y^2$

## Lineare Gleichungen und Funktionen

### 1 Gleichungen aufstellen und lösen

a) Richtig, denn $n - 1$ ist um 1 kleiner als $n$ und $n + 1$ ist um 1 größer ist als $n$.

b) Falsch, denn in der 2. Zeile wurde $x$ auf der linken Seite nicht addiert. Richtig:

$$\begin{aligned} 4x + 5 &= 33 \quad | - 5 \\ 4x &= 28 \quad | : 4 \\ x &= 7 \end{aligned}$$

In der letzten Zeile der alten Rechnung wurde falsch dividiert, deshalb ergab sich dort das richtige Ergebnis $x = 7$.

c) Falsch, denn der Umfang ist $2 \cdot (a + 3)$. Also lautet die Gleichung $2 \cdot (a + 3) = 3a$.

d) Richtig, denn aus $\frac{1}{3} \cdot 15 - 1 = 1 + \frac{1}{5} \cdot 15$ ergibt sich $4 = 4$ (oder Nachrechnen der Lösung der Gleichung).

▶ Lies bei Schwierigkeiten auf Seite 38 nach.
Bearbeite im Training die Aufgaben 1 bis 3.

### 2 Sachaufgaben systematisch lösen

a) Falsch, denn zum Alter der Tochter müsste 25 addiert werden, um das Alter der Mutter zu erreichen, also ist $b$ das Alter der Mutter und $a$ das Alter der Tochter.

b) Richtig, denn wenn $n$ eine gerade Zahl ist, dann ist $(n - 2)$ die vorhergehende gerade Zahl.

c) Richtig, denn $(a + 2) \cdot (a - 2) = a^2 - 4$ ist der Flächeninhalt des neu entstandenen Rechtecks und $\frac{3}{4} \cdot a^2$ ist $\frac{3}{4}$ des Flächeninhalts des alten Rechtecks.

▶ Lies bei Schwierigkeiten auf Seite 42 nach.
Bearbeite im Training die Aufgaben 4 bis 6.

### 3 Formeln umstellen

a) Richtig, $\alpha$ und $\beta$ werden auf beiden Seiten der Gleichung subtrahiert.

b) Falsch, denn um die Formel nach $I$ umzustellen, muss man durch $R$ dividieren, also $I = U : R$.

c) Falsch, denn es gilt $u = 2(a + b)$, also $u : 2 = a + b$ und damit $a = u : 2 - b$.

▶ Lies bei Schwierigkeiten auf Seite 48 nach.
Bearbeite im Training die Aufgaben 7 und 8.

### 4 Lineare Funktionen erkennen und darstellen

a) Falsch, denn keine der Geraden verläuft durch den Koordinatenursprung.

b) Richtig, denn der $y$-Achsenabschnitt des Graphen ist 6 und die Steigung $-1$.

c) Richtig, denn die Steigung des Graphen ist $\frac{1}{2}$. Ein halber Meter pro Stunde entspricht 50 cm pro Stunde.

d) Falsch, denn die zu A gehörende Gerade hat eine geringere Steigung als die Gerade von Schnecke B. Für A ist die Steigung $\frac{1}{3}$ und es gilt $\frac{1}{3} < \frac{1}{2}$.

▶ Lies bei Schwierigkeiten auf Seite 54 nach.
Bearbeite im Training die Aufgaben 9 bis 11.

# Training

**Aufgabe 1:** Löse die Gleichungen.
a) $7x + 16 = 30$      b) $25x - 29 = 21$
c) $48x - 23x = 75$    d) $10x - 25 = 23 - 2x$
e) $3,5z + 16,8 = 6,3z$    f) $13x - \frac{3}{4} = x - 0,75$

**Aufgabe 2:** Löse die Gleichungen.
a) $7(8x - 5) = 77$
b) $6(4 - 2y) = -24$
c) $6(3x - 11) = 27x - 102$
d) $(x - 2)(x - 6) = (x - 4)(x - 8)$
e) $(x - 3)(x + 3) = (x - 5)^2$

**Aufgabe 3:** Der Umfang eines Dreiecks beträgt 35 cm. Dabei ist die Seite $b$ doppelt so lang wie die Seite $a$. Die Seite $c$ ist 5 cm länger als $a$.
Stelle eine Gleichung auf.

**Aufgabe 4:** Lena ist heute viermal so alt wie ihr Bruder. In 6 Jahren wird sie nur noch doppelt so alt sein.
Wie alt sind die beiden Geschwister jetzt?

**Aufgabe 5:** In einer Badewanne sind 150 ℓ Wasser. Der Abfluss ist verstopft, deshalb läuft das Wasser nur mit 12 ℓ pro Minute ab.
Berechne, nach wie viel Minuten nur noch 90 ℓ in der Wanne sind.
Nach wie viel Minuten ist die Wanne leer?

**Aufgabe 6:** In einem Personenzug befinden sich 280 Fahrgäste. In der 1. Klasse sind dreimal so viele Personen wie im Speisewagen. In der 2. Klasse halten sich 70 Personen mehr auf als in der 1. Klasse.
Wie viele Personen sitzen in den verschiedenen Wagenklassen?

**Aufgabe 7:** Die Formel $v = \frac{s}{t}$ steht für Geschwindigkeit $= \frac{\text{Weg}}{\text{Zeit}}$. Stelle passend um und berechne die fehlenden Werte.

|   | $v$ | $s$ | $t$ |
|---|---|---|---|
| a) | $150\frac{m}{s}$ |  | 35 s |
| b) | $70\frac{m}{s}$ | 175 m |  |
| c) | $30\frac{m}{s}$ |  | 2 min |
| d) | $25\frac{m}{s}$ | 0,125 km |  |

**Aufgabe 8:** Das Volumen einer Pyramide mit der Grundfläche $A_G$ und der Höhe $h$ wird mit der Formel $V = \frac{A_G \cdot h}{3}$ berechnet. Berechne die fehlenden Werte durch Umstellen der Formel und Einsetzen.

|   | $A_G$ | $h$ | $V$ |
|---|---|---|---|
| a) |  | 3,7 cm | 15,54 cm³ |
| b) |  | 5 cm | 45 cm³ |
| c) | 16 m² |  | 25,6 m³ |
| d) | 21,5 cm² |  | 25,8 cm³ |

**Aufgabe 9:** Gib jeweils eine Funktionsgleichung für die Geraden an.
Nenne die Koordinaten des Schnittpunkts.

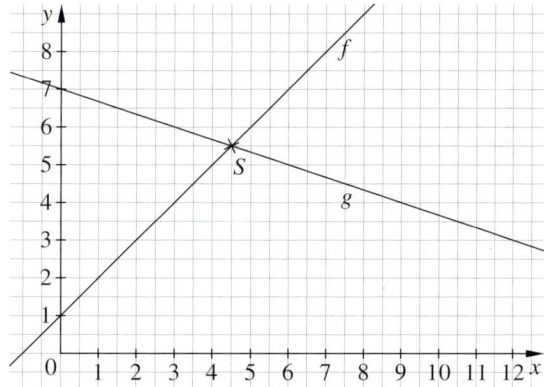

**Aufgabe 10:** Der Tank eines Autos ist mit 60 ℓ Benzin gefüllt. Auf der Autobahn verbraucht es durchschnittlich 7 ℓ pro 100 km.
a) Stelle ein Funktionsgleichung auf.
b) Wie viel Benzin befindet sich nach 325 km noch im Tank?

**Aufgabe 11:** Frau Simon hat zwei Angebote für die Miete eines Transporters für einen Tag.
Tarif 1: 45 € pro Tag und 0,25 € pro km.
Tarif 2: 65 € pro Tag inkl. 200 km; 0,42 € für jeden weiteren km.
a) Erstelle für beide Tarife eine Wertetabelle für 0, 100, … 600 km.
b) Zeichne die Graphen.
c) Welchen Tarif empfiehlst du jemandem, der 520 km fährt?
d) Für welche Streckenlängen empfiehlt sich Tarif 1?

# Zufall und Wahrscheinlichkeiten

## 1  Zufallsexperimente und Wahrscheinlichkeiten

a) Richtig, denn beide Ergebnisse „Kopf" und „Zahl" sind gleich wahrscheinlich.

b) Richtig, da alle acht Flächen gleich groß und die acht Ergebnisse somit gleich wahrscheinlich sind.

c) Falsch, denn da es acht mögliche Ergebnisse gibt, ist die Wahrscheinlichkeit $\frac{1}{8}$.

d) Falsch, denn die Anzahl an Würfen ist nicht groß genug, um eine treffende Schätzung abgeben zu können.

e) Richtig, denn bei einer Wahrscheinlichkeit von 0 ist ein Ergebnis nicht möglich.

▶ Lies bei Schwierigkeiten auf Seite 70 nach.
  Bearbeite im Training die Aufgaben 1 bis 3.

## 2  Summenregel

a) Falsch, denn es gibt acht mögliche Ergebnisse und drei der Felder sind orange, die Wahrscheinlichkeit beträgt daher $\frac{3}{8}$.

b) Richtig, denn für das Ereignis „Primzahl" sind die Ergebnisse 2, 3, 5 und 7 günstig. Daher ist die Wahrscheinlichkeit $\frac{4}{8} = \frac{1}{2} = 50\%$.

c) Richtig, denn für beide Ereignisse beträgt die Wahrscheinlichkeit $\frac{2}{8} = \frac{1}{4}$.

d) Falsch, denn die Ereignisse überschneiden sich: Das Ergebnis „2" gehört zu beiden Ereignissen. Die Wahrscheinlichkeit für „2" oder ein weißes Feld liegt bei $\frac{5}{8}$.

▶ Lies bei Schwierigkeiten auf Seite 74 nach.
  Bearbeite im Training die Aufgaben 4 bis 7.

## 3  Wahrscheinlichkeiten nutzen und deuten

a) Falsch, denn solche Wahrscheinlichkeitsaussagen sind für die Vorhersage von Einzelergebnissen nicht geeignet. Es ist möglich, dass es in den 14 Tagen gar nicht regnet.

b) Richtig, denn um Häufigkeiten zu schätzen, kann man die Prozentrechnung nutzen und 20 % von 14 Tagen sind 2,8 Tage, also ungefähr drei Tage.

c) Richtig, denn Wahrscheinlichkeitsaussagen sind für die Vorhersage von Einzelergebnissen nicht geeignet.

▶ Lies bei Schwierigkeiten auf Seite 78 nach.
  Bearbeite im Training die Aufgaben 8.

# Training

**Aufgabe 1:** Entscheide und begründe, ob es sich bei den Experimenten um ein Laplace-Experiment handelt oder nicht.
a) „Flaschendrehen"
b) ein Marmeladenbrot fällt vom Tisch
c) Werfen eines Korkens

**Aufgabe 2:** Der Quader wurde wie ein Spielwürfel beschriftet. Sind die Aussagen richtig oder falsch? Begründe.

a) Das Werfen mit dem Quader ist ein Laplace-Experiment.
b) Die Wahrscheinlichkeit für eine „5" ist größer als die Wahrscheinlichkeit für eine „3".
c) Die Wahrscheinlichkeit, mit dem Quader eine „1" zu werfen, ist kleiner als die Wahrscheinlichkeit, mit einem fairen Würfel eine „1" zu werfen.

**Aufgabe 3:** Nenne je ein Beispiel für ein unmögliches und ein sicheres Ereignis.

**Aufgabe 4:** Betrachte das Glücksrad.

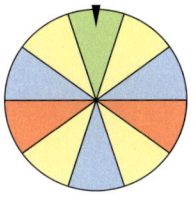

a) Begründe, warum es sich beim Drehen dieses Glücksrads um ein Laplace-Experiment handelt.
b) Berechne die Wahrscheinlichkeit dafür, dass das Glücksrad …
 – auf dem grünen Feld,
 – auf einem gelben Feld,
 – auf einem blauen oder auf einem roten Feld,
 – weder auf einem gelben noch auf einem blauen Feld stehen bleibt.

**Aufgabe 5:** Zeichne ein Glücksrad mit den Ziffern 1, 2 und 3, sodass die Wahrscheinlichkeit für die „1" $\frac{1}{4}$ und für die „2" $\frac{1}{3}$ ist.
Wie groß ist die Wahrscheinlichkeit dafür, dass eine „3" gedreht wird?

**Aufgabe 6:** Aus einem Skatspiel (32 Karten) wird eine Karte gezogen.
Wie groß ist die Wahrscheinlichkeit, dass folgendes Ereignis eintritt?
a) Herz-Ass wird gezogen
b) ein schwarzer Bube wird gezogen
c) ein König wird gezogen
d) eine „7" oder eine „8" wird gezogen
e) eine Karo-Karte wird gezogen
f) eine rote Karte wird gezogen
g) eine Dame oder eine schwarze Karte wird gezogen
h) ein Bube, eine Dame oder ein König wird gezogen
i) eine gerade Zahl wird gezogen

**Aufgabe 7:** In einem nicht einsehbaren Behälter sind 100 Kugeln. Leni zieht zehn Kugeln heraus, ohne diese zurück zu legen. Sieben der Kugeln sind rot, drei blau. Ist es möglich, dass gelbe Kugeln im Behälter sind?

**Aufgabe 8:** In einer Schüssel befinden sich 33 Kugeln, die mit den Zahlen 1 bis 33 beschriftet wurden. Die Kugeln mit ungerader Zahl sind rot, die anderen blau.
Wie groß ist die Wahrscheinlichkeit für …
a) eine rote Kugel?
b) eine Kugel mit zweistelliger Zahl?
c) eine blaue Kugel mit einstelliger Zahl?
d) eine rote Kugel mit einer durch 6 teilbaren Zahl?
e) eine rote Kugel oder eine Kugel mit einer durch 5 teilbarer Zahl?

**Aufgabe 9:** Der Wetterdienst kündigt für den kommenden Tag eine Regenwahrscheinlichkeit von 25 % an.
Welche Aussagen sind richtig, welche falsch? Begründe deine Meinung.
a) Es wird am kommenden Tag genau sechs Stunden lang regnen.
b) Es ist möglich, dass es am kommenden Tag nicht regnet.
c) Es wird am kommenden Tag mindestens 18 Stunden trocken sein.

# Zinsrechnung

## 1 Begriffe der Zinsrechnung

a) Falsch, denn der Grundwert $G$ entspricht dem Kapital $K$.
   (Der Prozentwert $W$ entspricht den Zinsen $Z$.)

b) Richtig, denn $120\,€ \cdot 0{,}045 = 5{,}40\,€$.

c) Richtig, denn $4{,}80\,€ : 0{,}035 = 137{,}142\,85\ldots€ \approx 137{,}14\,€$.

d) Falsch, denn $320 : 3000 = 10{,}666\,66\ldots$
   Der Zinssatz beträgt also $10{,}7\,\%$.

▶ Lies bei Schwierigkeiten auf Seite 90 nach.
   Bearbeite im Training die Aufgaben 1 bis 4.

## 2 Tageszinsen und Zinseszinsen berechnen

a) Falsch, denn $12 + 7 \cdot 30 + 12 = 234$ Tage. (Der erste Tag wird nicht mitgezählt.)

b) Richtig, denn mit $Z = K \cdot p\,\%$ werden die Zinsen für ein ganzes Jahr berechnet.
   Multipliziert man diesen Wert noch mit dem Zeitfaktor $t$, so erhält man den
   entsprechenden Anteil der Zinsen für eine bestimmte Zeit (bei $d$ Tagen z. B. $t = \frac{d}{360}$).

c) Falsch, denn $825\,€ \cdot 0{,}0375 \cdot \frac{135}{360} = 11{,}601\,56\ldots€ = 11{,}60\,€$.
   (Die Anzahl der Zinstage ist richtig.)

d) Richtig, denn $15\,000\,€ \cdot 0{,}025 \cdot \frac{48}{360} = 50\,€$.

e) Falsch, denn $80\,€ \cdot 0{,}102 \cdot \frac{4}{12} = 2{,}72\,€$. Sie muss $2{,}72\,€$ bezahlen.

f) Falsch, denn nach dem ersten Jahr hat er $2000\,€ \cdot 1{,}025 = 2050\,€$
   und nach dem zweiten Jahr $2050\,€ \cdot 1{,}025 = 2101{,}25\,€$.

g) Falsch, denn nach dem ersten Jahr hat er $2400\,€ \cdot 1{,}035 = 2484\,€$,
   nach dem zweiten Jahr $2484\,€ \cdot 1{,}035 = 2570{,}94\,€$ und
   nach dem dritten Jahr $2570{,}94\,€ \cdot 1{,}035 = 2660{,}9229\ldots€ \approx 2660{,}92\,€$.

▶ Lies bei Schwierigkeiten auf Seite 96 nach.
   Bearbeite im Training die Aufgaben 5 bis 12.

## 3 Tabellenkalkulation

a) Richtig, denn in Zelle **F3** (und auch in den Zellen **E7** bis **E14**) steht immer 5500.

b) Falsch, denn nach sieben Jahren ist noch eine Restschuld von $83\,€$ vorhanden.

c) Richtig, denn es liegt eine absolute Adressierung zur Zelle **F3** vor.

d) Falsch, die Formel muss **=B7+C7** lauten, bei **C7** muss ein relativer Bezug eingegeben
   werden, kein absoluter.

e) Richtig, denn die Restschuld zu Beginn des vierten Jahres steht in **B10**, sie wird
   multipliziert mit dem Zinssatz, der in **D3** steht.

▶ Lies bei Schwierigkeiten auf den Seiten 100 und 102 nach.
   Bearbeite im Training die Aufgabe 13.

# Training

**Aufgabe 1:** Berechne die Jahreszinsen.
a) 1520 € zu 2 %      b) 3800 € zu 4 %
c) 17 € zu 5 %      d) 1640 € zu 3,5 %
e) 1830 € zu 2,75 %      f) 2572 € zu 3,75 %
g) 18 500 € zu 9,8 %      h) 20 800 € zu 7,7 %

**Aufgabe 2:** Ergänze die fehlenden Werte.

|  | Kapital | Zinsen | Zinssatz |
|---|---|---|---|
| a) | 180 € |  | 4,5 % |
| b) | 400 € | 9,20 € |  |
| c) | 250 € |  | 4,1 % |
| d) |  | 54 € | 2 % |
| e) | 1280 € |  | 1,25 % |
| f) |  | 48,65 € | 1,75 % |
| g) |  | 135 € | 2,25 % |
| h) | 2500 € | 77,50 € |  |

**Aufgabe 3:** Anna hat zu Beginn eines Jahres 200 € auf ihrem Konto. Sie erhält 2,5 % Zinsen im Jahr. Berechne die Zinsen, die sie nach einen Jahr erhält.

**Aufgabe 4:** Vergleiche die Kosten für einen Kredit über 5000 € mit einem Jahr Laufzeit.
*Angebot 1:* 9 % Zinsen, 60 € Bearbeitungsgebühr.
*Angebot 2:* 9,5 % Zinsen, keine Bearbeitungsgebühr.
*Angebot 3:* 8,5 % Zinsen, 2 % Bearbeitungsgebühr auf die Kredithöhe.
*Angebot 4:* 425 € Zinsen, 50 € Bearbeitungsgebühr.

**Aufgabe 5:** Berechne die Zinsen für den angegebenen Zeitraum (1 Jahr = 360 Tage).
a) 750 € zu 6 % in 120 Tagen
b) 276 € zu 4 % in 330 Tagen
c) 3680 € zu 4,5 % in 270 Tagen
d) 168 € zu 5,25 % in 300 Tagen
e) 2400 € zu 6 % in 75 Tagen

**Aufgabe 6:** Berechne die Anzahl der Zinstage für den angegebenen Zeitraum.
a) 07. 03. – 17. 08.      b) 23. 08. – 28. 12.
c) 27. 09. – 23. 02.      d) 03. 06. – 29. 03.
e) 21. 01. – 27. 11.      f) 10. 04. – 02. 12.

**Aufgabe 7:** Julia überzieht ihr Konto vom 8. 2. bis zum 14. 3. um 850 €. Wie viel Überziehungszinsen (10,5 %) muss sie zahlen?

**Aufgabe 8:** Wie viel Zinsen erhält Marius, wenn er 450 € vom 9. Mai bis zum 5. November zu 1,3 % anlegt?

**Aufgabe 9:** Herr Rostberg hat im Autohaus einen Neuwagen für 35 700 € ausgesucht. Die Lieferzeit beträgt 85 Tage. Für diese Zeit legt Herr Rostberg sein Geld auf einem Tagesgeldkonto mit einem Zinssatz von 1,25 % an. Wie viel Zinsen erhält er?

**Aufgabe 10:** Berechne das neue Kapital.

|  | Kapital | Zinssatz | Dauer |
|---|---|---|---|
| a) | 1800 € | 0,5 % | 10 Jahre |
| b) | 6000 € | 3,8 % | 15 Jahre |
| c) | 25 000 € | 4 % | 7 Jahre |

**Aufgabe 11:** Ein Betrag in der Höhe von 8000 € wurde am 01. 01. 2010 zu 3,5 % angelegt. Welche Summe steht dem Anleger am 31. 12. 2021 zur Verfügung?

**Aufgabe 12:** Anlässlich der Geburt seines Sohnes am 01. 01. 2008 legte Oles Vater 1000 € zu 2,5 % an. Über welchen Betrag kann der Sohn am 31. 12. 2025 verfügen?

**Aufgabe 13:** Lena erhält 300 € zum 14. Geburtstag. Sie überlegt, das Geld für den Führerschein zu sparen. Eine Bank berechnet folgenden Sparplan.
a) Nach wie vielen Jahren sind die 300 € um mehr als 50 % angewachsen?
b) Um wie viel Prozent sind die 300 € nach 2 Jahren, nach 5 Jahren bzw. 10 Jahren angewachsen?
c) Warum gibt es im 2. Jahr 0,48 € Zinsen mehr als im 1. Jahr?

|  | A | B | C |
|---|---|---|---|
| 1 | Sparplan mit einmaliger Einzahlung | | |
| 2 | | | |
| 3 | Lena | Startkapital | Zinssatz |
| 4 | | 300,00 € | 0,04 |
| 5 | | | |
| 6 | Jahr | Kapital in € | Zinsen |
| 7 | 1 | 300,00 € | 12,00 € |
| 8 | 2 | 312,00 € | 12,48 € |
| 9 | 3 | 324,48 € | 12,98 € |
| 10 | 4 | 337,46 € | 13,50 € |
| 11 | 5 | 350,96 € | 14,04 € |
| 12 | 6 | 365,00 € | 14,60 € |
| 13 | 7 | 379,60 € | 15,18 € |
| 14 | 8 | 394,78 € | 15,79 € |
| 15 | 9 | 410,57 € | 16,42 € |
| 16 | 10 | 426,99 € | 17,08 € |
| 17 | 11 | 444,07 € | 17,76 € |
| 18 | 12 | 461,84 € | 18,47 € |

# Dreiecke und Vierecke

## 1 Umfänge und Flächeninhalte von Dreiecken

a) Richtig, denn alle Seitenlängen zusammen ergeben den Umfang.

b) Falsch, es handelt sich um ein gleichschenkliges Dreieck, da nur zwei Seiten gleich lang sind.

c) Richtig, denn $2 \cdot 13\,\text{cm} + 10\,\text{cm} = 36\,\text{cm}$.

d) Falsch, denn es wurde nicht durch 2 geteilt. Der Flächeninhalt ist nur halb so groß, also $9\,\text{cm}^2$.

e) Falsch, denn die Höhe gehört zu der Seite mit 7 cm Länge; $A$ beträgt also $14\,\text{cm}^2$.

f) Richtig, denn $\frac{10\,\text{cm} \cdot 6\,\text{cm}}{2} = 30\,\text{cm}^2$.

▶ Lies bei Schwierigkeiten auf Seite 114 nach.
  Bearbeite im Training die Aufgaben 1 bis 4.

## 2 Vierecke charakterisieren und benennen

a) Falsch, denn es gibt sechs Trapeze (Figuren ①, ②, ④, ⑤, ⑥ und ⑧).

b) Falsch, denn eine Raute hat ebenfalls vier gleich lange Seiten.

c) Richtig, denn auch im Rechteck sind gegenüberliegende Seiten gleich lang und gegenüberliegende Winkel gleich groß.

d) Falsch, anhand einer Zeichnung erkennt man, dass die Diagonalen nicht senkrecht aufeinander stehen.

e) Richtig, denn $e$ und $f$ halbieren sich gegenseitig und stehen senkrecht aufeinander; so lässt sich die Raute eindeutig zeichnen.

f) Falsch, für die Konstruktion eines Trapezes werden vier Angaben benötigt.

▶ Lies bei Schwierigkeiten auf den Seiten 118 und 120 bis 122 nach.
  Bearbeite im Training die Aufgaben 5 und 6.

## 3 Umfänge und Flächeninhalte von Vierecken

a) Richtig, denn $2 \cdot 8\,\text{cm} + 2 \cdot 4{,}5\,\text{cm} = 25\,\text{cm}$.

b) Falsch, denn es muss die Länge einer Seite und die dazugehörige Höhe multipliziert werden. (Das wäre hier $A = 8 \cdot 4{,}1\,\text{cm}^2 = 32{,}8\,\text{cm}^2$.)

c) Richtig, denn $4{,}6 \cdot 5\,\text{cm}^2 = 23\,\text{cm}^2$.

d) Falsch, das funktioniert bei einem Drachen, aber bei einem Trapez benötigt man die Seitenlängen $a$ und $c$ und die Höhe $h_a$.

e) Richtig, denn eine Raute ist auch ein Parallelogramm.

f) Falsch, denn das Produkt aus $e$ und $f$ muss noch durch 2 dividiert werden, es ist $A = 1500\,\text{cm}^2$.

g) Falsch, die Fensterfläche ist doppelt so groß, also $7{,}35\,\text{m}^2$, denn sie besteht aus zwei rechtwinkligen Trapezen (oder einem gleichschenkligen Trapez mit $a = 6\,\text{m}$ und $c = 3{,}8\,\text{m}$).

▶ Lies bei Schwierigkeiten auf Seite 124 nach.
  Bearbeite im Training die Aufgaben 7 bis 11.

# Training

**Aufgabe 1:** Berechne den Umfang.
a) Dreieck mit $a = 4\,m$, $b = 7\,m$, $c = 6\,m$
b) gleichseitiges Dreieck mit $a = 5,5\,cm$
c) Dreieck mit $a = 36\,cm$, $b = 5,6\,dm$, $c = 0,44\,m$
d) gleichschenkliges Dreieck mit $a = 9\,cm$, $b = c = 62\,mm$

**Aufgabe 2:** Ergänze die Tabelle für Dreiecke.

| | $g$ | $h_g$ | $A$ |
|---|---|---|---|
| a) | 8 cm | 4,5 cm | |
| b) | 5,5 cm | 4 cm | |
| c) | 9 cm | 3,6 cm | |
| d) | 4,2 dm | 25 cm | |
| e) | 0,83 m | 30 cm | |
| f) | 6 cm | | 9 cm² |
| g) | | 5 cm | 15 cm² |

**Aufgabe 3:** Gib Grundseite und Höhe von zwei verschiedenen Dreiecken mit $A = 8\,cm^2$ an.

**Aufgabe 4:** Berechne die fehlende Seitenlänge und Höhe des Dreiecks.
a) $b = 4,8\,cm$, $c = 6\,cm$, $h_a = 3,2\,cm$, $h_c = 4\,cm$
b) $a = 10,8\,cm$, $c = 6\,cm$, $h_a = 2,5\,cm$, $h_b = 2\,cm$
c) $a = 5\,cm$, $c = 2,5\,cm$, $h_b = 2\,cm$, $h_c = 8\,cm$
d) $a = 4\,cm$, $b = 3,5\,cm$, $h_b = 5\,cm$ und $h_c = 3,8\,cm$

**Aufgabe 5:** Zeichne die Figuren.
a) Quadrat, Rechteck, Parallelogramm, Drachen, Trapez und Raute
b) Formuliere Sätze und begründe diese.
   **BEISPIEL** Jedes Quadrat ist auch eine Raute, denn alle Seiten sind gleich lang.
c) Zeichne in den Figuren sämtliche Symmetrieachsen ein.

**Aufgabe 6:** Gib jeweils die Vierecksart an, wenn sich ein Viereck zusammensetzt aus …
a) zwei kongruenten gleichseitigen Dreiecken.
b) zwei kongruenten gleichschenkligen Dreiecken.
c) zwei kongruenten Dreiecken.

**Aufgabe 7:** Berechne jeweils den Umfang der Figuren.
a) Quadrat mit der Seitenlänge $a = 3,5\,cm$
b) Dreieck mit $a = 5\,cm$, $b = 6\,cm$, $c = 9\,cm$
c) Parallelogramm mit den Seitenlängen $a = 5\,cm$, $b = 3,3\,cm$
d) gleichschenkliges Dreieck mit $a = b = 6\,cm$, $c = 8\,cm$
e) Trapez mit $a = 2,7\,cm$, $b = 4\,cm$, $c = 3,8\,cm$ und $d = 4,4\,cm$
f) Raute mit der Seitenlänge $a = 44\,cm$
g) Drachen mit den Seitenlängen $a = 0,8\,dm$, $b = 9,6\,cm$

**Aufgabe 8:** Berechne den Flächeninhalt.
a) Drachen: $e = 4\,cm$, $f = 7\,cm$
b) Trapez: $a = 3,8\,m$, $c = 4,2\,m$, $h = 8\,m$
c) Parallelogramm: $g = 40\,cm$, $h_g = 48\,cm$
d) Trapez: $a = 8,9\,cm$, $c = 5,7\,cm$, $h = 6\,cm$
e) Drachen: $e = 1\,m$, $f = 1,2\,m$
f) Trapez: $a = 4,1\,dm$, $c = 38\,cm$, $h = 2\,dm$
g) Parallelogramm: $g = 0,3\,m$, $h_g = 1,8\,dm$
h) Raute: $e = 4,2\,cm$, $f = 0,37\,dm$

**Aufgabe 9:** Welche Figur hat den größeren Flächeninhalt: ein Rechteck mit den Seitenlängen $a = 4\,cm$ und $b = 5\,cm$ oder ein Parallelogramm mit $a = 4\,cm$ und $h_a = 5\,cm$?

**Aufgabe 10:** Übertrage die Figuren ins Heft und berechne ihre Flächeninhalte.

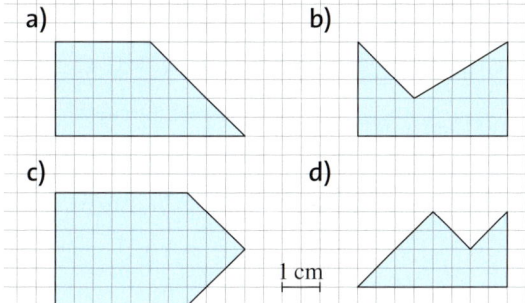

**Aufgabe 11:** Welchen Flächeninhalt hat ein rechtwinkliges Trapez, dessen parallele Seiten 4,9 cm und 3,5 cm lang sind? Der kürzere Schenkel ist 4 cm lang.
Skizziere zuerst und berechne dann.

## Daten

### 1 Daten erheben, auswerten und darstellen

a) Falsch, denn man kann nicht auf einer Skala Kreuze setzen.

b) Falsch, denn die Zeiten müssten für jeden Tag ungefähr gleich sein und am Samstag und Sonntag müsste 0 min stehen.

c) Falsch, denn Tim ist im Diagramm mit 22 min angeben, aber oben stehen 12 min.

d) Falsch, denn Mädchen und Jungen wurden vertauscht.

e) Falsch, denn die Daten lassen sich der Größen nach ordnen und als Boxplot darstellen.

f) Richtig, denn die Viertelwerte (Quartile) sind 12 € bzw. 17 €.

▶ Lies bei Schwierigkeiten auf den Seiten 138, 140 (Stängel-Blätter-Diagramme) und 142 (Boxplots) nach.
Bearbeite im Training die Aufgaben 1 bis 5.

### 2 Manipulationen bei Fragen und Darstellungen

a) Richtig, denn es gibt keinen beeinflussenden Text und die Antwortenauswahl ist nicht ungleich verteilt.

b) Richtig, denn dieser erste Satz stellt die positiven Seiten des Sports heraus.

c) Falsch, denn es gibt genauso viele negative wie positive Antworten.

d) Falsch, denn statt doppelt so großer Erscheinung ist die zweite Hantel achtmal so groß. (Das kommt daher, dass sowohl die Länge als auch die Breite und die Höhe der Hantel im Verhältnis der Antworten vervielfacht wurden.)

▶ Lies bei Schwierigkeiten auf Seite 144 nach.
Bearbeite im Training die Aufgaben 6 bis 9.

# Training

**Aufgabe 1:** Betrachte den Fragebogen.

> 1. Welche Art von Musik hörst du?
> _____
>
> 2. Musik ist für mich …
>    unwichtig <––––––––––––––> lebensnotwendig
>
> 3. Zum Musikhören benutze ich meist …
>    ❏ Handy     ❏ MP3-Player     ❏ CD-Player
>    ❏ Radio     ❏ Internet     ❏ andere

a) Um welches Thema geht es hier?
b) Wo liegt welcher Fragetyp vor?
c) Ergänze den Fragebogen noch um je eine
   weitere Frage pro Fragetyp.

**Aufgabe 2:** So antworteten Mädchen (rot)
und Jungen (blau) auf die Frage, wie oft sie
in der Woche durchschnittlich Fastfood essen:

| nie | 1-mal | bis zu 3-mal | fast täglich |
|-----|-------|--------------|--------------|
| 5 | 18 | 6 | 2 |
| 1 | 17 | 9 | 5 |

Erstelle aus den Daten ein zweiseitiges
Balkendiagramm.

**Aufgabe 3:** Gib den Inhalt des Diagramms
in eigenen Worten wieder.

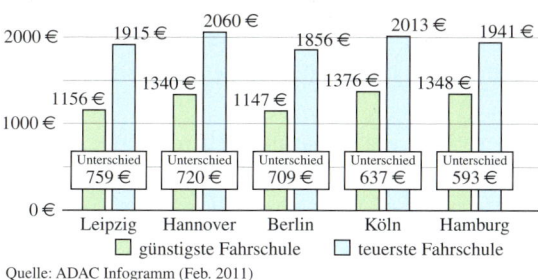

Quelle: ADAC Infogramm (Feb. 2011)

**Aufgabe 4:** Erstelle ein zweiseitiges
Stängel-Blätter-Diagramm zu den Daten
in der Randspalte.

**Aufgabe 5:** Erstelle aus den Daten in der
Randspalte einen Boxplot für die Mädchen
und einen für die Jungen.

**Aufgabe 6:** Betrachte den Fragebogen.

> Die Aktion „**Brot statt Böller**" gibt es schon seit
> 1982. Sie ruft dazu auf, Geld an „Brot für die Welt" zu
> spenden, statt es sinnlos für Feuerwerk auszugeben.
> Mit den Spenden werden zwei Straßenkinderprojekte
> in Simbabwe und Kenia finanziert. Den Kindern dort
> geht es nicht so gut wie uns hier.
>
> Bist auch du bereit, dieses sinnvolle Projekt zu unter-
> stützen und auf das Feuerwerk im nächsten Jahr zu
> verzichten?
>
> ❏ ich bin dabei     ❏ kann ich mir vorstellen
> ❏ eine gute Idee     ❏ weiß noch nicht
> ❏ nein, ich will nicht auf meinen Spaß verzichten

a) Beschreibe die Manipulationen.
b) Verändere den Fragebogen so, dass er
   neutral ist, aber dennoch gut informiert.

**Aufgabe 7:** Stelle die Daten in einem
manipulierten Diagramm zu Gunsten der
Mädchen dar:
*Mädchen gaben im letzten Jahr durch-
schnittlich 96 € für Geschenke für ihre
Freundinnen aus. Bei den Jungen waren es
lediglich 24 €, ein Viertel dessen, was die
Mädchen ausgaben.*

**Aufgabe 8:** Marijke leiht sich Geld von
ihrem Großvater: im Januar 20 €, im Februar
13 €, im März 11 €, im April 8 €.
Im Mai ist er nicht mehr bereit, ihr noch
weiter Geld zu geben. Marijke entgegnet:
„Aber Opa, ich mache doch immer weniger
Schulden!"
a) Erstelle ein Säulendiagramm, das Marijke
   unterstützt.
b) Wie sähe das Diagramm vom Großvater
   aus? Zeichne auch dieses.

**Aufgabe 9:** Erstelle ein Diagramm
zu den Daten aus Aufgabe 2 mit Hilfe
eines Tabellenkalkulationsprogramms.

**BEACHTE**
zu Aufgabe 4:
tägliche Zeit im
Badezimmer
in Minuten

Sarah 35
Perihan 40
Steffen 45
Danielle 100
Lukas 35
Maik 20
Sina 50
Maurice 80
Alex 45
Nina 60
Fabienne 60
Manuel 45
Magnus 70
Steve 10
Makbule 50

## Prismen

### 1 Prismen erkennen und zeichnen

a) Richtig, da Deck- und Grundfläche deckungsgleiche und zueinander parallel liegende Dreiecke sind.

b) Falsch, da Deck- und Grundfläche nicht deckungsgleich sind und die Seitenflächen somit keine Rechtecke sind. (Das obere Quadrat ist kleiner als das untere.)
Versucht man, zwei der Trapezflächen als Grund- und Deckfläche anzusehen, so liegen diese nicht parallel zueinander.

c) Richtig, denn ein Würfel erfüllt alle Eigenschaften eines Prismas: Grund- und Deckfläche sind deckungsgleiche und zueinander parallel liegende Quadrate, die Seitenflächen sind ebenfalls Quadrate (und damit auch Rechtecke), die senkrecht auf der Deck- und Grundfläche stehen.

d) Falsch, drei Seitenflächen gibt es nur bei dreieckiger Grund- und Deckfläche.
Bei viereckiger Grundfläche hat das Prisma vier Seitenflächen, bei fünfeckiger Grundfläche fünf usw.

e) Falsch, es hat neun Kanten (Ecken- und Flächenzahl sind richtig angegeben).

▶ Lies bei Schwierigkeiten auf Seite 156 nach.
Bearbeite dann im Training Aufgaben 1 bis 2.

### 2 Mantel- und Oberflächeninhalt berechnen

a) Richtig, denn das Netz besteht aus zwei deckungsgleichen Dreiecken mit den gleichen Maßen wie in ① und die rechteckigen Seitenflächen passen von den Maßen her an die entsprechenden Dreiecksseiten.

b) Falsch, da die Seitenflächen unterschiedliche Seitenlängen und damit auch unterschiedlichen Flächeninhalt haben.

c) Richtig, denn die Mantelfläche des Prismas ist ein Rechteck, das aus den drei Seitenflächen zusammengesetzt wurde. Eine Seitenlänge dieses Rechtecks entspricht dem Dreiecksumfang, die andere Seitenlänge ist die Höhe des Prismas.
Es ergibt sich $A_M = (36 + 36 + 24)\,\text{cm} \cdot 40\,\text{cm} = 3840\,\text{cm}^2 = 38{,}4\,\text{dm}^2$.

d) Falsch, denn es fehlt der Inhalt der Deckfläche, der genauso groß wie der Inhalt der Grundfläche ist. Es gilt also $A_O = A_M + 2 \cdot A_G$.

e) Falsch, denn nur der Inhalt der Seitenflächen verdoppelt sich, während die Inhalte der Deck- und Grundflächen unverändert bleiben.

▶ Lies bei Schwierigkeiten auf Seite 160 nach.
Bearbeite dann im Training Aufgaben 3 bis 6.

### 3 Volumen berechnen

a) Falsch, die Höhe des Prismas muss mit dem Flächeninhalt der Grundfläche multipliziert werden.

b) Falsch, der Flächeninhalt des Dreiecks muss mit der Höhe des Prismas multipliziert werden, um das Volumen zu erhalten.

c) Richtig, denn mit $\frac{1}{2} \cdot 4 \cdot 5\,\text{cm}^2$ berechnet man den Flächeninhalt des Dreiecks, der dann mit der Höhe des Prismas multipliziert wird. Es ergibt sich $60\,\text{cm}^3$.

d) Richtig, denn die Höhe des verkleinerten Prismas ist $\frac{1}{2} \cdot h_{\text{alt}}$ und das Volumen des verkleinerten Prismas ist $A_G \cdot \frac{1}{2} \cdot h_{\text{alt}} = \frac{1}{2} \cdot V_{\text{alt}}$.
Oder: Die Zuordnung *Höhe → Volumen* ist bei gleicher Grundfläche proportional.

▶ Lies bei Schwierigkeiten auf Seite 164 nach.
Bearbeite dann im Training Aufgaben 7 bis 9.

# Training

**Aufgabe 1:** Handelt es sich um Prismen mit dreieckiger Grundfläche?
Falls ja: Stehen Sie auf der Grundfläche oder liegen sie auf einer Seitenfläche?
Falls nein: Begründe.

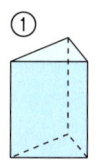    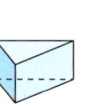  

**Aufgabe 2:** Zeichne das Schrägbild eines 6 cm hohen Prismas mit folgender Grundfläche:
a) gleichseitiges Dreieck mit $a = 4$ cm
b) gleichschenkliges Dreieck mit $c = 3$ cm und $a = b = 2{,}5$ cm
c) Raute mit $a = 2{,}5$ cm und $\alpha = 70°$

**Aufgabe 3:** Übertrage das Netz des Prismas in dein Heft.

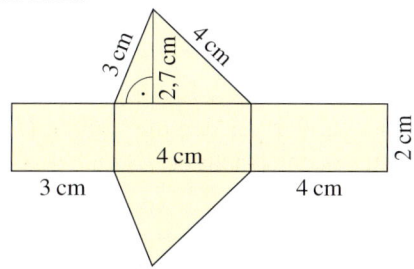

a) Kennzeichne die Mantelfläche blau und die Grund- und Deckfläche rot.
b) Berechne den Flächeninhalt der Grundfläche des Prismas.
c) Bestimme den Mantelflächeninhalt.
d) Berechne den Oberflächeninhalt.

**Aufgabe 4:** Von einem Prisma sind zwei der drei Größen Grundflächeninhalt, Mantelflächeninhalt und Oberflächeninhalt gegeben. Berechne die fehlende Größe.

| | Grundflächeninhalt $A_G$ | Mantelflächeninhalt $A_M$ | Oberflächeninhalt $A_O$ |
|---|---|---|---|
| a) | 28 cm² | 52 cm² | |
| b) | 13 m² | | 70 m² |
| c) | | 19 mm² | 53 mm² |

**Aufgabe 5:** Berechne den Oberflächeninhalt der Prismen.
a) $A_G = 18$ cm², $u_G = 24$ cm, $h_K = 8$ cm
b) $A_G = 2{,}5$ m², $u_G = 10$ m, $h_K = 4{,}3$ m
c) $A_G = 60$ cm², $u_G = 16$ cm, $h_K = 0{,}7$ m

**Aufgabe 6:** Berechne den Mantelflächeninhalt und den Oberflächeninhalt der Prismen (Maße in cm).

a)  b)
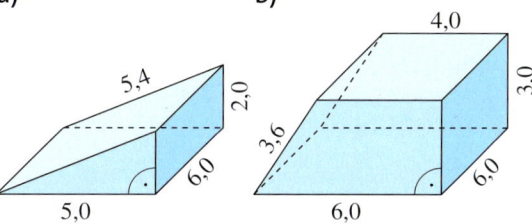

**Aufgabe 7:** Berechne das Volumen eines Prismas mit …
a) $A_G = 12$ cm²; $h_K = 4$ cm
b) $A_G = 3$ m²; $h_K = 0{,}25$ m
c) $A_G = 112$ mm²; $h_K = 8$ dm
d) $A_G = 44$ cm²; $h_K = 4{,}4$ dm

**Aufgabe 8:** Berechne das Volumen.

a) 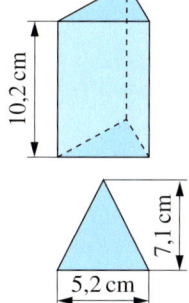 b)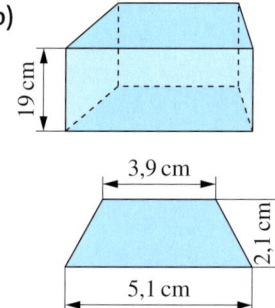

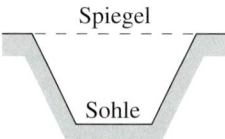

**Aufgabe 9:** Wie viel Wasser befindet sich in einem 1 km langen Teil des folgenden Kanals?
a) Der Kanal ist 9,2 m tief, im Spiegel 70 m und an der Sohle 25 m breit.
b) Der Kanal ist 4,5 m tief, im Spiegel 50 m und an der Sohle 30 m breit.

# Lösungen zum Training

▶ **Seite 183    Terme**

**1 a)** $6x$
**b)** $10a$
**c)** $35z$
**d)** $22a - 35b$
**e)** $1{,}2x - 4{,}2y$
**f)** $-3ab$

**2 a)** $65a$
**b)** $-10x^2$
**c)** $60abc$
**d)** $2xy^2$
**e)** $24a^2b^3$
**f)** $\frac{1}{3}x^4y^2$

**3 a)** $a$
**b)** $8 - 5x$
**c)** $4{,}4r + 0{,}3s$
**d)** $3{,}2b - 5{,}8c$
**e)** $25 - 13x$
**f)** $1{,}4y + 2{,}8$
**g)** $3a - 10b$
**h)** $3p - 22$
**i)** $10{,}2x - 14{,}8y$

**4 a)** $5a + 5b$
**b)** $8ab - 4a$
**c)** $3b - bc$
**d)** $-30m + 10mn$
**e)** $-4x - 4y$
**f)** $-3x^2 + 6xy$
**g)** $rs + 9r$
**h)** $-27yz + 36y$
**i)** $4a - 4b + 4c$
**j)** $2x - 2y - 2z$
**k)** $ad - bd + cd$
**l)** $bc + cx - cy$

**5** $u = b + a + a + c + a + a + a + c + a + a + b + 3a + 2c$
$\quad = 10a + 2b + 4c$
$A = (3a + 2c) \cdot b - 2ac$
$\quad = 3ab + 2(b - a) \cdot c$
$\quad = 3ab + 2bc - 2ac$

**6 a)** $4(a + b)$
**b)** $5(x - y)$
**c)** $6(x - 2y)$
**d)** $4(a + 2b)$
**e)** $6a(x + 2y)$
**f)** $5b(3c - 5d)$
**g)** $9(p + 3q)$
**h)** $3r(2 - s)$
**i)** $6x(5x - 4)$
**j)** $8a(7a + 4)$
**k)** $36(3x - 2y)$
**l)** $x^2(x - 41)$

**7 a)** $2(2a + 4b + 3c)$
**b)** $3(4a - 6b - 9c)$
**c)** $3(5xy + 3xz - 1)$
**d)** $4abc(3a - 5b + 1)$

**8 a)** $3x - 2(x + 1) = x - 2$
**b)** $5(x - 1) + \frac{1}{2}x = 5{,}5x - 5$

**9** $V = 2 \cdot a(a + 2) - 2 \cdot 2 \cdot 4$
$\quad = 2a^2 + 4a + 16$
Für $a = 5\,\text{cm}$ beträgt das Volumen $V = 116\,\text{cm}^3$.

**10 a)** $y^2 + 7y + 12$
**b)** $12x^2 - 10x + 2$
**c)** $-a^2 + 2a + 8$
**d)** $6a^2 - 5a - 6$
**e)** $m^2 + 2m - 15$
**f)** $-5s^2 + 21st - 4t^2$
**g)** $-12x^2 + 26xy - 12y^2$
**h)** $-6x^2 + 26x^2y - 24x^2y^2$

**11 a)** $x^2 - 18x + 81$
**b)** $x^2 + 14x + 49$
**c)** $196 - 28x + x^2$
**d)** $a^2 + 50a + 625$
**e)** $x^2 - 25$
**f)** $9x^2 - 12x + 4$
**g)** $b^2 - 1{,}2b + 0{,}36$
**h)** $x^2 + x + \frac{1}{4}$
**i)** $25x^2 - 30xy + 9y^2$
**j)** $169 - 9x^2$

**12 a)** $(40 - 2)^2 = 1600 - 160 + 4 = 1444$
**b)** $(70 + 1)^2 = 4900 + 140 + 1 = 5041$
**c)** $(40 - 4)(40 + 4) = 1600 - 16 = 1584$

**13 a)** $(r - 4)^2$
**b)** $(9 + a)(9 - a)$
**c)** $(3c + d)^2$
**d)** $(7x - 5y)^2$

▶ **Seite 185    Lineare Gleichungen und Funktionen**

**1 a)** $x = 2$
**b)** $x = 2$
**c)** $x = 3$
**d)** $x = 4$
**e)** $z = 6$
**f)** $x = 0$

**2 a)** $x = 2$
**b)** $y = 4$
**c)** $x = 4$
**d)** $x = 5$
**e)** $x = 3{,}4$

**3** $a + 2a + a + 5 = 35$, also $4a + 5 = 35$

**4** $x$ steht für das Alter des Bruders.
$4x + 6 = 2x$, also $x = 3$
Lena ist jetzt 12 Jahre alt, ihr Bruder 3 Jahre.

**5** $150 - 12x = 90$; $x = 5$
$150 - 12y = 0$; $y = 12{,}5$
Nach 5 min sind nur noch $90\,\ell$ in der Wanne,
nach 12,5 min ist sie leer.

**6** $x$: Anzahl der Personen im Speisewagen
$x + 3x + 3x + 70 = 280$, also $x = 30$
Im Speisewagen sind 30 Personen,
in der 1. Klasse 90 und in der 2. Klasse 160 Personen.

**7 a)** $5250\,\text{m}$
**b)** $2{,}5\,\text{s}$
**c)** $3600\,\text{m}$
**d)** $5\,\text{s}$

**8 a)** $9\,\text{cm}^2$
**b)** $42\,\text{dm}^2$
**c)** $4{,}8\,\text{m}$
**d)** $3{,}6\,\text{cm}$

**9** $y = x + 1$ und $y = -\frac{1}{3}x + 7$; $S(4{,}5 \mid 5{,}5)$

**10 a)** $f(x) = 60 - 0{,}07x$
b) Es befinden sich noch $37{,}25\,\ell$ im Tank.

**11 a)**

| $x$ | 0 | 100 | 200 | 300 | 400 | 500 | 600 |
|-----|---|-----|-----|-----|-----|-----|-----|
| T.1 | 45 | 70 | 95 | 120 | 145 | 170 | 195 |
| T.2 | 65 | 65 | 65 | 107 | 149 | 191 | 233 |

**b)**

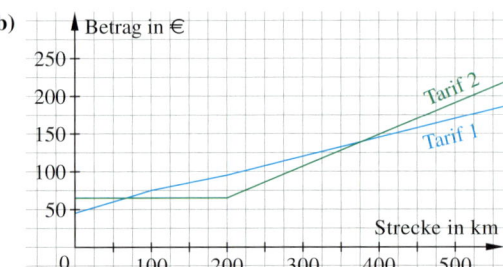

**c)** Tarif 1, dort zahlt man $175\,€$ (gegenüber $199{,}40\,€$ bei Tarif 2).
**d)** ab 377 km (wenn nämlich gilt:
$0{,}25x + 45 < 0{,}42x - 19$)

▶ **Seite 187   Zufall und Wahrscheinlichkeiten**

**1 a)** Laplace-Experiment, wenn alle in gleichen
Abständen im Kreis sitzen, der Boden eben ist
und die Flasche „fair" gedreht wird
**b)** kein Laplace-Experiment, da das Aufkommen
von der Tischhöhe bestimmt wird
**c)** kein Laplace-Experiment, da der Korken häufiger
auf der Seite liegen bleibt

**2 a)** Falsch, die Ergebnisse sind wegen der verschieden
großen Seitenflächen nicht gleich wahrscheinlich.
**b)** Richtig, denn die Fläche der „5" ist größer als die
der „3".
**c)** Richtig, denn beim Quader ist die Wahrscheinlichkeit für eine „1" kleiner als $\frac{1}{6}$, weil die Fläche
der „1" die kleinste ist.

**3** z. B. unmöglich: Mit einem regulären Würfel wird
eine „7" gewürfelt.
z. B. sicher: Aus einem Skatspiel wird eine rote oder
eine schwarze Karte gezogen.

**4 a)** Alle Abschnitte des Rads sind gleich groß.
**b)** $P(\text{grünes Feld}) = \frac{1}{10}$
$P(\text{gelbes Feld}) = \frac{4}{10} = \frac{2}{5}$
$P(\text{blau oder rot}) = \frac{5}{10} = \frac{1}{2}$
$P(\text{weder gelb noch blau}) = \frac{3}{10}$

**5**

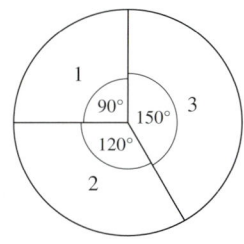

Die Wahrscheinlichkeit dafür, dass eine „3" gedreht
wird, liegt bei $1 - \frac{1}{4} - \frac{1}{3} = \frac{5}{12}$.

**6 a)** $P(\text{Herz-Ass}) = \frac{1}{32}$
**b)** $P(\text{schwarzer Bube}) = \frac{2}{32} = \frac{1}{16}$
**c)** $P(\text{König}) = \frac{4}{32} = \frac{1}{8}$
**d)** $P(\text{„7" oder „8"}) = \frac{8}{32} = \frac{1}{4}$
**e)** $P(\text{Karo}) = \frac{8}{32} = \frac{1}{4}$
**f)** $P(\text{rote Karte}) = \frac{16}{32} = \frac{1}{2}$
**g)** $P(\text{Dame oder schwarze Karte}) = \frac{18}{32} = \frac{9}{16}$
**h)** $P(\text{Bube, Dame oder König}) = \frac{12}{32} = \frac{3}{8}$
**i)** $P(\text{gerade Zahl}) = \frac{8}{32} = \frac{1}{4}$

**7** Ja, denn unter den verbliebenen 90 Kugeln im Behälter
können auch gelbe Kugeln sein.

**8 a)** $P = \frac{17}{33}$   **b)** $P = \frac{24}{33} = \frac{8}{11}$
**c)** $P = \frac{4}{33}$   **d)** $P = 0$   **e)** $P = \frac{20}{33}$

**9** Die Ankündigung bedeutet: An 25 % der Tage, die
durch die gleiche Wetterlage gekennzeichnet sind wie
der morgige Tag, ist Niederschlag gefallen. Also sind
die Aussagen **a)** und **c)** falsch, Aussage **b)** ist richtig.

▶ **Seite 189   Zinsrechnung**

**1 a)** 30,40 €   **b)** 152 €
**c)** 0,85 €   **d)** 57,40 €
**e)** 50,33 € (gerundet)   **f)** 96,45 €
**g)** 1813 €   **h)** 1601,6 €

**2 a)** $Z = 8,10 €$   **b)** $p \% = 2,3 \%$
**c)** $Z = 10,25 €$   **d)** $K = 2700 €$
**e)** $Z = 16 €$   **f)** $K = 2780 €$
**g)** $K = 6000 €$   **h)** $p \% = 3,1 \%$

**3** Nach einem Jahr erhält Anna 5 € Zinsen.

**4** Folgende Kosten entstehen nach einem Jahr:
① 510 €   ② 475 €   ③ 525 €   ④ 475 €
Die Kosten für die Angebote 2 und 4 sind bei 5000 €
gleich und am günstigsten. Angebot 3 ist am teuersten.

**5 a)** $Z = 15 €$   **b)** $Z = 10,12 €$
**c)** $Z = 124,20 €$   **d)** $Z = 7,35 €$
**e)** $Z = 30 €$

**6 a)** 160 Tage   **b)** 125 Tage   **c)** 146 Tage
**d)** 296 Tage   **e)** 306 Tage   **f)** 232 Tage

**7** Julia überzieht 36 Tage und muss 8,93 € Zinsen zahlen.

**8** Marius erhält 2,86 € Zinsen (176 Zinstage).

**9** Herr Rostberg erhält 105,36 € Zinsen.

**10 a)** 1892,05 €   **b)** 10 498,12 €   **c)** 32 898,29 €

**11** Ihm stehen 12 088,55 € zur Verfügung.

**12** Er kann über 1559,66 € verfügen.

**13 a)** Nach 11 Jahren.
**b)** Nach 2 Jahren ist das Kapitel um 8,16 %,
nach 5 Jahren um 21,67 % und nach 10 Jahren
um 48,02 % angewachsen.
**c)** Es gibt mehr Zinsen, da die 12 € Zinsen nach dem
ersten Jahr im zweiten Jahr mitverzinst werden.

▶ **Seite 191   Dreiecke und Vierecke**

**1 a)** 17 m
**c)** 136 cm

**b)** 16,5 cm
**d)** 21,4 cm

**2 a)** $A = 18\,\text{cm}^2$
**c)** $A = 16,2\,\text{cm}^2$
**e)** $A = 1245\,\text{cm}^2$
**g)** $g = 6\,\text{cm}$

**b)** $A = 11\,\text{cm}^2$
**d)** $A = 525\,\text{cm}^2$
**f)** $h_g = 3\,\text{cm}$

**3** Beispiel: 1. $g = 4\,\text{cm}$, $h_g = 4\,\text{cm}$,
2. $g = 8\,\text{cm}$, $h_g = 2\,\text{cm}$

**4 a)** $a = 7,5\,\text{cm}$, $h_b = 5\,\text{cm}$
**b)** $b = 13,5\,\text{cm}$, $h_c = 4,5\,\text{cm}$
**c)** $b = 10\,\text{cm}$, $h_a = 4\,\text{cm}$
**d)** $c \approx 4,6\,\text{cm}$, $h_a \approx 4,4\,\text{cm}$

**5 a)** Zeichenübung
**b)** z.B. Jedes Quadrat ist auch ein Rechteck, denn gegenüberliegende Seiten sind gleich lang und parallel zueinander, alle Winkel sind rechte Winkel.
Jedes Quadrat ist auch ein Parallelogramm, denn gegenüberliegende Seiten sind gleich lang und gegenüberliegende Winkel sind gleich groß.
Jedes Quadrat ist auch ein Trapez, denn es hat zwei zueinander parallele Seiten.
Jedes Quadrat ist auch ein Drachen, denn es hat zwei Paar gleich langer Nachbarseiten.
usw.
**c)** Zeichenübung; Anzahl der Symmetrieachsen: Quadrat 4, Raute 2; Rechteck 2; Drachen 1

**6 a)** Raute
**b)** Parallelogramm (Sonderfälle: Quadrat, Raute)
**c)** Quadrat, Rechteck, Parallelogramm, Raute, Drachen

**7 a)** $u = 14\,\text{cm}$
**c)** $u = 16,6\,\text{cm}$
**e)** $u = 14,9\,\text{cm}$
**g)** $u = 35,2\,\text{cm}$

**b)** $u = 20\,\text{cm}$
**d)** $u = 20\,\text{cm}$
**f)** $u = 176\,\text{cm}$

**8 a)** $A = 14\,\text{cm}^2$
**c)** $A = 1920\,\text{cm}^2$
**e)** $A = 0,6\,\text{m}^2$
**g)** $A = 5,4\,\text{dm}^2$

**b)** $A = 32\,\text{m}^2$
**d)** $A = 43,8\,\text{cm}^2$
**f)** $A = 7,9\,\text{dm}^2$
**h)** $A = 7,77\,\text{cm}^2$

**9** Für beide Figuren ist $A = 20\,\text{cm}^2$.

**10 a)** $9,375\,\text{cm}^2$
**c)** $12,75\,\text{cm}^2$

**b)** $7\,\text{cm}^2$
**d)** $5\,\text{cm}^2$

**11** $A = 16,8\,\text{cm}^2$
(Der kürzere Schenkel ist in einem rechtwinkligen Trapez gleichzeitig die Höhe.)

▶ **Seite 193   Daten**

**1 a)** Musik
**b)** 1. offene Frage; 2. Skala; 3. vorgegebene Antworten
**c)** individuell

**2**                    **Wöchentlicher Fast-Food-Konsum**

Jungen   Mädchen

nie

einmal

bis zu dreimal

fast täglich

15   10   5   0   5   10   15

**3** Im Jahr 2011 verglich der ADAC die Führerschein-kosten in verschiedenen deutschen Städten. Den höchsten Preisunterschied gab es mit 759 € in Leipzig, den geringsten mit 593 € in Hamburg. Am billigsten war der Führerschein in Berlin (1147 €), am teuersten in Hannover (2060 €).

**4**    **Tägliche Zeit im Badezimmer (in min)**

Jungen    Mädchen

|  |  |  |
|---|---|---|
|  | 12 |  |
|  | 11 |  |
|  | 10 | 0 |
|  | 9 |  |
| 0 | 8 |  |
| 0 | 7 |  |
|  | 6 | 0 0 |
|  | 5 | 0 0 |
| 5 5 5 | 4 | 0 |
| 5 | 3 | 5 |
| 0 | 2 |  |
| 0 | 1 |  |
|  | 0 |  |

**5**    **Tägliche Zeit im Badezimmer (in min)**

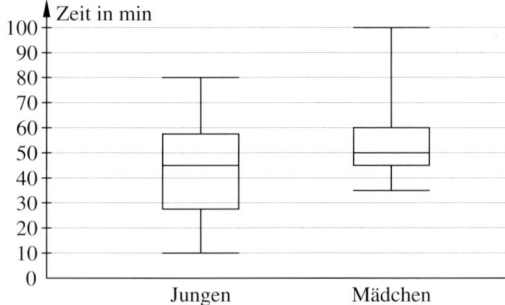

Zeit in min

100, 90, 80, 70, 60, 50, 40, 30, 20, 10, 0

Jungen       Mädchen

**6 a)** – manipulierender Vortext, z.B. sinnlos Geld auszugeben, den Kindern dort geht es nicht so gut wie uns, dieses sinnvolle Projekt.
– manipulierende Frage („Bist auch du bereit")
– mehr positive Antwortmöglichkeiten
– letzte Antwort: nein, ich will nicht auf meinen Spaß verzichten

**b)** individuell, z. B.

Die Aktion „Brot statt Böller" gibt es schon seit 1982. Sie ruft dazu auf, Geld an „Brot für die Welt" zu spenden, statt es für Feuerwerk auszugeben. Mit den Spenden werden zwei Straßenkinderprojekte in Simbabwe und Kenia finanziert. Würdest du dieses Projekt unterstützen und auf das Feuerwerk im nächsten Jahr verzichten?

❑ ja     ❑ nein     ❑ bin noch unentschieden

**7** individuell, z. B.

Mädchen                    Jungen

**8 a)**

**Neue Schulden von Marijke**

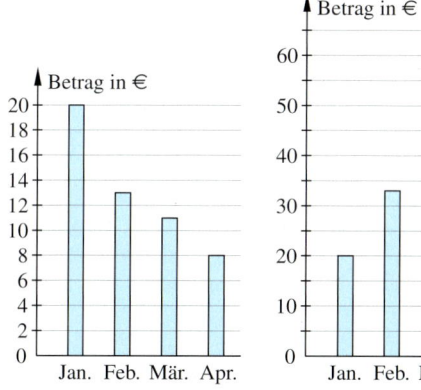

**b)**

**Schulden von Marijke**

**9** siehe Lösung zu Aufgabe 2

▶ **Seite 195   Prismen**

**1** ① auf der Grundfläche stehendes Prisma mit dreieckiger Grundfläche

② kein Prisma, da es keine Deckfläche gibt

③ auf der Grundfläche stehendes Prisma mit dreieckiger Grundfläche

④ auf einer Seitenfläche liegendes Prisma mit dreieckiger Grundfläche

⑤ kein Prisma, da es keine Deckfläche gibt

**2 a)                    b)                    c)**

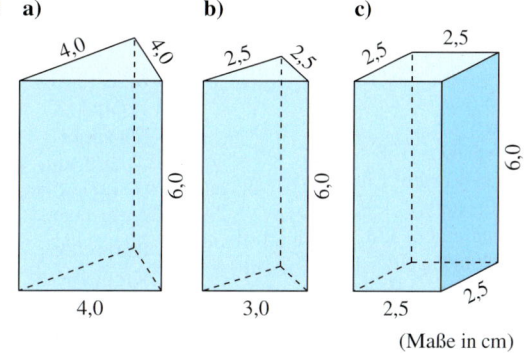

(Maße in cm)

Die Prismen können auch auf einer Seitenfläche liegend gezeichnet werden.

**3 a)** Zeichnung mit eingefärbten Flächen

**b)** $A_G = \frac{1}{2} \cdot 4 \cdot 2{,}7\,\text{cm}^2 = 5{,}4\,\text{cm}^2$

**c)** $A_M = (4 + 4 + 3) \cdot 2\,\text{cm}^2 = 22\,\text{cm}^2$

**d)** $A_O = 2 \cdot 5{,}4\,\text{cm}^2 + 22\,\text{cm}^2 = 32{,}8\,\text{cm}^2$

**4 a)** $A_O = 108\,\text{cm}^2$          **b)** $A_M = 44\,\text{m}^2$

**c)** $A_G = 17\,\text{mm}^2$

**5 a)** $A_O = 228\,\text{cm}^2$          **b)** $A_O = 48\,\text{m}^2$

**c)** $A_O = 1240\,\text{cm}^2$

**6 a)** $A_M = (5 + 2 + 5{,}4) \cdot 6\,\text{cm}^2 = 74{,}4\,\text{cm}^2$;

$A_O = 2 \cdot \frac{1}{2} \cdot 5 \cdot 2\,\text{cm}^2 + 74{,}4\,\text{cm}^2 = 84{,}4\,\text{cm}^2$

**b)** $A_M = (6 + 3 + 4 + 3{,}6) \cdot 6\,\text{cm}^2 = 99{,}6\,\text{cm}^2$;

$A_O = 2 \cdot \frac{(6+4)}{2} \cdot 3\,\text{cm}^2 + 99{,}6\,\text{cm}^2 = 129{,}6\,\text{cm}^2$

**7 a)** $V = 48\,\text{cm}^3$          **b)** $V = 0{,}75\,\text{m}^3$

**c)** $V = 89\,600\,\text{mm}^3 = 89{,}6\,\text{cm}^3$

**d)** $V = 1936\,\text{cm}^3 = 1{,}936\,\text{dm}^3$

**8 a)** $V = 188{,}292\,\text{cm}^3$          **b)** $V = 179{,}55\,\text{cm}^3$

**9 a)** Im Kanal befinden sich $437\,000\,\text{m}^3$ Wasser.

**b)** Im Kanal befinden sich $180\,000\,\text{m}^3$ Wasser.

# Stichwortverzeichnis

# Größen und ihre Umwandlungen

## Zeit

$1\,d = 24\,h$
$1\,h = 60\,min$
$1\,min = 60\,s$

## Masse

$1\,t = 1000\,kg$
$1\,kg = 1000\,g$
$1\,g = 1000\,mg$

## Länge

$1\,km = 1000\,m$
$1\,m = 10\,dm = 100\,cm = 1000\,mm$
$1\,dm = 10\,cm = 100\,mm$
$1\,cm = 10\,mm$

## Flächeninhalt

$1\,km^2 = 100\,ha$
$1\,ha = 100\,a$
$1\,a = 100\,m^2$
$1\,m^2 = 100\,dm^2$
$1\,dm^2 = 100\,cm^2$
$1\,cm^2 = 100\,mm^2$

## Volumen (Rauminhalt)

$1\,m^3 = 1000\,dm^3$
$1\,dm^3 = 1000\,cm^3$
$1\,cm^3 = 1000\,mm^3$

$1\,\ell = 1\,dm^3 = 1000\,cm^3 = 1000\,ml$
$1\,ml = 1\,cm^3$

# Bruchrechnung auf einen Blick

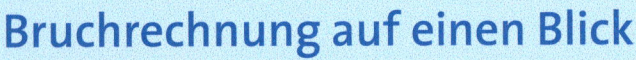

Mein Bruch ist kleiner als deiner!

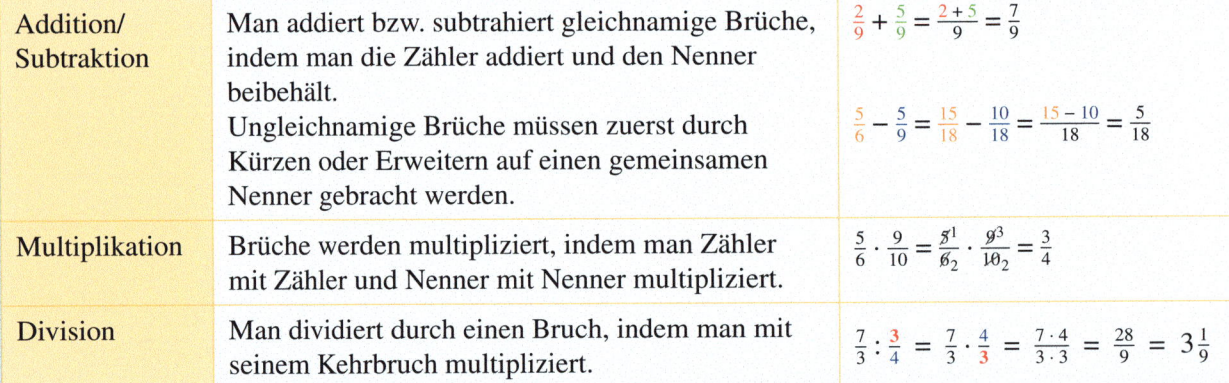

| | | |
|---|---|---|
| Addition/ Subtraktion | Man addiert bzw. subtrahiert gleichnamige Brüche, indem man die Zähler addiert und den Nenner beibehält.<br>Ungleichnamige Brüche müssen zuerst durch Kürzen oder Erweitern auf einen gemeinsamen Nenner gebracht werden. | $\frac{2}{9} + \frac{5}{9} = \frac{2+5}{9} = \frac{7}{9}$<br><br>$\frac{5}{6} - \frac{5}{9} = \frac{15}{18} - \frac{10}{18} = \frac{15-10}{18} = \frac{5}{18}$ |
| Multiplikation | Brüche werden multipliziert, indem man Zähler mit Zähler und Nenner mit Nenner multipliziert. | $\frac{5}{6} \cdot \frac{9}{10} = \frac{5^1}{6_2} \cdot \frac{9^3}{10_2} = \frac{3}{4}$ |
| Division | Man dividiert durch einen Bruch, indem man mit seinem Kehrbruch multipliziert. | $\frac{7}{3} : \frac{3}{4} = \frac{7}{3} \cdot \frac{4}{3} = \frac{7 \cdot 4}{3 \cdot 3} = \frac{28}{9} = 3\frac{1}{9}$ |